최신개정판
한국산업인력공단의 새로운 출제기준에 따른
조리기능사 시험대비서

크로바
21세기 유망자격증

최신개정판

한식·양식·일식·중식·복어조리 **공용**

조리기능사

1주 완성

유미희·한지수 공저

1 weeks

책의특징

📖 **핵심요약** 정리해설

📄 **출제예상문제** 및 해설

🎬 **별책부록** 과년도 출제문제

💿 한식 4가지 / 양식 3가지 / 일식 3가지
조리기능사 실기 동영상 샘플 제공

Clover
크로바

조리기능사 필기
한식·양식·일식·복어조리공용

머 리 말

조리기능사 자격증을 준비하는 수험생 분들에게

국가경제의 급격한 발전으로 풍요롭고 안락한 사회가 보장되는 현시대야말로 국민전체의 건강이 매우 중요하다 하겠습니다. 또한 한나라의 문화적 수준은 그 나라의 식생활에서 비교할 수가 있습니다.

현재 우리나라는 경제 강대국 대열에 동참하고 있는 이 시점에 국민건강을 책임지는 조리기능사들은 절실히 부족되고 있는 실정입니다. 따라서 본 저자는 수년간 강단에서 강의한 경험과 실무경험을 토대로 조리기능사 2주완성을 집필하였습니다.

본 저서의 내용은 수험생 여러분이 이해하기 쉽도록 다음과 같은 특징을 가지고 있습니다.

1. 제1편에서는 공중 보건학의 핵심이론을 짧은 시간에 숙지할 수 있도록 간략하게 정리하였으며 공중 보건학의 출제빈도 높은 예상문제를 수록하였습니다.
2. 제2편에서는 공중위생의 핵심이론과 출제빈도 높은 예상문제를 수록하였습니다.
3. 제3편에서는 식품학의 핵심이론과 핵심이론과 출제빈도 높은 예상문제를 수록하였습니다.
4. 제4편에서는 조리이론 및 원가계산 등의 핵심이론과 출제빈도 높은 예상문제를 수록하였습니다.
5. 제5편에서는 식품위생법규의 핵심이론과 출제빈도 높은 예상문제를 수록하였습니다.
6. 제6편에서는 여러분들의 점수를 쑥쑥 올려 줄 테스트문제를 수록하였습니다.

아무쪼록 많은 수험생들께서 조리기능사 시험에 합격하여 국가발전에 최선을 다해 주실 것을 부탁드리며, 본 저서의 내용 중 미흡한 부분과 오류에 대해서는 수험생들께 많은 양해를 부탁드림과 함께 앞으로 계속해서 수정·보완할 것을 약속드립니다.

—저자 드림—

조 리 기 능 사 필 기 응 시 절 차

한국산업인력공단 사무소 주소 및 전화번호

사무소명	주　　소	전화번호
서울지역본부	서울 동대문구 장안벚꽃로 279	02-2137-0551~8
서울동부지사	서울 광진구 뚝섬로32길 38	02-2024-1700
서울남부지사	서울특별시 영등포구 버드나루로 110	02-876-8322~4
강원지사	강원도 춘천시 동내면 원창고개길 135	033-248-8511
강원동부지사	강원도 강릉시 사천면 방동길 60	033-650-5700
부산지역본부	부산광역시 북구 금곡대로 441번길 26 (금곡동)	051-330-1910
부산남부지사	부산시 남구 신선로 454-18(용당동)	051-620-1910
울산지사	울산광역시 남구 번영로 173	052-220-3211~2
경남지사	경남 창원시 성산구 두대로 239	055-212-7200
대구지역본부	대구시 달서구 성서공단로 213	053-586-7601~4
경북지사	경북안동시 서후면 학가산온천길42	054-840-3015
경북동부지사	경북 포항시 북구 법원로140번길9 (장성동)	054-230-3200~1
중부지역본부	인천 남동구 남동서로 209(고잔동 625-1)	032-820-8600
경기지사	경기도 수원시 권선구 호매실로 46-68	031-249-1201
경기북부지사	경기도 의정부시 추동로 140 (신곡동 801-1)	031-850-9100
경기동부지사	성남시 수정구 성남대로 1217	031-750-6263
광주지역본부	광주광역시 북구 첨단벤처로 82번지	062-970-1700~5
전북지사	전북 전주시 덕진구 유상로 69	063-210-9200~3
전남지사	전남 순천시　순광로 35-2	061-720-8500
제주지사	제주 제주시 복지로 19	064-729-0701~3
대전지역본부	대전광역시 중구 서문로 25번길 1(문화1동)	042-580-9124
충북지사	충북 청주시 흥덕구 1순환로 394번길 81	043-279-9000
충남지사	충남 천안시 서북구 천일고1길 27	041-620-7600

※ 일부 사무소의 청사가 이전될 경우 주소 및 전화번호가 변경될 수 있음.

공단 홈페이지 안내

• 홈페이지 : www.hrdkorea.or.kr

• 인터넷 수검원서 접수 및 합격자 발표 : www.hrdkorea.or.kr

• 합격자 발표 및 자격정보 : www.q-net.or.kr

C L O V E R

조리기능사 항목별 출제기준

시험과목	문제수	주요항목	세부항목
공중보건	10	정의	공중보건 개념
		환경보건 (자연환경, 인위환경)	① 일광　　　　　② 공기 ③ 물　　　　　　④ 채광, 조명, 환기, 냉방 ⑤ 상·하수도　　　⑥ 오물처리 ⑦ 해충 및 쥐의 구제　⑧ 공해
		질병과 전염병	① 원인별 분류 : 병원 미생물로 감염되는 병, 식사의 부적합으로 일어나는 병 ② 전염병의 분류 : 병원체에 따른 전염병의 분류, 예방접종을 하는 전염병의 분류, 잠복기가 있는 전염병, 전염병의 전염경로
		전염병의 예방대책	① 전염원 대채　　　② 전염경로 대책 ③ 감수성 대채 ④ 주요한 전염병의 지식과 예방
		기생충과 그 예방	① 선충류에 의한 감염과 예방법 : 회충증, 구충증, 요충증 ② 기생충의 중간숙주 : 중간숙주, 흡충류의 중간숙주, 조충류의 중간숙주, 예방법
		소독법	① 음료수 소독법　　② 조리기구 소독법 ③ 야채·과일 소독법　④ 수건·식기 소독법 ⑤ 전염병환자가 사용한 것의 소독법 ⑥ 화장실·하수구 소독법 ⑦ 조리장·식품창고 소독법 ⑧ 중성세제, 역성비누에 의한 소독법 ⑨ 기타 소독법
식품위생	10	식품위생개론	① 식품위생의 의의 ② 행정기구 : 중앙행정기구, 지방행정기구 ③ 미생물의 분류 ④ 미생물 발육에 필요한 조건 ⑤ 변질
		식중독	① 식중독이란　　　② 식중독의 분류 ③ 세균성 식중독　　④ 화학적 물질에 의한 식중동 ⑤ 자연독에 의한 식중독
		식품첨가물	식품첨가물의 종류와 용도

자격검정 출제기준

시험과목	문제수	주요항목	세부항목
식품위생	10	식품위생대책	① 식중독 발생시의 대책 ② 식품의 오염대책 ③ 식품 감별법 ④ 식품 취급자의 유의점
조리이론	15	식품학개론	① 식품학의 의의 ② 식품의 분류 ③ 식품의 구성 성분 ④ 식품의 맛·빛깔·냄새 ⑤ 식품의 변질
		식품가공 및 저장	① 농산물 가공 및 저장 ② 축산물 가공 및 저장 ③ 수산물 가공 및 저장
원가계산	20	조리과학	① 조리과학의 의의와 목적 ② 조리과학을 위한 지식 : 곡류, 두류 및 두제품, 채소 및 과일, 유지류, 어·육류, 냉동식품류, 향신료 및 조미료, 한천 및 제라틴
		식단작성	식단작성의 의의와 목적
		조리설비	조리장의 기본조건 및 관리, 조리장의 설비
		조리의 기본법	굽기, 볶음 및 튀김, 찜, 끓이기, 무침 및 담금
		집단조리기술	① 집단급식의 의의와 목적 ② 식품구입 ③ 집단급식의 조리기술
		원가계산	음식의 원가계산
		영양에 관한 지식	① 영양소 ② 소화흡수 ③ 영양가 계산 ④ 대치식품량 계산
식품위생	10	식품위생행정	중앙 및 지방행정기구, 벌칙
		식품, 첨가물, 기구, 용기 및 포장 규격기준	판매·사용 등 금지, 기준과 규격
		표시	표시의 기준, 허위표시 기준
		검사	① 제품검사 ② 제품검사의 표시 ③ 인검·수거 등 ④ 수입신고 ⑤ 식품위생검사기관의 지정 ⑥ 식품위생 감시원
		영업	시설기준, 건강진단 및 위생교육
		조리사	조리사를 두어야 할 영업, 조리사 면허 및 취소
		식품위생심의위원회	구성, 임기와 직무
		보칙	식중독에 관한 조사보고

C L O V E R

Contents

I^편 공중보건

Contents

차 · 례

I. 공중보건

제1장
공중보건학 일반

이 장에서는 공중보건의 정의 / 공중보건의 대상 및 필요성 / 공중보건수준 평가지표
건강에 대한 정의 / 보건행정의 분류 및 특징 / 우리나라 사회보장 제도에 대해서 알
아본다.

1 공중보건의 개념

1. 공중보건의 정의

질병을 예방하고 건강을 유지·증진하며 육체적, 정신적 능력을 충분히 발휘할 수
있게 하기 위한 과학이며, 그 지식을 사회의 조직적 노력에 의해서 사람들에게 적
용하는 기술을 말한다.

세계보건기구(WHO)

① 창설 : 1948년 4월 국제연합의 보건전문기관 발족
② 본부 : 스위스 제네바, 6개 지역사무소
③ 우리나라 가입 : 1949년 6월(65번째 가입. 서태평양지역에 소속)
④ 주요기능
  • 국제적인 보건사업의 지휘 및 조정
  • 회원국에 대한 기술지원 및 자료공급
  • 전문가 파견에 의한 기술 자문활동

2. 공중보건의 대상 및 필요성

(1) 공중보건의 대상

공중보건의 대상은 개인이 아닌 지역사회이며 더 나가서는 국민전체를 대상으
로 한다.

(2) 공중보건의 필요성

공중보건은 예방의학이므로 예방 가능한 질병을 예방하지 못한다는 것은 결국
후진국임을 나타내는 것이다.

3. 공중보건수준 평가지표

(1) 보건수준의 지표
1) 영아사망률(가장대표적)   2) 조사망률   3) 질병 이환률

(2) 보건수준을 나타내는 건강지표
1) 평균수명   2) 조사망률   3) 비례사망률

> **보건수준의 지표**
>
> ① 신생아와 영아
>   • 신생아 : 생후 28일 미만의 아기 • 영 아 : 생후 12개월 미만의 아기
> ② 영아 사망의 원인
>   폐렴 및 기관지염, 장염 및 설사, 신생아 고유질환 및 사고
> ③ 모성사망 3대요인
>   • 임신중독증 · 출혈 · 자궁외 임신

4. 건강에 대한 정의

(1) 건강에 대한 세계보건기구의 정의
건강이란 단순한 질병이나 허약한 부재상태가 아니라 육체적, 정신적 및 사회적으로 건전한 상태를 말한다.

(2) 건강의 3요소
1) 환경   2) 유전   3) 개인의 행동 및 습관

 ## 2 보건행정

1. 보건행정의 분류

(1) 일반보건행정
보건복지가족부 보건정책국 및 환경부
1) 예방보건행정   2) 모자보건행정   3) 의료보건행정

(2) 근로보건행정
노동부 근로 기준국 근로기준과
1) 우리나라 근로기준법 : 1일 8시간(주당 44시간)

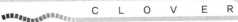

2) 연소 근로자 보호 : 15세 미만인 자는 근로자로 채용해서는 안 된다.
- 보호연령 : 15세 이상~18세 미만

(3) 학교보건행정 : 교육과학기술부 학교정책과

학교급식

1) 주관 : 교육과학기술부

2) 목적 : 학교 급식 등에 관한 사항을 규정. 학교급식을 통한 학생의 심신의 건전한 발달을 도모하고 나아가 국민식생활 개선 등에 기여함을 목적으로 한다.

2. 보건행정의 특징

(1) 보건행정개념

보건행정이란 공중보건의 목적을 달성하기 위한 행정활동으로 국민의 질병예방, 생명연장, 건강증진을 도모하기 위한 것이다.

(2) 보건행정의 효율적 수행요건

1) 보건관계법규   2) 보건교육(가장 효율적 방법)   3) 보건봉사

 보건행정

공공성 및 사회성, 조장성 및 교육성, 과학성
1. 보건행정조직 : 중앙보건기구, 지방보건기구로서의 보건소
2. 국제 보건조직
- 유엔아동기금(UNICEF) : 원조 물품을 접수하여 필요한 국가에 원조. 보건향상에 기여
- 세계보건기구(W.H.O) : 인류의 최고 건강 수준 달성을 목적
- 유엔 식량 농업기구(F.A.O) : 인류의 영양기준 및 생활향상을 목적

3. 우리나라 사회보장 제도

(1) 의료 보험 사업

국민의 질병, 부상, 분만 또는 사망 등에 의하여 보험 급여를 실시하여 국민 보건을 향상, 사회보장의 증진하는데 그 목적이 있다.

(2) 의료 보호 사업

생활 무능력자 및 일정 수준 이하의 저소득층을 대상으로 실시한다.

제2장
환경위생

 이 장에서는 환경보건의 개요 / 일광 / 일광 공기 / 채광 및 조면 / 환기 및 냉난방 / 상하수도 / 하수처리 / 오물처리 / 구충 구서에 대해서 알아본다.

 환경보건의 개요

1. 환경보건의 개념(W. H. O)

환경위생은 인간의 신체발육, 건강 및 생존에 유해한 영향을 끼치거나 끼칠 가능성이 있는 인간의 물리적 생활환경에 있어서의 모든 요소를 통제한다.

2. 기후의 3대 요소

(1) 기온(온도)

실외의 기온이란 지상 1.5m에서의 건구온도를 말하며, 쾌적온도는 18±2℃이다.

(2) 기습(습도)

일정온도에서 공기 중 포함된 수증기의 양. 쾌적 습도 : 40~70%가 적당하다.

(3) 기류(공기의 흐름)

1초당 1m이동 할 때가 건강에 좋음.

 기류

- 불감기류 : 0.2~0.5m/sec
- 건구온도가 최고일 때 : 오후 2시
- 최저일 때 : 일출 전
- 불쾌지수(D.I) : D.I가 70이면 10%정도가 불쾌감
  D.I가 75이면 50%정도가 불쾌감
  D.I가 80이면 모든 사람이 불쾌감
  D.I가 86이면 견딜 수 없다.

4대 온열 인자

• 기온 · 기습 · 기류 · 복사열

 일광

1. 자외선

(1) 일광의 3부분 중 가장 짧은 파장

(2) 강한 살균력(2,600~2,800Å)

(3) 프로비타민 D를 비타민 D로 바꾸어 줌. 건강선(Dornot선)

(4) 비타민 D의 형성을 촉진하여 구루병을 예방, 피부결핵, 관절염의 치료 작용

(5) 인체장애(피부홍반, 색소침착, 부종, 수포형성, 피부박리 등)

(6) 신진대사촉진, 적혈구 생성촉진, 혈압강하작용

(7) 결막염, 설안염 등을 발생

(8) 조리장내의 조리기구, 식품 등을 소독(식품내부까지는 소독 안됨)

2. 가시광선

인간에게 색채를 부여, 명암 구분

3. 적외선

(1) 가장 긴 파장(7.800Å 이상), 열작용(열선)

(2) 지상의 기온을 좌우

(3) 홍반, 피부온도의 상승, 혈관확장 등의 작용

(4) 과다 조사시 두통, 현기증, 열 경련, 열사병, 백내장 등의 원인

4. 온열인자

기온, 기습, 기류(바람), 복사열(발열체로부터 직접 발산되는 열)

3 일광 공기(성분과 오염)

1. 산소(O_2)

   (1) 공기 중에 약 21%가 존재한다.

   (2) 산소량이 10%가 되면 호흡 곤란이 오고, 7%이하이면 질식사 하게 된다.

2. 질소(N_2)

   (1) 공기 중에 약 78%가 존재한다.

   (2) 인체에 직접적인 영향을 주지 않지만, 이상 기압일 때 발생하는 잠함병과 관계가 있다.

3. 이산화 탄소(O_2)

   (1) 공기 중에 0.03%가 존재한다.

   (2) 실내 공기의 오염을 판정하는 지표이다.

   (3) 일반적으로 허용 한도는 0.1%로 한다.

4. 일산화 탄소(Co)

   (1) 무색, 무취, 무자극성 기체이다.

   (2) 물체가 불완전 연소할 때 많이 발생한다.

   (3) 혈중 헤모글로빈과의 친화성이 산소에 비해서 200~300배가 강해서 중독을 일으킨다.

   (4) 8시간 기준으로 허용한도는 0.01%(100ppm)이다.

5. 아황산가스(So_2)

   (1) 중유의 연소과정에서 발생한다.

   (2) 자극성 취기가 있다.

   (3) 점막의 염증, 호흡 곤란 등을 일으킨다.

   (4) 대기오염의 측정지표이다.

   (5) 8시간 기준으로 허용한도는 0.05ppm이다.

6. 군집 독(실내오염)

다수인이 밀집한 곳의 실내 공기는 화학적 조성이나 물리적 조성의 변화로 인해 불쾌감, 두통, 권태, 현기증, 구토 등의 생리적 이상을 일으키는 현상을 말한다.

4 채광 및 조명

1. 인공조명

(1) 직접조명
조명효율이 크고 경제적, 현휘를 일으키며 강한 음영으로 불쾌감

(2) 간접조명
조명효율이 낮고, 설비의 유지비가 많이 든다.

(3) 반간접조명
간접조명의 절충식

(4) 조리장의 조도
50~100Lux가 적당하다.

 주택의 자연 조명

1. 창의 방향 : 남향이 좋다.
2. 창의 면적
   • 방바닥 면적의 1/5~1/7(10~14%)   • 벽 면적의 70%
3. 개각과 입사각
   • 개각 : 4~5° 이상   • 입사각 : 28° 이상

5 환기 및 냉난방

1. 환기

(1) 자연환기
1) 실내공기는 실내외의 온도차, 기체의 확산력, 외기의 풍력에 의해 이루어짐

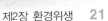

2) 중성대가 천장가까이에 형성되도록 하는 것이 환기효과가 크다.

- 중성대 : 실내로 들어오는 공기와 나가는 공기 사이에 발생되는 압력 '0' 의 지대를 말하며, 천장 근처에 형성되는 것이 좋다.

(2) 인공 환기(동력환기)시 고려사항

1) 신속한 교환 : 취기, 오염공기

2) 생리적 쾌적감 : 온도, 습도

3) 고른 분산 : 신선한 공기로 교환된 것이 실내에 고르게 유지

2. 냉방과 난방

(1) 난방

10℃ 이하일 때 난방, 쾌적 온도는 18±2℃, 습도는 40~70%

(2) 냉방

26℃ 이상일 때 냉방, 실내 온도의 차이는 5~7℃ 이내

6 상하수도

1. 인체와 물

(1) 체중의 60~70%가 물로 구성 되어 있다.

(2) 10%로 상실 할 때 : 생리적 이상이 발생 한다.

(3) 20% 이상 상실 : 생명이 위험 하다.

(4) 성인 1일 필요량 : 약 2.0~2.5 ℓ 가 필요하다.

2. 상수의 수원

(1) **천수**(비, 눈) : 매진, 분진, 세균 량이 많다.

(2) **지표수** : 하천수, 호수, 오염물이 많을 수 있다.

(3) **지하수** : 유기물, 미생물이 적고 탁도는 낮으나 경도가 높다.

(4) **복류수** : 하천저부에서 취하는 방법으로, 지표수보다는 깨끗하다.

3. 물의 보건적 문제

   (1) 수인성질병(장티푸스, 파라티푸스, 세균성이질, 콜레라, 유행성간염 등)의 전염원 이다.

   (2) 기생충 질병(간디스토마, 폐디스토마, 회충, 편충 등)의 전염원이다.

   (3) 오염원으로부터 20m 이상 떨어져 있어야 한다.

4. 수인성질병의 병원체의 특징

   (1) 환자의 발생이 폭발적

   (2) 2차 감염에 의한 환자 발생율이 낮다.

   (3) 전염병 유행지역과 음료수 사용지역이 일치, 음료수에서 동일병원체가 검출.

   (4) 계절, 성별, 나이에 관계없이 발생.

   (5) 장기간 방치하면 영양원의 부족, 잡균과 생존경쟁, 일광의 살균작용, 온도의 부적당 등의 원인으로 수중에서 병원체의 수가 감소.

   (6) 농어촌지역에서는 아직 지하수를 음용, 오염으로 인한 질병에 노출, 상수도관리를 우선으로 시행.

음용수의 수질 판정 기준

1. 암모니아성 질소는 0.5㎎/ℓ, 염소이온 150㎎/ℓ, 질산성 질소 10㎎/ℓ, 과망간산칼륨 10㎎/ℓ 를 넘으면 안된다.
2. • 일반 세균수는 1cc중 100을 넘지 말아야 한다.
   • 대장균군은 50cc중에서 검출되지 말아야 한다.
   • 오수성 생물이 검출되면 안된다.
3. 시안, 수은, 유기인이 검출되지 않아야 한다.
4. 수소 이온 농도는 pH 5.8~8.5 이내이어야 한다.
5. 색도 5도, 탁도 2도, 증발 잔유물 500㎎/ℓ를 넘지 않아야 한다.
6. 소독으로 인한 취기 이외의 냄새와 맛이 없어야 한다.

---

5. 물의 정수법

(1) 침사

   일반적으로 상수처리를 행하기 전에 펌프 등의 손상을 방지하기 위하여, 물 속에 포함된 모래와 흙을 침전법에 의하여 제거하는 것으로 규모가 큰 것을 침

사지라 하고 규모가 작은 것은 침사조라고 한다.

(2) 침전

1) **보통침전** : 일반적으로 액체 속에 존재하는 작은 고체가 액체 바닥에 가라앉아 쌓이는 현상

2) **약품침전** : 가만히 놓아두어도 가라앉지 않는 콜로이드상 물질이나 색도(色度) 등을 제거하기 위해 응집제(凝集劑)를 물에 가해서 침전시키는 방법이다. 응집제로는 황산알루미늄·황산제이철·염화제이철 등, 알루미늄이나 철 등의 화합물이 사용되며, 정수(淨水)에서는 급속여과 전에 반드시 거쳐야 하는 과정으로 폐수처리에도 사용된다.

(3) 여과

1) **완속여과** : 여과지 속에 수원지의 물을 보내어 그 곳에 설치한 모래와 자갈로 된 여과층을 통과하게 함으로써 물을 정화하는 방식의 상수도 정수법으로 사면대치법으로 세척한다.

2) **급속여과** : 여과지(濾過池)내의 사층(砂層)에서 물을 여과하는 점에서는 완속여과(緩速濾過)와 비슷하나, 약품침전지(藥品沈澱池)와의 조합에서는 1일 100~150m 속도로 여과하므로, 완속여과에 비해 같은 여과면적·여과시간에 30배 이상이라는 높은 능률로 여과할 수 있는 장점이 있는 반면 사층이 빨리 쌓여, 거의 매일같이 물과 압축공기로 사층을 밑에서 위로 분사(역류세척법)하여 모래를 깨끗하게 씻어내야 한다.

밀스라인케현상

콜레라예방을 목적으로 수원지인 강물을 여과급수한 결과사망률이 감소한 결과를 밀스라인케현상이라 한다.

(4) 소독

1) 배수 또는 급수 전에 반드시 실시해야 하는 과정이다.
2) 열처리법, 자외선소독법, 표백분소독법, 오존소독법이 사용된다.
3) 상수소독에는 염소소독이 주로 사용된다.

청색아

질산염이 많이 함유된 물을 장기 음용 시 소아에게 발생
• 음용수의 불소(F)함량 : 0.8~1.0ppm이 적당
 이상일 때 : 반상치가 발생
 이하일 때 : 우치·충치가 발생 산염이 많이 함유된 물을 장기 음용 시 소아에게 발생

7 하수처리

1. 하수처리종류

(1) 합류식

1) 가정 하수, 산업폐수, 자연수, 천수 등 모든 하수를 운반하는 구조이다.
2) 악취발생과 범람의 위험이 있다.
3) 시설비가 저렴하며, 하수관이 자연청소된다.
4) 하수관이 크므로 수리·검사·청소 등이 편리하다.

(2) 분류식

천수를 별도로 운반하는 구조이다.

(3) 혼합식

천수와 사용수의 일부를 함께 운반하는 구조이다.

2. 하수처리과정

(1) 예비처리

1) 보통침전법
2) 약품침전법 (황산알루미늄)

(2) 본처리

1) 혐기성처리(부패조 처리법, 임호프(Imhoff)탱크법)
2) 호기성처리(활성오니법(가장 진보된 방법), 살수여상법, 산화지법, 접촉여상법)

(3) 오니처리

육상 투기, 해상 투기, 소각, 사상건조법, 퇴비화 및 소화법

3. 하수오염측정

(1) 생화학적 산소요구량(BOD)

BOD가 높다는 것은 분해 가능한 유기물질이 많이 함유되어 있다는 것을 의미
하며, 이것은 하수의 오염도가 높다는 것을 의미 한다.

(2) 용존산소량(DO)

하수 중의 용존산소량이 오염도를 측정하는 방법이며 하수 중의 용존산소의
부족은 오염도가 높다는 것을 의미 한다.

(3) 위생하수의 서한도

1) DO : 5ppm 이상
2) BOD : 20ppm 이하

(4) BOD측정

일반적으로 20℃에서 20일이 필요하며, 통상적으로 5일간의 기간을 지정한다.

 ## 8 오물처리

1. 분뇨의 처리법

(1) 분뇨의 소화처리 법

1) 가온식 소화처리법 : 25~35℃에서 1개월 이상이 필요
2) 무가온식 소화처리법 : 2개월 이상이 필요

(2) 분뇨의 습식산화법

1) 병원균이 완전사멸
2) 가장 위생적 처리방법
3) 고압(70~80기압), 고온(200~250℃)으로 소각

2. 분변에 의한 소화기계질병

(1) 세균성질병

장티푸스, 세균성 이질, 콜레라 등

(2) 기생충질환

회충, 구충, 편충, 요충, 촌충, 아메바성 이질, 흡충류 등

3. 분변오염의 지표

(1) 대장균의 존재여부는 분변에 의한 오염지표

(2) 특히 냉동식품의 오염지표로 이용

(3) 수질검사 등에 응용되는 위생학 상 대단히 중요

4. 진개처리

(1)매립법

1) 불연성진개나 잡개가 적당

2) 매립경사는 30°

3) 반드시 복토를 실시

4) 매립두께는 1~2m

5) 복토두께는 0.6~1m

(2) 소각법

1) 미생물을 사멸시킬 수 있는 가장 위생적 방법

2) 대기오염의 우려

(3) 퇴비화법

1) 발효시켜 비료로 사용하는 방법

2) 유기물이 많은 진개에 사용

(4) 기타방법

투기법, 가축사료화법, 그라인더법 등

수질 오염의 피해

- 미나마타병 : 수은(Hg)을 함유한 공장 폐수가 어패류에 오염되어서 사람이 섭취함으로써 발생된다. 손의 지각 이상, 언어 장애, 구내염, 시력 약화 등
- 이따이이따이병 : 카드뮴(Cd)이 지하수, 지표수에 오염되어 농업 용수로 사용됨으로써 벼에 흡수되어 중독된다. 골연화증, 전신권태, 신장 기능 장애, 요통 등
- PCB 중독(쌀겨유 중독) : 미강유 제조시 가열 매체로 사용하는 PCB가 누출되어 기름에 혼입되어 중독된다. 식욕 부진, 구토, 체중 감소 등
- 기타 : 농작물의 고사, 어패류의 사멸, 상수·공업 용수의 오염, 자연 환경계의 파손

9 구충 구서

1. 구충구서의 일반적 원칙

(1) 발생원 및 서식처를 제거(가장 근본적인 대책)
(2) 발생초기에 실시
(3) 대상동물의 생태습성을 따라서 실시
(4) 광범위하게 동시에 실시

2. 위생해충의 구제

(1) 파리

  1) 속효성 살충제 분무법   2) 끈끈이 테이프법 등

(2) 모기

  1) 속효성살충제 공간살포법   2) 기피제

> ### 위생해충 – 모기
>
> ① 질병을 매개하는 모기종류 : 중국 얼룩날개 모기, 작은 빨간집 모기, 토고숲 모기 등
> ② 모기의 활동이 가장 왕성한 시기 : 6~7월 경
> ③ 매개되는 질병 : 말라리아. 황열, 뇌염, 뎅구열
> ④ 구제법
>   • 산란장소를 없앤다.   • 정기적으로 살충제를 살포(일주일 간격)한다.
>   • 발생원을 제거한다.   • 유충. 성충을 구제한다.

(3) 바퀴

  1) 독이법(붕산, 아비산 석회, 불화소다에 찐감자 및 설탕을 혼합사용)
  2) 유인제에 의한 접착제 사용법
  3) 살충제 분무법 등
  4) 바퀴의 습성 : 잡식성, 야간활동성, 군집성(군서성), 질주성

(4) 쥐

  살서제, 포서기, 천적(고양이) 이용, 서식처 제거 등

(5) 진드기

  1) 건조상태에서는 증식할 수 없고 20℃, 13% 이상의 수분이 있어야 발생.
  2) 긴털가루 진드기 : 가장 흔한 것으로 곡류, 곡분, 빵, 과자, 건조 과일, 분유,

건어물 등 각종 식품에서 발견

3) 수중 다리가루 진드기 : 각종 저장식품, 종자, 건조과일 등에 발견

4) 설탕 진드기 : 설탕, 된장 등

5) 보릿가루 진드기 : 곡류, 건어물 등

3. 곤충이 매개하는 질병

(1) 파리

콜레라, 이질, 장티푸스, 파라티푸스, 식중독 등

(2) 모기

말라리아, 일본뇌염, 사상충 증, 황 열, 뎅구 열 등

(3) 바퀴

콜레라, 이질, 장티푸스, 살모넬라, 소아마비 등

(4) 쥐

아베바성 이질, 페스트, 서교 증, 와일씨 병, 살모넬라증, 발진열, 유행성출혈열 등

(5) 진드기

유행성 출혈열, 양충병, 옴, 재귀열 등

(6) 벼룩

페스트, 발진열

(7) 인축공통전염병

결핵, 탄저병, 비저 병, 공수병

폴리오

폴리오는 소아마비를 말하는 것으로 급성 회백수염, 척수전각염이라고도 한다.

대기오염의 피해

1. 원인 물질 : 아황산가스, 질소화합물, 일산화탄소, 옥시던트, 탄화수소, 부유분진 등
2. 대기오염의 피해
   • 호흡기계 질병, 농작물의 생장 장애 및 식물의 조직 파괴, 금속 제품 부식, 페인트칠의 별질, 건축물의 손상, 자연 환경의 악화 등.
   • 기온역전, 산성비, 오존층 파괴 등

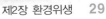

제3장

⇒ 전염병

 이 장에서는 경구전염병의 증상과 발생상황 및 잠복기간 / 인축공통전염병 / 전염병의 예방대책에 대해서 알아본다.

① 경구전염병

1. 세균

세균(Bacteria), 바이러스(Virus), 리케차(Rickettsia), 파상균(Spirochete), 원충 등의 병원체가 음식물, 손, 기구, 위생동물 등을 거쳐 경구적으로 체내에 침입하여 질병을 일으키는 것

전염병의 3대 요인

1. 병원체 : 환자, 보균자, 감염 동물, 토양, 오염 식품, 물, 식기구, 생활 용구 등
2. 환경 : 병원체 전파 수단이 되는 모든 환경 요인
3. 숙주
---

2. 세균성 이질(bacillary dysentery)

(1) 증상

권태감, 오한, 발열(38~39℃), 복통, 점액과 혈액이 섞인 심한 설사[이급후중(裏急後重)]

(2) 발생상황

- 온대와 열대 지방에서 유행
- 비위생적 생활을 하는 집단에 많이 발생
- 우리나라에서는 6월~9월에 주로 발생
- 연도에 따라 최고기온이 높아지면 환자발생곡선도 높아짐
- 10세 이하에 주로 발생(4세 전후의 유아에게 최고 이환율)

(3) 감염경로

환자, 보균자의 분변 → (파리, 분뇨로 재배한 채소, 과일) → 식품, 음료수 오염 → 경구감염 과 유아의 경우에는 손을 거쳐 직접 접촉 감염되는 수도 있다.

(4) 잠복기간

2~7일

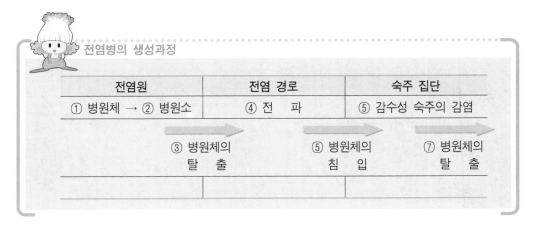

전염병의 생성과정

전염원		전염 경로	숙주 집단
① 병원체 → ② 병원소		④ 전 파	⑤ 감수성 숙주의 감염
③ 병원체의 탈 출		⑤ 병원체의 침 입	⑦ 병원체의 탈 출

3. 장티푸스(typhoid fever)

(1) 증상

두통, 식욕부진, 오한, 발열(40℃ 전후), 백혈구의 감소, 장미진, 비종 등 심하면 장출혈을 일으켜 회복기에 급사 할 수도 있으며 한번 감염되면 영구면역 획득

(2) 발생상황

8~9월에 주로 발생(연중 발생)

(1) 20세 전후가 가장 많고 남자가 약간 많음

(2) 밀집생활, 불결한 생활을 하는 경우에 많이 발생

(3) 감염경로 : 환자, 보균자의 분뇨(드물게 침이나 유즙)와의 직접 접촉 또는 음식물을 매개로 하는 간접 접촉에 의해 감염

(3) 잠복기간

7~30일

4. 파라티푸스(paratyphoid fever)

(1) 증상

장티푸스와 유사, B형은 경증이나 발열증상이 있고 식중독과 유사

(2) 발생상황

A형은 청장년(20~30세), B형은 청소년층(10~20세)에서 많이 발생

(3) 감염경로

환자, 보균자의 분뇨(드물게 침이나 유즙)와의 직접 접촉 또는 음식물을 매개로 하는 간접 접촉에 의해 감염

4) 잠복기간

4~10일(평균 1주일)

5. 콜레라(cholera)

(1) 증상

심한 설사(수양성), 구토, 탈수증상에 의한 체온저하, 허탈, cyanosis, 치사율 10~60%

(2) 발생상황

7~9월에 주로 발생, 20~40세의 청장년층에 많이 발생

(3) 감염경로

• 환자, 보균자의 분변, 토물에 오염된 바닷물
• 음료수, 식품(어패류)을 거쳐 경구감염, 파리 등에 의한 간접감염

(4) 잠복기

수시간~5일

6. 디프테리아(diphtheria)

(1) 증상

인두 점막이나 상피세포에서 증식, 체외독소 생성, 독소로 인한 전신증상, 심장장해 와 편도선이 빨갛게 붓고 인후두에 흰막 형성, 위막(僞膜)에 의한 기도 폐쇄로 호흡곤란 이고 38℃ 내외의 발열한다.

(2) 발생상황

• 10세 이하, 특히 1~4세 층이 전 환자의 60%를 차지

• 사계절을 통해 발생(늦가을이나 이른 봄에 주로 발생)

(3) 감염경로

환자, 보균자의 코·목의 분비물에 의한 비말감염, 분비물에 오염된 식품에 의한 경구감염

(4) 잠복기간

2~7일

7. 성홍열(scarlet fever)

(1) 증상

발열(40℃ 내외), 두통, 인후통, 편도선이 붓고 혀가 빨갛게 되며 발적독소에 의해 발열 후 12시간 이내에 신체에 빨간 발진 형성

(2) 발생상황

연중 발생(5월경에 많이 발생), 6~7세에서 최고 이환율, 온대지방에 많이 유행

(3) 감염경로

환자 또는 보균자와 직접 호흡접촉, 인후분비물에 오염된 음식물(우유 등)에 의한 감염

(4) 잠복기간

2~7일

8. 급성회백수염(소아마비, 폴리오, acute poliomyelitis)

(1) 증상

1) 비마비형 : 불완전형(감기 같은 증상정도), 불현성 감염이 많음
2) 마비형 : 감기 증상으로 시작(2~3일 발열, 두통, 인후통, 식욕부진, 구토, 설사, 복통), 회복기에 근육통, 강직, 척수 동통, 피부지각이상 등의 신경증상, 사지(四肢)마비

(2) 발생상황

늦여름~초가을에 많이 발생(연중 발생), 5세 이하에서 많이 발생

(3) 감염경로

환자, 불현성 감염자 분변을 통해 virus 배출, virus에 오염된 음식물을 통한 경구감염, 인후분비물에 포함된 virus에 의한 비말감염

(4) 잠복기간

3~10일

9. 유행성 간염 (epidemic hepatidis)

(1) 증상

발열, 두통, 위장 장해 등을 거쳐 5~7일 후 황달 발생(3~4주 때로는 수개월간 계속), 때로는 간장이 붓고 간경변증으로 발전

(2) 감염경로

환자의 분변을 통해 virus 배출(virus는 발병후 3개월간 배설), 이에 오염된 음료수나 식품에 의해 경구감염, 환자의 인후분비물에 포함된 virus에 의한 직접감염

(3) 잠복기

20~40일, 평균 25일 정도

10. 전염성 설사증

(1) 증상

복부팽만증, 구역질, 입마름, 식욕부진, 가벼운 발열, 1일 5~20회 정도의 심한 설사(특이한 부패취)

(2) 발생상황

성인에게 많이 발생, 겨울에 많이 발생

(3) 감염경로

환자의 분변에 포함된 virus가 식품이나 음료수를 거쳐 경구감염, virus는 병후 2~3주일간 배설

11. 이즈미 열 (izumi fever, 泉熱)

(1) 증상

오한, 두통, 발열(39~40℃), 성홍열에서와 같은 발진(이성성홍열), 구열질, 구토, 복통, 설사 등의 위장증상

(2) 발생상황

어린이에게 집단적으로 발생, 봄(4~5월)과 늦가을(10~11월)에 많이 발생

(3) 감염경로

환자, 보균자 또는 쥐의 배설물에 오염된 식품이나 음료수를 통한 경구감염, 환자로부터 비말 또는 접촉감염

12. 아메바성 이질

(1) 증상

설사(점액질이 많은 점혈변), 만성으로 이행하면 간농양(肝膿瘍) 유발

(2) 감염경로

환자나 포낭 보유자의 분변을 통해 배출된 원충이나 포낭에 오염된 채소나 음료수를 거쳐 경구감염

2 인축공통 전염병

사람과 동물을 공통숙주로 하는 병원체에 의해서 일어나는 전염병을 말한다.

1. 분류

(1) 세균성

탄저, 브루셀라증, 산토끼병(野兎病), 결핵, 돼지단독증, listeria증

(2) 리켓차성

Q열

(3) 예방

1) 가축의 건강관리, 예방접종 철저로 가축간의 전염병 유행 예방
2) 이환 동물의 조기 발견, 격리 또는 도살, 소독 철저
3) 도축장이나 우유 처리장의 엄격한 검사로 병에 걸린 동물의 식용을 위한 유통 금지
4) 외국에서 수입되는 가축, 육류, 유제품(乳製品) 등에 대한 검역 철저

2. 탄저(anthrax)

(1) 증상

피부탄저, 폐탄저, 장탄저로 구분, 균이 증식하여 혈관에 침입하면 폐혈증 유

발, 심하면 사망에 이른다.

1) 피부탄저 : 약 90% 차지, 균이 침입한 부위에 악성농포(malignant pustule) 형성, 주위에 침윤, 부종, 중심부의 괴양, 해당 부위의 임파선염

2) 폐탄저 : 포자 흡입으로 발생, 폐렴증상

3) 장탄저 : 병에 걸린 동물의 고기 섭취로 발생, 구토, 설사

(2) 감염경로

1) 소, 말, 염소, 양 등 초식동물 사이에 유행하는 급성열성질병, 세계적으로 분포

2) 동물 사이의 감염 : 오염된 목초나 사료에 의한 경구감염

3) 사람의 감염 : 주로 피부의 상처를 통한 경피감염 도며, 식육을 취급하는 사람은 병든 동물 고기에 의한 경구감염

(3) 예방

1) 가축에 약독생균 vaccine에 의한 예방접종 실시

2) 이환 동물의 조기발견, 격리치료 또는 도살처분 후 소각이나 고압증기멸균

3. Brucella증(brucellosis, 波狀熱)

(1) 증상

1) 파상적인 발열(38~40℃의 발열과 정상 체온유지를 주기적으로 반복), 발열 중 발한

2) 근육통, 불면, 관절통, 두통 등을 수반, 드물게 비장, 간장의 비대, 폐렴 등을 유발

(2) 감염경로

1) 소, 돼지, 양, 염소 등의 전염성 유산(流産)을 일으키는 균

2) 유럽 남부, 남아프리카, 미국 등에서 많이 발생

3) 주로 병에 걸린 동물의 유즙, 유제품이나 고기를 거쳐 경구감염

4) 태아, 태줄, 고기, 오줌 등에 의한 경피감염

5) 병든 동물과 접촉할 기회가 많은 직업을 가진 사람의 일종의 직업병

(3) 예방 : 이환 동물의 조기발견, 도살처분, 우유 등의 완전살균

4. 산토끼병 (tularemia, 野兎病)

(1) 증상

오한, 전율, 발열, 균이 침입한 피부에 농포, 악성결막염

(2) 감염경로

1) 설치류 동물 사이에 유행하는 전염병, 북위 35°이상에 위치하는 세계 각 지방에 널리 분포
2) 병에 걸린 산토끼나 동물에 기생하는 이, 진드기, 벼룩을 매개로 하여 감염
3) 병에 걸린 산토끼의 고기나 모피에 의한 경피감염, 또는 경구감염
4) 산토끼를 취급하는 포수, 농부, 수육 취급자, 조리사에게 많이 발생

(3) 예방

병든 산토끼의 식육으로 이용 금지, 소각, 손에 상처가 있을 때 토끼의 직접 조리 금지

5. 결핵 (tuberculosis)

(1) 감염경로

1) 결핵에 걸린 소로부터 오염된 우유 또는 병든 쇠고기에 의한 경구감염
2) 결핵에 걸린 소의 기관지 분비물 비말에 의한 경기도감염
3) 새 결핵균에 감염 또는 오염된 닭, 달걀, 우유, 돼지고기, 쇠고기 등에 의한 경구감염

(2) 예방

정기적인 tuberculin 검사로 결핵에 감염된 소의 조기 발견과 적절한 조치, 우유의 완전 살균

6. 돼지단독증 (swine erysipeloid)

(1) 병원체

돼지단독균(Erysipelothrix rhusiopathiae)
1) Gram양성, 무포자, 무편모, 호기성 간균
2) 잠복기 : 10~20일 정도

(2) 증상

1) 발열, 피부 발적, 자홍색의 홍반(유단독)
2) 근접임파선과 관절부에 종창, 동통, 중증인 경우에는 패혈증으로 사망

(3) 감염경로

1) 주로 돼지에게 발생하는 질환, 세계 각지에 널리 분포, 보통 여름에 많이 발생

2) 돼지 : 주로 소화기 감염, 때로는 경피감염

3) 사람 : 주로 피부 상처를 통한 경피감염, 일부 경구감염

(4) 예방

1) 감염된 동물의 조기 발견, 격리, 치료, 소독

2) 돼지에게 예방접종(약독생균 vaccine 또는 사균 vaccine)

7. Listeria증(listeriosis)

(1) 감염경로

1) 소, 양, 염소, 돼지 등의 가축, 애완동물, 닭, 오리 등의 가금에 널리 감염되는 질환

2) 감염된 동물과 직접 접촉, 오염된 식육, 유제품 등의 섭취, 오염된 먼지 흡입에 의해 감염

(2) 예방

가축의 위생관리와 예방접종(무독생균 vaccine) 철저

8. Q열(Q fever)

(1) 병원체

1) Coxiella burnetii

2) rickettsia, 구상 또는 간상, 비운동성, 건조에 대한 강한 저항성

(2) 증상

고열, 오한, 두통, 근육통, 흉통이 따르는 가벼운 기침, 중증인 때에는 간장해, 황달 발생

(3) 감염경로

1) 소, 염소, 양 등의 급성전염병, 세계 여러 나라에 분포

2) 병원체가 함유된 동물의 생유에 의한 경구감염

3) 병에 걸린 동물의 조직이나 배설물에 의한 경피감염

4) 예방 : 진드기 등 흡혈곤충의 박멸, 우유의 살균, 감염동물의 조기발견과 조치

(4) 잠복기

2~4주

3 전염병의 예방대책

1. 전염병 예방 및 관리

(1) 전염병의 국내침입 방지(검역)

검역이란 전염병유행 지역에서 입국하는 전염병감염이 의심되는 사람을 강제 격리시키는 것으로 그 전염병의 최장 잠복기간을 격리(감시)기간으로 한다.

1) 콜레라 : 120시간

2) 페스트 및 황 열 : 144시간

(2) 병원 소 제거 및 격리

사람이 병원소일 때에는 제거가 불가능하므로 약물치료, 수술, 격리 수용 등에 의해 효과가 기대된다.

1) 격리를 해야 하는 전염병 : 결핵, 나병, 콜레라, 페스트, 디프테리아, 장티푸스, 세균 성이질 등이 있다

2) 격리가 필요 없는 전염병 : 유행성 일본뇌염, 파상풍, 발진티푸스, 파상 열, 양 생충, 기생충병 등이 있다

(3) 환경위생 관리

소화기계 전염병은 환자의 배설물이나 오염된 물건들을 소독해야 하며 구충, 구서, 음료수소독, 식품의 위생관리 등의 조치가 필요하다.

> **병원체**
>
> 1. 세균(Bacteria)의 종류
>   콜레라, 장티푸스, 디프테리아, 결핵, 나병, 백일해, 파라티푸스 등
> 2. 바이러스(Virus)의 종류
>   소아마비, 홍역, 유행성 이하선염, 유행성 일본뇌염, 광견병, AIDS, 유행성 간염 등
> 3. 리케차(Rickettsia)의 종류
>   발진티푸스, 발진열, 양충병 등
> 4. 원생동물(원충)의 종류
>   이질아메바, 말라리아, 질트리코모나스, 사상충 등

(4) 법정전염병의 종류

제1군전염병

"제1군전염병"은 전염속도가 빠르고 국민건강에 미치는 위해정도가 너무 커서 발생 또는 유행 즉시 방역대책을 수립하여야 하는 전염병을 말한다.

콜레라, 페스트, 장티푸스, 파라티푸스, 세균성이질, 장출혈성대장균감염증

제2군전염병

"제2군전염병"이라 함은 예방접종을 통하여 예방 또는 관리가 가능하여 국가 예방접종사업의 대상이 되는 질환의 전염병을 말한다.

디프테리아, 백일해, 파상풍, 홍역, 유행성이하선염, 풍진, 폴리오, B형간염, 일본뇌염

제3군전염병

"제3군전염병"이라 함은 간헐적으로 유행할 가능성이 있어 지속적으로 그 발생을 감시하고 방역대책의 수립이 필요한 전염병을 말한다.

말라리아, 결핵, 한센병, 성병, 성홍열, 수막구균성수막염, 레지오넬라증, 비브리오패혈증, 발진티푸스, 발진열, 쯔쯔가무시증, 렙토스피라증, 브루셀라증, 탄저, 공수병, 신증후군출혈열(유행성출혈열), 인플루엔자, 후천성면역결핍증(AIDS)

제4군전염병

"제4군전염병"이라 함은 국내에서 새로 발생한 신종전염병증후군, 재출혈전염병 또는 국내 유입이 우려되는 해외유행전염병으로서 방역대책의 긴급한 수립이 필요하다고 인정되어 보건복지부장관이 지정하는 전염병을 말한다.

황열, 뎅기열, 마버그열, 에볼라열, 래시열, 리슈마니아증, 바베사이아증, 아프리카수면병, 크립토스포리디움증, 주협흡충증, 요우스, 핀파 급성출혈열, 급성호흡기증상, 급성활달증상을 나타내는 신종전염병 증후군

지정전염병

"지정전염병"이라 함은 제1군 내지 제4군 전염병외에 유행여부의 조사를 위하여 감시활동이 필요하다고 인정되어 보건복지부장관이 지정하는 전염병을 말한다.

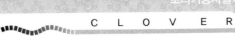

생물테러전염병

"생물테러전염병"이라 함은 고의로 또는 테러 등을 목적으로 이용된 병원체에 의하여 발생된 전염병을 말한다.

2. 숙주의 면역 증강

(1) BCG(결핵)는 생후 4주 이내에 접종을 실시한다.

(2) DPT(디프테리아, 백일해, 파상풍)와 소아마비는 2개월, 4개월, 6개월의 3회의 기본 접종으로 하고, 18개월에 추가 접종을 실시한다.

(3) 홍역, 볼거리, 풍진은 생후 15개월에 실시한다.

(4) 일본 뇌염은 3~15세에 실시한다.

(5) 질병의 유행시 환자와의 접촉시 또는 화상을 받았을 때(파상풍)에는 수시로 추가 접종을 실시한다.

숙주의 감수성과 면역

1. 감수성 지수(접촉 감염 지수)
   두창 : 95%, 홍역 : 95%, 백일해 : 60~80%, 성홍열 : 40%, 디프테리아 : 10%, 폴리오 : 0.1%
2. 면역
   (1) 선천적 면역 : 인종, 종속, 개인 특이성
   (2) 후천적 면역
   • 자연 능동 면역 : 질병 감염 후 얻은 면역
   • 인공 능동 면역 : 예방 접종으로 얻어지는 면역
   • 자연 수동 면역 : 모체로부터 태반이나 유즙을 통해서 얻은 면역
   • 인공 수동 면역 : 동물 면역 혈청 및 성인 혈청 등 인공 제제를 접종하여 얻게 되는 면역

3. 예방되지 못한 환자의 조치

의료 시설의 확충, 무의 지역 제거, 계속적인 보건 교육, 조기 진단, 조기 치료가 필요하다.

4. 전염병 관리 방법

(1) 전염원의 근본적 대책

(2) 전염 경로의 차단

(3) 감수성 보유자의 관리

제4장
→ 기생충

 이 장에서는 기생충중의 개요 / 채소류 매개 기생충 / 어패류 매개 기생충 / 육류 매개 기생충에 대해서 알아본다.

 기생충중의 개요

기생충 질환은 농어촌 질환이라고 할 수 있고 대도시에서도 유행되는데 기생충증의 주된 원인은 환경 불량, 비과학적 식생활과 식습관, 분변의 비료화, 비위생적인 일상생활, 비위생적인 영농 방법이다. 기생충이 음식과 관련해 인체에 감염되는 것은 경구감염이 많으며 주로 소화기계에 내장의 여러 기관에 기생하고 감염경로는 동물성 식품을 경유하는 것과 채소 등의 일반식품을 경유하는 것으로 나누어진다.

 채소류 매개 기생충

1. 회충

(1) 소장에 기생

(2) 감염 후 산란 시까지 약 60~75일 걸린다.

(3) 하루 약 10~20만개의 알을 낳는다.

2. 구충 (십이지장충)

(1) 경피 감염이 특징

(2) 주요 증상은 빈혈증, 소화 장애가 있을 수 있다.

3. 편충

감염 양상은 회충의 경우와 같다.

4. 요충

   (1) 소장하부에 기생

   (2) 항문 주위의 가려움증이 있다.

   (3) 집단 감염이 잘되므로 집단적 구충을 실시한다.

5. 동양모양 선충

   (1) 감염형 유충은 온도, 화학 약품에 비교적 저항력이 강하다.

   (2) 김치를 통해 감염되는 경우도 있다.

 어패류 매개기생충

1. 간디스토마(간흡충)

   (1) 민물고기를 생식하는 강유역 주민에게 많이 감염

   (2) 왜우렁(제1중간 숙주) → 잉어, 붕어등 민물고기(제2중간 숙주)

2. 폐디스토마(폐흡충)

   (1) 산간 지역 주민에게 감염

   (2) 충란은 객담과 함께 배출

   (3) 다슬기(제1중간 숙주) → 가재, 게(제2중간 숙주)

3. 요꼬가와 흡충

   • 다슬기(제1중간 숙주) → 은어, 잉어, 붕어 등(제2중간 숙주)

4. 아니사키스

   • 고등어, 대구, 오징어, 고래 등에서 감염

5. 광절 열두조충

   • 물벼룩(제1중간 숙주) → 담수어, 연어, 숭어 등(제2중간 숙주)

6. 스팔가눔증

   • 물벼룩(제1중간 숙주) → 담수어, 뱀, 개구리, 조류, 포유류 등(제2중간 숙주)

7. 유극악구충

   • 물벼룩(제1중간 숙주) → 가물치, 뱀장어, 파충류, 조류, 포유동물(제2중간 숙주)

 육류 매개 기생충

1. 무구조충(민촌충)

   쇠고기를 생식하거나, 불충분하게 가열, 조리한 것을 식용함으로써 감염

2. 유구조충(갈고리촌충)

   돼지고기를 생식하거나, 불완전하게 가열, 조리한 것을 식용함으로써 감염

3. 선모충

   쥐, 돼지, 개, 여우 등과 사람의 인축 공동 전염병

4. 톡소플라스마

   돼지, 개, 고양이, 생 달걀로부터 감염

5. 기생충 질환의 예방

   (1) 분변을 완전 처리하여 기생충 란을 사멸 또는 배제시킨다.
   (2) 정기적 검변으로 조기에 구충한다.
   (3) 오염된 조리 기구를 통한 다른 식품의 오염에 유의한다.
   (4) 수육, 어육은 충분히 가열. 조리한 것을 섭식한다.
   (5) 손을 깨끗이 씻고 야채류는 흐르는 물에 충분히 씻고, 화학 비료로 재배한 것
       을 생식한다.

제5장

→ 소독법

 이 장에서는 살균 및 소독의 일반 / 물리적 살균 및 소독 / 화학적 살균 및 소독에 대해서 알아본다.

1 살균 및 소독의 일반

1. 살균 및 소독의 정의

(1) **소독** : 병원 미생물의 생활을 파괴하여 감염력을 억제하는 것이다.

(2) **멸균** : 미생물 기타 모든 균을 죽이는 것이다.

(3) **방부** : 미생물의 증식을 억제해서 식품의 부패 및 발효를 억제하는 것이다.

소독법

① 멸균 : (모두 사멸)균, 아포, 독소 다 사멸

② 소독 : (병원성 미생물을 죽이거나 병원성 약화 – 아포는 죽이지 못한다)

③ 방부 : (균의 발육을 저지, 정지시켜 부패나 발효를 방지 – 하나도 죽이지 못함)

2 물리적 살균 및 소독

1. 열 처리법

(1) 건열 멸균법

건열멸균기(드라이오븐)에 넣고 150℃에서 30분간 가열하는 방법으로 유리 기구, 사기 그릇 및 금속 제품 등의 소독에 이용.

(2) 습열 멸균법

1) 자비 소독법 : 끓는 물(100℃)에서 15~30분간 처리

2) 고압증기 멸균법 : 아포를 포함하여 모든 균을 121℃에서 15~30분간 사멸한다.

3) 간헐 멸균법 : 아폭지도 100℃의 유통증기중에 24시간마다 15~30분간 3회계속행하여 사멸한다.

4) 저온 살균법 : 우유의 경우 63℃에서 30분간 행한다.

5) 초고온 순간 살균법 : 130~135℃에서 2초간 행해진다.

2 무가열 멸균법

(1) 자외선 멸균법

1) 2,600~2,800Å의 파장이며 살균력이 크다.

2) 공기, 물, 식품, 기구, 용기에 사용

3) 초음파 멸균법

4) 방사선 살균법 : Co60, Cs137 이용

5) 세균 여과법

건열 멸균법

재생 가치가 없는 물건을 태워 버리는 소각법도 화염 멸균법으로는 가장 강력한 멸균법이다.

3 화학적 살균 및 소독

1. 소독제를 이용하여 살균하는 방법

(1) 소독약의 구비 조건

1) 살균력이 강할 것

2) 부식성, 표백성이 없고 용해성이 높으며 안정성이 있을 것

3) 불쾌한 냄새가 나지 않을 것

4) 경제적이고 사용 방법이 간편할 것

(2) 소독약의 종류 및 용도

1) 석탄산(phenol)

• 3~5%의 수용액 사용

• 기구, 용기, 의류 및 오물 등의 소독에 사용

석탄산

- 소독약 살균력의 지표가 되는 것
- 석탄산계수 $= \dfrac{\text{소독액의 희석배수}}{\text{석탄산의 희석배수}}$

2) 크레졸(Cresol)
- 3%의 수용액 사용
- 석탄산의 약 2배의 소독력이 있다.
- 손이나 오물 소독에 사용한다.

3) 역성 비누(양성 비누)
- 0.01~0.1%액 사용
- 무미, 무해하여 식품 소독, 피부 소독에 좋다.
- 자극성 및 독성이 없고 침투력, 살균력(특히 포도상 구균, 쉬겔라균, 결핵균에 유효)이 있다.

4) 승홍($HgCl_2$)
- 자극성과 금속 부식성이 강하다.
- 피부 소독에는 0.1% 수용액 사용

5) 알코올(alcohol)
- 70~75%의 에탄올 사용
- 피부 및 기구 소독에 사용

6) 머큐로크롬(mercurochrom)
- 2% 수용액 사용
- 점막, 피부 상처에 사용

7) 염소(Cl_2) : 상수도, 수영장, 식기류 소독에 사용

8) 표백분($CaOCl_2$) : 우물 소독에 사용

9) 과산화수소(H_2O_2)
- 3% 수용액 사용
- 무아포균에 유효, 구내염, 상처에 사용

10) 오존($O3$) : 발생기 산소에 의해서 살균되며, 수중에서 살균력을 갖는다.

11) 생석회(CaO) : 분변, 하수, 오물, 토사물 소독에 사용

2. 소독 대상물에 따른 소독방법

(1) 대소변, 배설물, 토사물 : 소각법, 석탄산수, 크레졸수, 생석회 분말 등

(2) 이상저온 조건 : 참호족염, 동상, 동창

(3) 초자 기구, 목죽 제품, 도자기류 : 석탄산수, 크레졸수, 승홍수, 포르말린수, 증기
소독, 자비 소독

(4) 고무 제품, 피혁제품, 모피, 칠기 : 석탄산수, 크레졸수, 포르말린수 등

(5) 화장실, 쓰레기통, 하수구

　　1) 분변 : 생석회

　　2) 변기 또는 화장실 : 석탄산수, 크레졸수, 포르말린수 등

　　3) 하수구 : 생석회, 석회유 등

(6) 조리자의 손 : 역성 비누 등

(7) 행주 및 도마

　　1) 행주 : 삶거나 증기 소독, 치아염소산 처리, 일광 건조 등

　　2) 도마 : 열탕 처리, 치아염소산수 처리 등

화학약품에 의한 방법

① 과일, 야채, 식기소독 : 염소, 표백분, 역성비누
② 화장실, 오물소독 : 석탄산, 크레졸, 과산화수소
③ 비금속기구 소독 : 석탄산(3%), 크레졸, 과산화수소

제6장
➡ 공해 및 직업병

  이 장에서는 현대공해와 대기오엽 / 수질오염 / 소음공해 / 직업병의 종류와 원인에 대해서 알아본다.

 1 공해

1. 현대공해

(1) 다양화, 누적화, 다발화, 광역화의 경향

(2) 대기오염, 수질오염, 토양오염, 소음, 진동, 악취, 방사선오염, 일조권 방해, 전
파방해 등

2. 대기오염

(1) 원인 물질

아황산가스, 질소화합물, 일산화탄소. 옥시던트, 탄화수소, 부유분진 등

(2) 대기오염의 피해

1) 호흡기질병 : 만성기관지염, 기관지천식, 천석성 기관지염, 폐기종, 인후두염 등

2) 농작물피해 : 생장장애 및 식물의 조직파괴 등

3) 금속제품부식, 페인트칠 변질, 건축물 손상 등

(3) 기온역전

1) 대기층상부기온이 하부기온보다 더 높은 현상

2) 공기순환이 나쁜 것으로 호흡기질환을 일으키는 원인.

(4) 오존층 파괴

1) 프레온가스, 할로겐 등에 의해 발생

2) 온난화 현상

(5) 산성비

1) pH 5.6이하 산도 가진 비

2) 부식, 산림 황폐화. 생태계파괴

 작업 종류별 소요 영양소

1. 고온 작업 : 식염, 비타민 A, 비타민 B_1, 비타민 C
2. 저온 작업 : 지방질, 비타민 A, 비타민 B_1, 비타민 C, 비타민 D
3. 강노동 작업 : 비타민류, Ca 강화 식품
4. 소음 작업 : 비타민 B_1

3. 수질오염

(1) 수질오염의 피해

1) 미나마타병(유기수은) – 지각마비
  • 수은(Hg)을 함유한 공장폐수가 어패류에 오염된 것을 사람이 섭취함으로써 발생
  • 증상 : 손의 지각이상, 언어장애, 구내염, 시력약화 등
2) 이타이이타이병(카드뮴)
  • 카드뮴(Cd)지하수, 지표수에 오염되어 농업수로 사용됨으로써 벼 등 오염된 농작물 섭취에 의해 중독
  • 증상 : 골연화증, 전신권태, 신장 기능장애, 요통 등
3) PCB중독(쌀겨유 중독)
  • 미강유 제조시 가열매체로 사용하는 PCB가 기름에 혼입되어 중독
  • 증상 : 식욕부진, 구토, 체중감소 등
4) 기타피해
  • 농작물의 고사
  • 어패류의 사멸
  • 상수, 공업용수의 오염 : 자연환경계의 파손

(2) 수질오염물질

시안, 카드뮴, 수은, 유기인, 납, 크롬, 유기폐수 등

4. 소음공해

(1) 소음공해로 인한 피해

수면장애, 불쾌감, 생리적 장애, 맥박수, 호흡수, 신진대사항진, 작업능률저하

등의 증상을 일으키기도 하는데, 이러한 현상을 말한다.

 직업병

직업병이란 산업재해로 발생되는 질병과 직업자체가 그 원인이 되는 질병으로 구분하며, 직업의 종류나 그 직종이 가지고 있는 특정한 이유로 그 직종에 종사하는 근로자에게만 발생하는 질병이다.

1. 작업환경에 기인하는 직업병

(1) 이상 고온 조건 : 열중증(열경련, 열사병, 열허탈증, 열쇠약증)

(2) 이상 저온 조건 : 잠호족염, 동상, 동창

(3) 불량 조명에 의한 장애 : 안전 피로, 근시, 안구 진탕증

(4) 적외선에 의한 장애 : 일사병, 백내장, 피부홍반

(5) 자외선에 의한 장애 : 피부화상, 피부암, 눈의 결막 및 각막 손상

(6) 방사선에 의한 장애 : 조혈 기능의 장애, 피부 점막의 궤양과 암의 형성, 생식 기능 장애

(7) 고압 작업 장애 : 잠함병

(8) 저압 작업 장애 : 고산병

(9) 진애에 의한 장애 : 진폐증(규폐증, 석면폐증, 활석폐증, 면폐증, 금속열 등)

2. 공업 중독(중금속 중독)

(1) 납중독 : 납 제련소, 페인트, 축전지, 납 용접 작업, 인쇄소에서 근무하는 근로자에게서 나타난다.

(2) 수은 중독(미나마타병) : 유기수은에 노출될 경우 발생한다.

(3) 카드뮴 중독(이타이이타병) : 골연화증을 일으키며, 경구 섭취나 분 흡입으로 전신장애를 일으킨다.

01
해설 W.H.O는 보건
사업의 지휘와 기
술지원과 기술자
문을 한다.

01 다음 중 보건과 관계 있는 국제기구는?

㉮ UNTC   ㉯ U. N

㉰ W. H. O   ㉳ H. O. W

02 다음 중 세계보건기구 회원국에 대한 가장 중요 기능은?

㉮ 재정 지원   ㉯ 의료시설 지원

㉰ 기술적 지원   ㉳ 의료약품의 지원

03
해설 공해방지및 보건
행정은 보건복지
부가 담당한다.

03 공해방지에 대한 주무부서 담당기관은?

㉮ 산업자원부   ㉯ 건교부

㉰ 행정자치부   ㉳ 보건복지부

04 다음 중 식품위생법의 목적은?

㉮ 국민보건의 향상증진   ㉯ 식품의 질적 향상

㉰ 위생상의 위해방지   ㉳ 이상 모두 해당

05
해설 우리나라에서 45
세 이상의 사망원
인 고혈압으로 인
한 사망률이 암,
급성전염병, 심장
마비 등보다 가장
높은 것으로 알려
져 있다.

05 우리 나라 사망원인 중 45세 이상의 인구 중 사망순위가 가
장 높은 것은?

㉮ 암   ㉯ 급성 전염병

㉰ 치졸중증(고혈압)   ㉳ 심장마비

06 다음 설명으로 틀린 것은?

㉮ 정신위생의 창시자는 비어즈이다.

㉯ 공중보건은 질병치료 및 예방목적만으로 한다.

㉰ 사회보장제도를 제일 먼저 수립한 나라는 독일이다.

㉳ 세계보건기구의 부호는 W. H. O이다.

정답

1 ㉰   **2** ㉰   **3** ㉳   **4** ㉳   **5** ㉰   **6** ㉯

07 우리 나라 인구통계를 담당하는 부서는?

㉮ 행정자치부 ㉯ 산업자원부

㉰ 건설교통부 ㉱ 보건복지부

7 해설

행정자치부에서는 우리나라의 인구통계를 담당하며 그 통계의 조사는 통계청에서 실시한다.

08 다음 설명 중 틀린 것은?

㉮ 일산화탄소는 질식제로 헤모글로빈에 대한 친화성이 산소에 비해 200~300배나 강하다.

㉯ 일광 중 가장 살균력이 있는 파장은 3,500~4,000Å이다.

㉰ 데시벨(decibel)은 음의 강도를 나타내는 단위이다.

㉱ 링겔만(Ringelman) 농도 표는 매연 측정에 사용된다.

09 전염병 예방법의 목적은?

㉮ 전염병의 발생방지

㉯ 전염병의 유행방지

㉰ 전염병의 발생과 유행방지

㉱ 전염병의 방지와 예방에 있다.

9 해설

전염병 예방법의 목적은 전염병을 미연에 방지하고 예방하는데 있다.

10 검역 전염병은?

㉮ 콜레라, 성홍열 ㉯ 콜레라, 황열, 페스트

㉰ 천연두, 페스트, 폐렴 ㉱ 천연두, 재귀열, 콜레라

10 해설

검역이란 전염변의 유행지역에서 입국하는 감염에 의심되는 사람을 격리시키는 것이며 그 기간은 콜레라는 120시간, 페스트 및 황열은 144시간 이다.

11 다음 설명으로 틀린 것은?

㉮ 식품의 부패란 주로 단백질의 변질이다.

㉯ 식품의 내장효과는 생화학 반응으로 인해 억지로 질이 변화되지 않는다.

㉰ 잠복기가 가장 짧은 식중독은 살모넬라증이다.

㉱ 우유는 60~65℃에서 30분간 저온 살균한다.

정답

7 ㉮ **8** ㉯ **9** ㉱ **10** ㉯ **11** ㉰

12
해설 인체에 적합한 실내의 실온은 16 ~20℃ 정도가 가장 적합하다.

12 실내의 적합한 보건학적 온도는?

㉮ 10~13℃   ㉯ 16~20℃

㉰ 20~25℃   ㉱ 16~20℉

13 감각 온도의 3대 요인이 아닌 것은?

㉮ 기온   ㉯ 기습

㉰ 기류   ㉱ 기압

14 공중 집합소에서 가장 중요시 해야할 위생처리는?

㉮ 급수   ㉯ 숙박 시설

㉰ 하수 처리장   ㉱ 소각장

15
해설 대장균의 검출은 상수도 오염을 측정하기 위한 지표이다.

15 대장균의 검출은 어떠한 오염을 측정하기 위한 지표인가?

㉮ 하수도 오염

㉯ 수영장 오염

㉰ 상수도 오염

㉱ 토양 오염

16
해설 실내·외의 온도차이는 5~7℃가 가장 이상 적이다.

16 실내·외의 온도차이는 몇 도가 적당한가?

㉮ 1~2℃   ㉯ 3~5℃

㉰ 5~7℃   ㉱ 7~10℃

17
해설 중이염, 피부병, 안질 등은 수영장의 오염된 물에 의해서 발생할 수 있다.

17 수영장과 관계없는 질병은?

㉮ 중이염

㉯ 피부병

㉰ 말라리아

㉱ 안질

정답
12 ㉯ **13** ㉱ **14** ㉮ **15** ㉰ **16** ㉰ **17** ㉰
18 ①

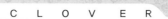

18 다음 설명으로 틀린 것은?

㉮ 상수 여과를 가장 먼저 실시한 나라는 영국이다.

㉯ 물의 색도를 제거하는데 가장 효과적인 처리는 급속 여과이다.

㉰ 상수 처리 중 폭기작용에서는 냄새제거가 되지 않는다.

㉱ 물의 경도를 이루는 대표적인 물질은 탄산소다 철이온이다.

19 대기 오탁과 관계되지 않는 질병은?

㉮ 기관지 천식 ㉯ 만성 기관지염

㉰ 인 후두염 ㉱ 유행성 간염

20 견딜 수 없는 정도의 불쾌지수란?

㉮ 70이상 ㉯ 75이상

㉰ 80이상 ㉱ 85이상

21 실내의 기류 측정은?

㉮ 카타 온도계 ㉯ 건구 온도계

㉰ 습구 온도계 ㉱ 알코올 온도계

22 다음 설명으로 틀린 것은?

㉮ 하천수의 DO가 적은 것은 오염이 높다.

㉯ 수중 유기물이 호기성 분해를 하면 이산화탄소가 나온다.

㉰ 부패조는 상수도 처리에 쓰인다.

㉱ 진개 처리시 위생적 매몰할 때 흙의 최소두께는 60cm이다.

20 해설

사람이 견딜 수 없는 정도의 불쾌지수는 85℃ 이상의 온도이다.

정답

18 ㉱ 19 ㉱ 20 ㉱ 21 ㉮ 22 ㉰

23
해설 실내온도가 10℃ 이하가 되면 난방이 필요하다.

23 난방이 필요한 실내 온도는 몇 도인가?

㉮ 0℃이하   ㉯ 10℃이하

㉰ 5℃이하   ㉴ 15℃이하

24 구충 · 구서의 근본대책은?

㉮ 환경적 대책

㉯ 생물학적 대책

㉰ 화학적 대책

㉴ 물리학적 대책

25
해설 한식 주택의 보건학적 장점은 채광, 소음방지, 기후변화에 대한 조절 등은 좋으나 냉, 난방 조절의 단점이 있다.

25 한식 주택의 보건학적 장점이 아닌 것은?

㉮ 채광   ㉯ 소음방지

㉰ 냉난방 조절   ㉴ 기후변화에 대한 조절

26 DPT(디피티) 접종과 관계치 않는 것은?

㉮ 디프테리아   ㉯ 백일해

㉰ 파상풍   ㉴ 결핵

27
해설 이질과 장티푸스는 물과 음식물의 오염으로부터 감염된다.

27 이질과 장티푸스의 감염은?

㉮ 물, 음식물의 오염으로부터 감염

㉯ 환자로부터 직접적인 감염

㉰ 공기감염

㉴ 피부감염

28 발진티푸스, 뇌염은 어느 기관으로 침투되는가?

㉮ 소화기   ㉯ 호흡기

㉰ 피부   ㉴ 골격기

정답

23 ㉯   24 ㉮   25 ㉰   26 ㉴   27 ㉮   28 ㉰

29 식중독이 잘나고 음식물이 잘 상하는 계절은?

㉮ 봄   ㉯ 여름

㉰ 가을   ㉱ 겨울

> **29 해설**
> 여름철에는 음식물이 잘상하고 식중독에 걸일 확율이 높은 계절이다.

30 체온의 온도와 관계가 없는 것은?

㉮ 기류   ㉯ 기온

㉰ 기습   ㉱ 기압

31 인공 조명이 아닌 것은?

㉮ 직접조명   ㉯ 간접조명

㉰ 자연채광   ㉱ 반간접조명

32 인간 병원소로부터 탈출로가 아닌 것은?

㉮ 신경 기계   ㉯ 비뇨 기계

㉰ 호흡 기계   ㉱ 소화 기계

33 동물과 관계되는 전염병으로 연결 지은 것 중 잘못된 것은?

㉮ 개 - 광견병

㉯ 양 - 탄저병

㉰ 소 - 결핵

㉱ 쥐-성홍열

> **33 해설**
> 쥐로부터 전염되는 전염병으로는 페스트, 발진열, 살모낼라증, 렙토스피라증, 양충병 등이 있다.

34 영양소가 변하는 형태의 연결로 잘못된 것은?

㉮ 지방 - 무기질

㉯ 탄수화물 - 포도당

㉰ 지방 - 글리세린

㉱ 단백질 - 인체의 기능 조절소

정답

29 ㉯   29 ㉯   30 ㉱   31 ㉰   32 ㉮   33 ㉱   34 ㉮

35 "이따이이따이"병의 원인 금속류는?

㉮ 납
㉯ 비소
㉰ 인
㉱ 카드뮴

36 실내의 적합한 온·습도는?

㉮ 16℃, 40%
㉯ 18℃, 60%
㉰ 18℃, 30%
㉱ 20℃, 80%

37
해설 공기성분의 산소와 질소 비율은 1:4정도의 비율이다.

37 다음 중 공기성분의 산소와 질소 비율은?

㉮ 4:1
㉯ 1:3
㉰ 1:4
㉱ 1:2

38 전염병 관리상 가장 어려운 대상은?

㉮ 만성전염병
㉯ 건강보균자
㉰ 급성전염병
㉱ 전염병에 의한 사망자

39 B.C.G(비씨지) 접종을 요하는 자는 누구인가?

㉮ 결핵환자
㉯ 결핵치유자
㉰ T. 반응 양성인자
㉱ 결핵균 미감염자

40
해설 천연두는 생후 6개월 이전에 접종하여야 한다.

40 천연두 접종시기는?

㉮ 생후 3개월 이전
㉯ 생후 6개월 이전
㉰ 생후 10개월 이전
㉱ 생후 12개월 이전

41 다음 질환 중 잠복기간이 가장 긴 것은?

㉮ 디프테리아
㉯ 콜레라
㉰ 인플루엔자
㉱ 전염성 간염

정답

35 ㉱ **36** ㉯ **37** ㉰ **38** ㉯ **39** ㉱ **40** ㉯ **41** ㉱

42 마스크를 통과할 수 있는 미생물은?

㉮ 콜레라　　　　　㉯ 디프테리아

㉰ 인플루엔자　　　㉱ 나균

43 4시간 기준으로 일산화탄소(CO)의 실내허용 한계는?

㉮ 0.04%　　　　　㉯ 0.01%

㉰ 1%　　　　　　　㉱ 2%

> **43 해설**
> 실내에서 4시간 기준으로 일산화탄소(CO)는 0.04%의 범위 내에서 허용한다.

44 단백질이 소장에서 흡수될 단계의 상태는?

㉮ 아미노산　　　　㉯ 포도당

㉰ 비타민　　　　　㉱ 글리세린

45 유전성 질환에 속하지 않는 것은?

㉮ 혈우병　　　　　㉯ 정신 분열증

㉰ 나병　　　　　　㉱ 색맹

46 결핵 집단 검사시 일반적으로 제일 먼저 실시되는 것은?

㉮ X-ray 간촬

㉯ X-ray 직촬

㉰ 객담검사

㉱ PPM 반응 검사

> **46 해설**
> 결핵 집단검사 시 일반적으로 X-ray 간접 촬영을 먼저 실시한다.

47 다음 설명으로 틀린 것은?

㉮ 성인에 있어 필수 아미노산은 8가지이다.

㉯ 야채 요리시 가장 잘 파괴되기 쉬운 것은 비타민 D이다.

㉰ 섭취한 음식물은 주로 소장에서 섭취한다.

㉱ 성인의 1일 식염 필요량은 보통 15g이다.

정답

| 42 ㉰ | 43 ㉮ | 44 ㉮ | 45 ㉰ | 46 ㉮ | 47 ㉯ |

48
해설
정신박약 증은 노이로제 범주에 속하지 않는다.

48 노이로제 범주에 속하지 않는 것은?

㉮ 히스테리　　　　　　㉯ 강박 신경

㉰ 신경쇠약　　　　　　㉱ 정신 박약증

49 다음 설명 중 틀린 것을 고르시오

㉮ 병원체는 물 속에서 급속히 증식한다.

㉯ 광선 중 파장이 가장 짧은 것은 자외선이다.

㉰ 공기이온 중 진정작용이 있는 것은 음이온이다.

㉱ 음료수 중 적당량의 불소는 충치예방이 되며 많으면 반
상치에 걸린다.

50
해설
집에 특별한 장치를 설치하지 아니한 일반적인 경우에는 실내외 공기의 기온과 기류차이가 실내의 자연적 환기에 큰 비중을 차지한다.

50 특별한 장치를 설치하지 아니한 일반적인 경우에서 실내의
자연적 환기에 큰 비중을 차지하는 요소는?

㉮ 실내외 공기의 습도차이

㉯ 실내외 공기의 기온과 기류차이

㉰ 실내외 공기의 불쾌지수차이

㉱ 실내외 공기 중 탄산가스 함량차이

51
해설
지역사회의 공중보건사업 계획에 있어서 보건 통계자료를 가장 먼저 조사되어야 한다.

51 지역사회의 공중보건사업 계획에 있어서 가장 먼저 조사되어
야 할 사항은?

㉮ 영양 상태　　　　　　㉯ 인구 밀도

㉰ 환경 상태　　　　　　㉱ 보건 통계자료

52 공중 보건사업의 3대 요소가 아닌 것은?

㉮ 보건 관계법

㉯ 환경 위생

㉰ 보건 교육

㉱ 보건 행정

정답
48 ㉱　**49** ㉮　**50** ㉯　**51** ㉱　**52** ㉯

53 CO(일산화탄소) 중독자의 처리법으로 해당치 않는 방법은?

㉮ 신선한 공기의 흡입법

㉯ 고압산소 흡입법

㉰ 고압질소 흡입법

㉱ 산(식초)의 흡입법

54 병실의 가장 적합한 보건적 온도는?

㉮ 20~22℃

㉯ 12~15℃

㉰ 27~28℃

㉱ 10~15℃

54 해설

환자의 입원실에 온도는 20~22℃ 가장 적합하다.

55 다음 중 틀린 설명은?

㉮ 날씨가 더울 때 기습이 높으면 더 덥다.

㉯ 기습은 기후를 완화시킨다.

㉰ 추울 때 기습이 낮으면 더 춥다.

㉱ 기습 및 기온은 12:00~14:00 사이가 가장 높다.

56 이상 저기압과 관계되지 않은 것은?

㉮ 항공병   ㉯ 고지대 등산

㉰ 잠함병   ㉱ 고산병

57 잠함병과 관계치 않은 것은?

㉮ 고혈압, 비만자

㉯ 고기압

㉰ 잠수부

㉱ 고원지대 거주

57 해설

잠수부, 고혈압, 고기압 등은 잠함병과 관계가 있으며 고원지대의 사람은 고산병에 관계가 있다.

정답

53 ㉰ 54 ㉮ 55 ㉱ 56 ㉰ 57 ㉱

58 스모그(Smog) 현상을 표현한 것 중 틀린 것은?

㉮ 광학적 반응으로도 방생

㉯ 자외선과 산소의 반응으로도 발생

㉰ 황 산화물, 질소 산화물, 암모니아, 그 외 화학물로도 형성

㉱ 연기와 안개로만 형성

59 대기 오탁과 관계되지 않는 것은?

㉮ 자연환경의 악화

㉯ 군집독의 발생

㉰ 호흡기 및 안 질환 발생

㉱ 금속물질의 부식

60 해설 대기오염의 3대 목표는 건강장애 방지, 자연환경 악화방지, 경제적 손실방지 등이다.

60 대기 오염방지의 3대 목표에 해당되지 않는 것은?

㉮ 직업병의 발생방지

㉯ 건강장애 방지

㉰ 경제적 손실방지

㉱ 자연환경 악화방지

61 해설 대장균은 상수 오염의 생물학적 지표가 된다.

61 상수 오염의 생물학적 지표가 되는 것은?

㉮ 탁도   ㉯ 경도

㉰ 증발잔유물   ㉱ 대장균

62 대장균을 수질판정으로 하는 이유로 관계치 않는 것은?

㉮ 분변오염을 추측할 수 있기 때문

㉯ 병원성이 크므로

㉰ 검출방법이 간편하고 정확하기 때문

㉱ 미생물의 오염을 추측할 수 있기 때문

정답

58 ㉱ **59** ㉯ **60** ㉮ **61** ㉱ **62** ㉯

63 대장균은 물 몇 cc(m ℓ)가 음성이어야 상수로 적합한가?

㉮ 100이하 ㉯ 10이하

㉰ 50이하 ㉱ 200이하

63 해설
대장균은 물 50 이하cc(m ℓ)가 음성이어야 상수로 적합하다.

64 상수의 적합 여부의 판정시 조사되지 않는 것은?

㉮ 수은

㉯ 암모니아성 질소

㉰ 대장균 및 일반세균

㉱ 칼슘

65 음료수의 정수법으로 쓰이지 않는 것은?

㉮ 활성 오니법 ㉯ 폭기법

㉰ 침전법 ㉱ 여과법

66 음료수 소독으로 사용할 수 없는 것은?

㉮ 자외선 ㉯ 크레졸

㉰ 염소 ㉱ 가열

66 해설
크레졸은 음료수 소독으로 사용할 수 없는 약품이다.

67 평상시 상수의 잔류 염소량의 기준은 몇 ppm(피피엠)인가?

㉮ 0.1 ㉯ 0.4

㉰ 0.2 ㉱ 0.02

67 해설
평상시 상수의 잔류 염소량의 기준은 0.2ppm이다.

68 유지 잔류염소 0.2PPM(피피엠)으로 사멸되지 않는 균이 있다. 다음 중 어느 것인가?

㉮ 장티푸스균 ㉯ 세균성 이질균

㉰ 바이러스균 ㉱ 콜레라균

정답

63 ㉰ 64 ㉱ 65 ㉮ 66 ㉯ 67 ㉰ 68 ㉰

69 물 20ℓ를 0.2ppm 농도로 염소 소독하려할 때 유효성분 50%의 표백분의 양은 얼마인가?

㉮ 40mg   ㉯ 80mg

㉰ 20mg   ㉱ 800mg

70 해설 수영장의 물 1cc에 일반 세균수 300이하가 허용 한계다.

70 수영장에서 물 1cc중 일반 세균수의 허용 한계는?

㉮ 10이하   ㉯ 100이하

㉰ 200이하   ㉱ 300이하

71 수영장의 유리잔류 염소량은 얼마가 적합한가?

㉮ 0.4ppm   ㉯ 0.2ppm

㉰ 0.6ppm   ㉱ 4ppm

72 해설 수영장의 강장적당한 온도로는 22℃이다.

72 수영장의 적당 수온은?

㉮ 16℃   ㉯ 22℃

㉰ 18℃   ㉱ 36℃

73 해설 구충·구서의 가장 근본적인 방법은 환경을 정갈하게 하여 질병을 미연에 방지하는 환경적 방법이 근본적인 대책이다.

73 다음 중 구충·구서의 가장 근본적인 방법은?

㉮ 물리적 방법   ㉯ 화학적 방법

㉰ 생물학적 방법   ㉱ 환경적 방법

74 파리나 모기 구제의 근본적인 방법은?

㉮ 발생원 제거

㉯ 구충 구제

㉰ 방충망 설치

㉱ 살충제 분무

정답

69 ㉯   **70** ㉱   **71** ㉮   **72** ㉯

75 다음 설명으로 틀린 것은?

㉮ 모기는 유충에서 성충까지 10일정도 소요된다.

㉯ 벼룩은 페스트, 발진열 등을 전염하는 매개체이다.

㉰ 디프테리아는 호흡기계 전염병이다.

㉱ 파리나 장티푸스는 경피 감염이 된다.

76 전염병 환자가 퇴원 혹은 사망 후 오염물의 이상적인 소독은?

㉮ 종말소독 ㉯ 수시소독

㉰ 반복소독 ㉱ 지속소독

76 해설
종말소독법은 전염병 환자가 퇴원 혹은 사망 후 오염물의 이상적인 소독 방법이다.

76 결핵환자의 객담 소독 방법으로 가장 완전한 소독법은?

㉮ 매립법 ㉯ 크레졸 소독

㉰ 소각법 ㉱ 알코올 소독

78 "이따이이따이"병의 원인 금속류는?

㉮ 납 ㉯ 비소

㉰ 인 ㉱ 카드뮴

79 성인에게 필요한 1일간의 물의 양은?

㉮ 2~2.5ℓ ㉯ 1~1.5ℓ

㉰ 0.5~1ℓ ㉱ 3ℓ

79 해설
성인은 하루에 2~2.5ℓ의 물을 섭취하는 것이 좋다.

80 상호관계가 연결되지 않은 것은?

㉮ 단백질식품 – 소고기, 콩류

㉯ 알칼리성 – 보리, 빵

㉰ 탄수화물 – 감자, 고구마, 곡류

㉱ 산성식품 – 버터, 달걀, 돈육

정답
73 ㉱ 74 ㉮ 75 ㉱ 76 ㉮ 77 ㉰ 78 ㉱ 79 ㉮ 80 ㉱

81 전염 경로와 전염병의 연결이 잘못된 것은?

㉮ 비말감염 – 폴리오

㉯ 직접접촉 감염 – 성병

㉰ 개달물전염 – 광견병

㉱ 토양 전염 – 파상풍

82 보균자는 전염병 관리상 어려운 대상이다. 그 이유와 관계되지 않는 것은?

㉮ 치료가 불가능하므로

㉯ 격리, 감시가 불가능하므로

㉰ 보균자 색출이 불가능하므로

㉱ 보균자는 활동영역이 넓으므로

83
해설 콜레라는 제1군 전염병으로서 환자를 격리 치료하여야 한다.

83 환자를 격리해야 하는 전염병은?

㉮ 파상풍　　　　　㉯ 식중독

㉰ 콜레라　　　　　㉱ 일본 뇌염

84 병원체가 인체 침입 후 임상적인 자각 또는 타각 증상이 발현될 때까지의 기간은?

㉮ 잠복기간　　　　㉯ 감염 기간

㉰ 이환 기간　　　　㉱ 유행 기간

85
해설 자연능동 면역은 전염병 감염 후에 형성되는 면역이다.

85 전염병 감염 후에 형성되는 면역은?

㉮ 자연능동 면역

㉯ 인공수동 면역

㉰ 자연수동 면역

㉱ 인공능동 면역

정답
81 ㉮　82 ㉮　83 ㉰　84 ㉮　85 ㉮

86 백신(vaccine) 접종으로 얻는 면역은?

㉮ 인공수도 면역 ㉯ 인공능동 면역

㉰ 자연수동 면역 ㉱ 선천면역

87 인공능동 면역에서 생균을 이용하는 것은?

㉮ 백일해, 일본뇌염, 폴리오

㉯ 장티푸스, 콜레라, 파라티푸스

㉰ 폴리오, 결핵, 도창, 광견병

㉱ 디프테리아, 백일해, 파상풍

88 인공능동 면역에 있어 톡소이드(toxoid)를 이용한 것은?

㉮ 페스트, 폴리오 ㉯ 광견병, 결핵

㉰ 장티푸스, 파라티푸스 ㉱ 디프테리아, 파상풍

89 감염 후 영구 면역이 될 수 있는 것은?

㉮ 홍역 ㉯ 이질

㉰ 인플루엔자 ㉱ 콜레라

89 해설
홍역은 한번 감염되고나면 다시는 감염 되지않는다.

90 생후 6개월 내에 잘 이환될 수 있는 전염병은?

㉮ 콜레라 ㉯ 장티푸스

㉰ 일본 뇌염 ㉱ 백일해

90 해설
백일해는 생후 6개월 내에 잘 이환될 수 있는 전염병이며 합병증으로는 폐렴을 일으킬 수 있다.

91 소화기계 전염병이 아닌 것은?

㉮ 세균성이질

㉯ 장티푸스

㉰ 유행성 간염, 폴리오

㉱ 디프테리아

정답
86 ㉯ 87 ㉰ 88 ㉱ 89 ㉮ 90 ㉱ 91 ㉱

92 호흡기계 전염병이 아닌 것은?

㉮ 유행성 출혈열   ㉯ 백일해

㉱ 두창   ㉰ 홍역

---

93 해설   폴리오전염병은 파리로 부터 전 파될 가능성 높 다.

93 파리가 전파할 가능성이 큰 전염병은?

㉮ 결핵   ㉯ 폴리오

㉱ 백일해   ㉰ 디프테리아

---

94 파리가 매개할 수 없는 전염병은?

㉮ 콜레라   ㉯ 장티프스

㉱ 황열   ㉰ 식중독

---

95 다음 설명으로 틀리는 것은?

㉮ 폴리오의 예방접종은 DPT로 실시

㉯ 유행성 간염은 수혈 또는 경구감염된다.

㉱ 홍역은 급성호흡기계 전염병으로 1~2세 아이에게 발생한다.

㉰ 장티푸스는 환경 위생개선이 가장 중요한 대책이다.

---

96 해설   유행성 이하선염 은 비교적 잠복 기가 길다.

96 다음 설명으로 틀린 것은?

㉮ 백일해나 인플루엔자는 합병증으로 폐렴을 일으킬 수 있다.

㉯ 디프테리아는 인후, 코 등의 상피조직에 염증을 일으킨다.

㉱ 두창은 자연능동 면역력은 강하다.

㉰ 유행성 이하선염은 잠복기가 1~2일로 짧다.

정답
92 ㉮   **93** ㉯   **94** ㉱   **95** ㉮   **96** ㉰

97 발진티푸스와 관계되지 않는 것은?

㉮ 병원체가 리케차이다.

㉯ 파라티푸스와 유사한 유행이다.

㉰ 이가 매개 곤충으로 발열이 있다.

㉱ 상처로 침입, 호흡기계 침입한다.

98 PPD 접종 검사의 주목적이라면?

㉮ 결핵 예방　　　　㉯ 결핵 감염여부 판단

㉰ 결핵 병원소 확인　㉱ 결핵 진행정도 판단

99 PPD 반응검사에서 부위의 직경이 10mm로 붉다면?

㉮ 의양성　　　　㉯ 음성

㉰ 양성　　　　　㉱ 강양성

100 생후 1개월 후에 BCG(비씨지) 접종실시는?

㉮ PPD양성　　　㉯ PPD검사와 관계없다.

㉰ DPT의 양성　　㉱ PPD음성

101 우리 나라에서 사망률이 증가되는 것이 아닌 것은?

㉮ 결핵　　　　　㉯ 교통사고

㉰ 뇌졸중증　　　㉱ 고혈압

102 수건의 공동 사용시 감염될 수 있는 전염병은?

㉮ 일본 뇌염

㉯ 트라코마

㉰ 장티푸스

㉱ 발진티푸스

98 해설

PPD 접종 검사의 주목적은 결핵 감염여부를 판단하기 위하여 실시한다.

101 해설

결핵은 후진국형 질병으로서 현재 우리나라에서는 결핵환자가 줄어들고 있다.

정답

96 ㉱　97 ㉯　98 ㉯　99 ㉰　100 ㉱　101 ㉮　102 ㉯

103 회충의 사멸능력이 가장 강한 것은?

㉮ 건조　　　　　　　㉯ 저온

㉰ 일광　　　　　　　㉱ 고습

104 기생충이 인체내 주요 기생 부위와의 연결이 틀린 것은?

㉮ 편충, 요충-맹장

㉯ 사상충-임파조직, 혈액

㉰ 회충, 십이지장충-대장, 십이지장

㉱ 분선충-소장벽조직

105
해설 촌충은 쇠고기, 돼지고기, 민물고기의 생으로 섭취 할 경우 감염될 수 있는 기생충이다.

105 쇠고기, 돼지고기, 민물고기의 생식 감염될 수 있는 기생충은?

㉮ 촌충　　　　　　　㉯ 편충

㉰ 선모충　　　　　　㉱ 폐흡충

106 이상적인 인구 구성형은?

㉮ 종형　　　　　　　㉯ 항아리형

㉰ 피라미드형　　　　㉱ 별형

107
해설 인구 동태지수(Vital index)란 출생 수÷사망수×100이다.

107 인구 동태지수(Vital index)란?

㉮ 출산수-사망수×100　　㉯ 출생수÷사망수×100

㉰ 출생수-사망수×100　　㉱ 출생수÷유출수×100

108 말더스 주의(Malthusism)의 인구 규제방법이 아닌 것은?

㉮ 도덕적 억제　　　　㉯ 성순결 주의

㉰ 산아 조절　　　　　㉱ 만혼주의

정답
103 ㉰　104 ㉰　105 ㉮　106 ㉮　107 ㉯　108 ㉰

109 모성 보건의 3대 산업이 아닌 것은?

㉮ 산욕 관리   ㉯ 산전 관리

㉰ 분만 관리   ㉱ 전염병 관리

110 모성 사망의 4대원인이 아닌 것은?

㉮ 임신 중독증

㉯ 임산부 교통사고

㉰ 산욕열

㉱ 자궁외 임신

111 임산부에 특히 많이 공급해야 할 영양분은?

㉮ 단백질   ㉯ 비타민

㉰ 철분, 칼슘   ㉱ 지방

111 해설
임산부들은 철분과 칼슘을 많이 공급해야 할 영양분이다.

112 성인병의 종류가 아닌 것은?

㉮ 성병   ㉯ 고혈압

㉰ 뇌졸중증   ㉱ 암

113 과다 체중에 많은 질병으로 틀린 것은?

㉮ 곱사병   ㉯ 당뇨병

㉰ 뇌졸중증   ㉱ 심장질환

113 해설
몸이 뚱뚱한 과다 체중을 가진 사람은 당뇨병, 뇌졸중증, 심장질환 등이 발생할 수 있다.

114 산업장의 직업 환경관리 목적으로 틀린 것은?

㉮ 산업재해 예방

㉯ 직업병 치료

㉰ 직업병 예방

㉱ 작업능률 향상

정답
109 ㉱   **110** ㉯   **111** ㉰   **112** ㉮   **113** ㉮   **114** ㉯

115 다음 중 진폐증 발생과 관계가 가장 적은 직업은?

㉮ 페인트 공   ㉯ 광부

㉰ 채석 공   ㉱ 벽돌 제조공

116 다음 중 가장 난치병은?

㉮ 폐결핵   ㉯ 열중증

㉰ 잠함병   ㉱ 규폐증

117 해설 호흡기계 통하여 화학공업 중독을 가장 잘 발생시킬 수 있는 침입 경로이다.

117 화학공업 중독을 가장 잘 발생시킬 수 있는 침입 경로는?

㉮ 점막 침입   ㉯ 경구 침입

㉰ 경피 침입   ㉱ 호흡기계 침입

118 경유 사용의 경유 대기 오탁 물질로 가장 문제되는 것은?

㉮ 아황산 가스   ㉯ 일산화탄소

㉰ 이산화탄소   ㉱ 질소

119 우리 나라 환경 보전법상 아황산가스(SO_2)의 허용농도는?

㉮ 0.01ppm   ㉯ 0.1ppm

㉰ 0.05ppm이하   ㉱ 0.5ppm이하

120 해설 하수처리에서 활성 오니법은 산화작용을 이용한 것이다.

120 하수처리에서 활성 오니법은 어떤 작용을 이용한 것인가?

㉮ 산화작용   ㉯ 부패작용

㉰ 침전작용   ㉱ 희석작용

121 다음 중 연결이 틀리게 된 것은?

㉮ BCG-사균백신   ㉯ BCG-생균백신

㉰ BCG-예방용   ㉱ PPD-진단용

정답

115 ㉮   **116** ㉱   **117** ㉱   **118** ㉮   **119** ㉰   **120** ㉮   **121** ㉮

122 병원성 세균 배양 온도로 알맞은 것은?

㉮ 0~18℃ ㉯ 32~38℃

㉰ 24~30℃ ㉱ 38~45℃

122 해설
병원성 세균 배양 온도로 알맞은 온도로는 32~38℃이다.

123 다음 설명으로 틀린 것은?

㉮ 비만증의 식이는 칼로리 섭취를 제한해야 한다.

㉯ 성인 1일 정상생활에 필요한 물의 양은 2~2.5l이다.

㉰ 일반적인 열량 비는 단백질: 탄수화물: 지방질(4:4:9)이다.

㉱ 단백질 1일 소요량은 60g이다.

124 상수 정화의 목적으로 적당한 것은?

㉮ 물을 단물로 만들기 위해

㉯ 모든 세균 사멸

㉰ 병원성 미생물 제거, 불필요 물질 제거

㉱ 세균 독소형성 제거

124 해설
상수 정화 목적은 병원성 미생물 제거와 불필요 물질을 제거하는데 그 목적이 있다.

125 흐르는 물은 무슨 관리에 유용한가?

㉮ 오물처리

㉯ 모기의 관리

㉰ 공기오염 처리

㉱ 장티푸스 관리

126 다음 전염병 중 지구상에서 그 유행이 종식된 종류는?

㉮ 말라리아 ㉯ 페스트

㉰ 두창 ㉱ 나병

126 해설
두창은 지구상에서 그 유행이 종식된 전염병이다.

정답
122 ㉯ **123** ㉱ **124** ㉰ **125** ㉯ **126** ㉰

127 집에 서식하고 있는 바퀴벌레에 대한 설명 중 틀리는 것은?

㉮ 이질, 콜레라 등의 병원균을 전파한다.

㉯ 군집성을 이루지 않고 개체별로 서식하며 불량한 조건
에서 저항력이 약하다.

㉰ 낮에는 따뜻하고 먹이와 물이 적당히 있는 부엌의 그늘
진 곳에서 숨어산다.

㉱ 잡식성이므로 주로 야간 활동성이다.

128
해설 암 환자의 치료는 공중 보건 사업에 속하지 않는다.

128 다음 중 공중 보건 사업에 속하지 않는 것은?

㉮ 암환자 치료 ㉯ 예방접종

㉰ 보건교육 ㉱ 검역

129 병원소하고 연결이 잘못된 것은?

㉮ 진드기-양충병 ㉯ 벼룩-페스트

㉰ 모기-말라리아 ㉱ 파리-뎅구열

130
해설 사상균 전염병은 피부질환 중 두부백선의 병원체이다.

130 전염병 피부질환 중 두부백선의 병원체는?

㉮ 세균 ㉯ 사상균

㉰ 원생동물 ㉱ 바이러스

131 전염병 감염 후 얻어지는 면역의 종류는?

㉮ 인공능동면역 ㉯ 인공수동면역

㉰ 자연능동면역 ㉱ 자연수동면역

132 다음 전염병 중 자연능동면역으로 면역이 되는 것은?

㉮ 성병 ㉯ 말라리아

㉰ 폴리오 ㉱ 인플루엔자

정답

127 ㉯ **128** ㉮ **129** ㉱ **130** ㉱ **131** ㉰ **132** ㉰

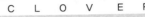

133 폐흡충증의 제1중간숙주는?

㉮ 다슬기   ㉯ 쇠우렁이

㉰ 게   ㉱ 가재

134 다음 전염병 중 비말이나 진애 감염이 되지 않는 것은?

㉮ 디프테리아   ㉯ 백일해

㉰ 유행성 일본뇌염   ㉱ 성홍열

135 우리 나라에서 감염률이 낮은 것은?

㉮ 회충   ㉯ 폐디스토마

㉰ 편충   ㉱ 구충

136 전염병에 감염된 환자에 대해서 격리의 필요성이 큰 것은? (교체)

㉮ 일본뇌염   ㉯ 식중독

㉰ 콜레라   ㉱ 파상풍

137 다음 중 성인병의 종류에 속하지 않는 것은?

㉮ 뇌졸중   ㉯ 결핵

㉰ 당뇨병   ㉱ 고혈압

138 보균자(carrier)는 전염병 관리상 어려운 대상이다. 그 이유와 관계없는 것은?

㉮ 색출이 어려우므로

㉯ 활동영역이 넓기 때문에

㉰ 격리가 어려우므로

㉱ 치료가 되지 않으므로

133 해설
폐흡충증의 제1 중간숙주는 다슬기이다.

135 해설
편충은 우리나라에서 감염률이 낮은 질병이다.

137 해설
결핵은 성인병의 종류에 속하지 않는 질병이다.

정답
133 ㉮   134 ㉰   135 ㉰   136 ㉰   137 ㉯   138 ㉱

139 다음 질병 중 쥐와 관계가 없는 것은?

㉮ 발진열

㉯ 유행성 출혈열

㉰ 사상충증

㉱ 살모넬라

{139 해설} 사상충증은 쥐와 관계가 없는 질병이다.

140 위생해충인 바퀴벌레가 주로 전파할 수 있는 병원균의 질병이 아닌 것은?

㉮ 장티푸스   ㉯ 콜레라

㉰ 재귀열   ㉱ 이질

141 감, 귤, 딸기 등 괴혈병에 좋은 비타민은?

㉮ 비타민 A   ㉯ 비타민 C

㉰ 비타민 B₆   ㉱ 비타민 D

{141 해설} 감, 귤, 딸기 등 괴혈병에 비타민 C가 좋다.

142 다음 전염병 중 세균성인 것은?

㉮ 말라리아   ㉯ 결핵

㉰ 유행성 일본뇌염   ㉱ 유행성 간염

143 다음 전염병 중 음료수를 통하여 전염될 수 있는 가능성이 가장 큰 것은?

㉮ 이질   ㉯ 백일해

㉰ 결핵   ㉱ 나병

144 제1군 법정전염병은?

㉮ 홍역   ㉯ 세균성이질

㉰ 백일해   ㉱ 광견병

{144 해설} 세균성이질은 법정전염병 제1군에 속한다.

정답

139 ㉰   **140** ㉰   **141** ㉯   **142** ㉯   **143** ㉮   **144** ㉯

76   제1편 공중보건

145 다음 전염병 중 제2군 법정전염병에 속하는 것은?

㉮ B형 간염 ㉯ 세균성 이질

㉰ 황열 ㉱ 장티프스

146 다음 중 제1군 법정전염병은?

㉮ 세균성이질 ㉯ 황열

㉰ 쯔쯔가무시증 ㉱ B형 간염

147 제3군 법정 전염병은?

㉮ 쯔쯔가무시증 ㉯ 파라티푸스

㉰ 장티푸스 ㉱ 세균성이질

148 다음 중 제2접종 전염병에 속하는 것은?

㉮ 폴리오 ㉯ 세균성이질

㉰ 후천성 면역결핍증 ㉱ 디프테리아

149 유행성 출혈열은 다음 중 어디에 속하는가?

㉮ 법정 제1군 전염병 ㉯ 법정 제2군 전염병

㉰ 법정 제3군 전염병 ㉱ 지정전염병

150 만성 B형 간염은 다음 중 어디에 속하는가?

㉮ 제3군 법정전염병 ㉯ 제3군 지정전염병

㉰ 제2군 법정전염병 ㉱ 제1군 지정전염병

151 다음 중 법정 제3군 전염병?

㉮ 만성 B형 간염 ㉯ 유행성 출혈열

㉰ 백일해 ㉱ 디프테리아

146 해설
세균성이질은 법정전염병 제1군에 속한다.

149 해설
유행성 출혈열은 법정전염병 제3군에 속한다.

151 해설
유행성 출혈열은 법정전염병 제3군에 속한다.

정답
145 ㉮ 146 ㉮ 147 ㉮ 148 ㉱ 149 ㉰ 150 ㉰ 151 ㉯

152 제3군 법정 전염병인 것은?

㉮ 결핵 ㉯ 장티푸스

㉰ 이질 ㉱ 콜레라

153
해설 종형은 인구 구성의 가장 기본적인 기본형이다.

153 가장 기본적인 인구 구성의 기본형은?

㉮ 피라미드형 ㉯ 종형

㉰ 항아리형 ㉱ 호로형

154 다음 인구구성형 중 연결이 잘못된 것은?

㉮ 피라미드형-선진국형

㉯ 별형-농촌형

㉰ 종형-정지형

㉱ 항아리형-감퇴형

155 장티푸스에 대한 예방대책으로 적절하지 않은 것은?

㉮ 검역을 강화한다.

㉯ 환경위생관리를 강화한다.

㉰ 보균자 관리를 강화한다.

㉱ 예방접종을 강화한다.

156
해설 보성보건의 3대 사업목표는 산전관리, 산욕관리, 분만관리 등이다.

156 모성보건의 3대 사업목표가 아닌 것은?

㉮ 산전 관리

㉯ 산욕 관리

㉰ 산후병원 통원치료

㉱ 분만 관리

정답

152 ㉮ **153** ㉯ **154** ㉯ **155** ㉮ **156** ㉰

157 지역사회의 보건수준을 나타내는 가장 대표적인 지표는?

㉮ 보통사망률   ㉯ 평균수명

㉰ 영아사망률   ㉱ 전염병 발생률

157 해설
영아사망률은 지역사회의 보건수준을 나타내는 가장 대표적인 지표이다.

158 생산연령 인구가 도시로 유입되는 도시형은 어떤 인구 구조인가?

㉮ 종형   ㉯ 호로형

㉰ 별형   ㉱ 항아리형

159 국가의 보건수준을 나타내는 것이 아닌 것은?

㉮ 영·유아 사망률   ㉯ 평균 사망률

㉰ 일반 사망률   ㉱ 국세조사

160 가족계획목적과 거리가 먼 것은?

㉮ 초산 연령 조절

㉯ 출산 계획 조절

㉰ 노년의 건강관리

㉱ 출산전후의 모성관리

160 해설
노년의 건강관리는 가족계획과 관계가 없다.

정답
157 ㉰   158 ㉰   159 ㉱   160 ㉰

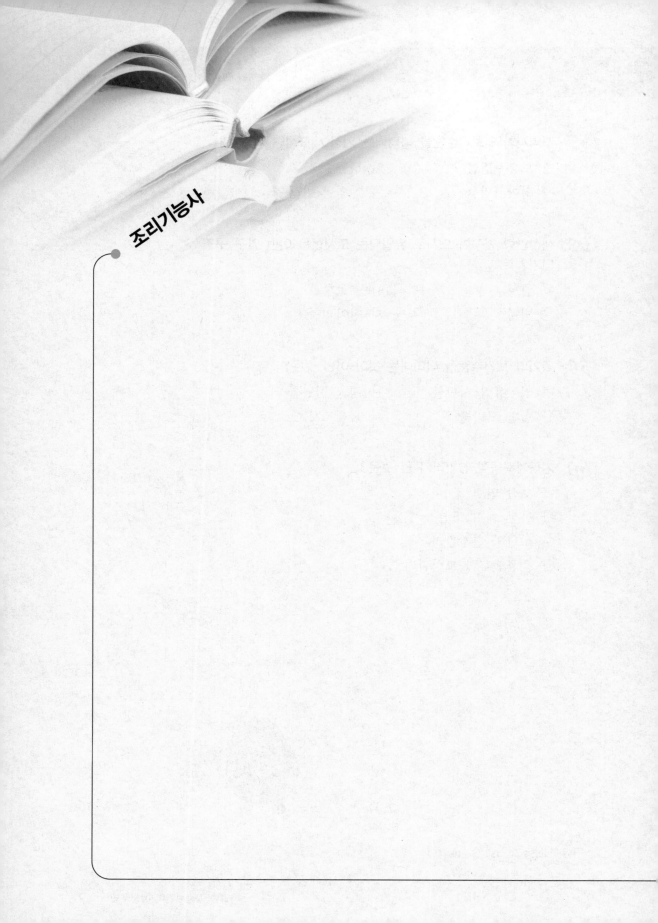

조리기능사

II. 식품위생

제1장

➡ 식품위생 개론

 이 장에서는 식품위생의 의의 / 식품위생 행정기구 / 미생물 일반 / 식품의 변질 및 부패에 대해서 알아본다.

1 식품위생의 의의

1. 식품위생의 정의

식품위생이란 음식물에 의하여 직접적 또는 음식물과 관련된 식품첨가물·기구 및 용기와 포장을 대상으로 식품으로 인한 위생상의 위해 방지하고 식품영양의 질적 향상을 도모함으로서 국민보건의 증진에 이바지함을 목적으로 한다.

2. 식품위생의 목적

(1) 식품으로 인한 위생상의 위해방지
(2) 식품영양의 질적 향상도모
(3) 국민보건의 증진에 이바지함

 식품의 정의

식품이라 함은 모든 음식물을 말하며, 다만 의약으로 섭취하는 것은 예외로 한다.

3. 식품위생의 내용

(1) 식품과 건강 장애와의 관계 및 예방
(2) 식품을 취급하는 장소의 보건 및 취급자의 보건 문제와 대책
(3) 행정상의 문제(보건 교육 등)

4. 식품위생과 관련된 기초과학

식품위생과 관련된 기초과학으로는 세균학, 기생충학, 수의과학, 방사선학, 심상의학, 약학, 등 의학계와 농학, 화학, 공학, 행정학, 교육학, 경제학, 사회학, 심리학 등의 분야가 직접적인 관계가 있다.

5. 식품위생 행정기구

(1) 식품위생 행정이 지양하는 목표

국민의 식생활을 청결, 안전하게 하기 위하여 부정, 불량식품을 배제하고 식품의 첨가물, 기구, 용기, 포장, 시설 등을 위생적으로 관리하고 이들에 의해 발생하는 위해를 미연에 방지함으로서 국민에 식생활을 한층 더 쾌적하게 할 수 있도록 하는 것이다.

(2) 식품위생의 구체적인 시책

1) 보건상 위해한 변질식품을 배제한다.
2) 위조, 변조식품을 배제한다.
3) 유해, 유독한 물질을 함유한 식품을 배제하고 제조, 가공 등의 공정 중 유해, 유독한 물의 혼입을 방지한다.
4) 식중독 원인 균, 경구 전염병원인 균, 기생충, 기타의 음식물이 매개할 가능성이 있는 병원미생물에 의한 식품의 오염을 방지하고 이미 오염되었거나 그 우려가 있는 식품을 국민이 섭취하지 않도록 적절한 수단을 강구 한다.
5) 식품과 밀접한관계가 있는 기계, 기구, 및 용기, 포장 등에 대해서도 위생상 적절한 조치를 한다.
6) 식생활의 안전을 기하기 위하여 식품의 품질, 성분 등의 규격이나 제조, 사용 등의 기준을 정하고 식품위생상 필요한 표시를 한다.
7) 식품관계 종사자들에 대한 건강관리 및 작업방법 등에 대하여 지도, 감독을 한다.
8) 식품 등에 대한 규제 이외에 식품의 제조, 가공, 조리, 판매 등에 필요한 식품취급시설 전반에 걸친 규제를 한다.
9) 식품에 관련 모든 시설의 방서, 방충, 방진, 채광, 등의 설비나 오물처리 설비 등 환경위생의 개선을 한다.

(3) 중앙 기구

1) 중앙 정부가 행하는 식품 위생 관계의 행정은 보건복지가족부가 관장하며, 위생국에 식품과, 식품유통과, 위생 정책과, 위생관리과, 음용수관리과 등의 각

과가 있어서 각 업무를 분담하고 있다.

2) 식품 위생의 대상의 일부인 경구 전염병과 식중독에 관한 것은 보건 국에 속하는 방역과 에서, 기생충병과 결핵에 관한 것은 만성병과에서 각각 분담하고 있다.

3) 검역소 : 전국의 바다, 공항에는 검역소가 있어서 수입 식품 등에 대한 업무를 수행한다.

4) 국립보건원 : 중앙의 식품 위생 행정을 과학적으로 뒷받침하는 시험 연구기관이다.

5) 식품 위생 심의위원회 : 행정 기구는 아니지만, 보건복지가족부장관의 자문 기관 역할을 한다.

(4) 지방 기구

1) 서울특별시 각 광역시와 도의 위생 담당국인 보건 사회 국에 보건과 또는 위생과가 있어서 그 지방의 식품 위생 행정을 주관하고, 일선의 식품 위생 행정 업무는 각 시·군 또는 구의 식품 위생 관계 부서에서 담당하며, 이곳에 식품 위생 감시원이 배치되어 실무 활동을 하고 있다.

2) 시·도 보건 환경 연구원 : 지방의 식품 위생 행정을 과학적으로 뒷받침하는 시험 검사 기관이다.

2 미생물 일반

1. 식품중의 미생물

(1) 미생물의 정의

미생물이란 개체가 매우 작아서 육안으로는 확인 할 수 없고 현미경으로 식별 할 수 있는 생물군을 말한다. 또한 식품위생학에서 취급하는 미생물은 일반론적으로 세균, 리케차, 바이러스, 진균과 원충 등 병원 미생물이다.

(2) 원생동물(원충)

1) 단세포 동물이다.

2) 종류 : 이질아메바, 질 트리코모나스, 말라리아, 톡소플라스마(toxoplasma)등이 있다.

(3) 세균(Bacteria)

식품위생상 가장 중요한 미생물이다.

1) Bacillus 속

- 그람양성의 호기성, 내열성, 아포형성간균
- 토양을 중심으로 하여 자연계에 널리 분포
- 식품의 오염균 중 대표적인 균
- 전분 분해 작용과 단백질 분해 작용을 가진다.

대표적인 균

고초균(Bacillus Subtilis) : 자연계에 널리 분포하는 비병원성 세균으로, 특히 공기 · 마른 풀 · 하수 · 토양 속에 존재한다. 이 균의 특징은 저항력이 강하며, 30~70℃에서 가장 잘 증식하며, 50~56℃의 고온에서도 잘 발육되는 것 등을 들 수 있다. 쌀밥이 부패하는 원인도 이 균에 의한 경우가 많으며, 또 비병원성이지만 불결한 물질에 의해 안구가 손상되었을 때에는 결막염 · 홍채염 등 만성화농증 등을 일으키는 경우가 있다.

2) Micrococcus 속
- 호기성, 무아포그람양성구균
- 주로 토양, 물, 공기를 통하여 식품을 오염
- 수산연제품, 양금류, 어패류에 부착

3) Pseudomonas 속
- 그람 음성무아포간균, 수생 세균이 많고 형광균도 포함
- 어패류에 부착

4) Proteus 속
- 그람음성무아포간균
- 동물성 식품의 부패균

5) 대장균(Escherichia 속)
- 장내 세균과에 속한다.
- 분변 오염의 지표균

6) 젖산균(Lactic acid bacteria)
- 그람양성간균
- 당류를 발효시켜 젖산을 생산

7) Clostridium 속
- 그람양성간균, 편성혐기성
- 멸균이 불완전한 통조림 등 산소가 없는 상태에서 식품을 부패

(3) 곰팡이(mold)

1) Aspergillus(Asp.) 속
- 누룩곰팡이(Asp. oryzae) : 약주, 탁주, 된장, 간장 제조에 이용
- Asp. flavus : aflatoxin을 생산하는 유해균

2) Penicillium 속
- 푸른곰팡이
- 과실이나 치즈 등을 변패시키는 것이 많고, 황변미를 만드는 것도 있다.

3) Mucor 속
- 털곰팡이
- 식품의 변패에 관여하며, 식품 제조에도 이용

4) Rhizopus 속
- 거미줄 곰팡이, 빵곰팡이(흑색 빵의 원인균)

(4) 효모(Yeast)

1) Saccharomyces 속
청주의 발효균, 빵효모, 맥주, 포도주, 알코올 제조에 이용

2) Torula 속
식용 효모로 이용되기도 하고, 맥주 치즈 등에 산막 효모로서 유해하게 작용하는 것이 있다.

(5) 바이러스(Virus)

1) 살아 있는 세포 속에서만 생존이 가능한 세균
2) 여과기를 통과하는 미생물
3) 병원체 : 천연두, 인플루엔자, 광견병, 일본뇌염, 소아마비 등

식품의 위생 지표균

식품의 오염 여부와 그 정도를 알아보기 위하여 일반 세균수의 측정 또는 대장균 이나 장구균의 검사를 한다.

2. 미생물 발육에 필요한 조건

(1) 영양

질소원, 탄 소원, 무기질, 비타민 등이 필요하다.

(2) pH

1) 세균 : 중성 또는 약알칼리성(pH 6.5~7.5)에서 잘 증식
2) 곰팡이, 효모 : 약산성(pH 4.0~6.0)에서 잘 증식

(3) 온도

0℃ 이하, 80℃ 이상에서는 잘 생육할 수 없다.

1) 저온균 : 최적 온도는 15~20℃(주로 수중 세균)
2) 중온균 : 최적 온도는 30~37℃(대부분의 세균)
3) 고온균 : 최적 온도는 50~60℃

(4) 산소

1) 호기성균 : 산소를 필요로 하는 균
2) 혐기성균 : 산소를 필요로 하지 않는 균

편성혐기성균

편성 혐기성 균은 산소가 있으면 증식할 수 없거나 죽는 세균을 말한다. 클로스트리듐, 박테로이드, 푸소박테리움, 베일로 넬라, 펩토코쿠스등이 있다. 산소내성혐기성 균은 산소가 없는 상태에서 발육을 하며 산소가 있다고 해도 죽지는 않지만 산소를 이용할 수는 없다. 발효를 하며 대부분의 유산발효균이 여기에 속한다. 산소내성혐기성 균은 통성혐기성균으로 분류한다. 미호기성 균은 산소분압이 약간 적은 상태에서 더욱 잘 자라는 세균이며 편성 혐기성 균으로 분류한다.

(5) 수분

미생물에 따라 필요한 수분의 양은 차이가 있으나, 보통 40% 이상 있어야 한다.

식품의 변질 및 부패

1. 식품의 변질

식품을 그대로 방치하면 식품의 고유색, 향기, 맛이 떨어지고 이미(異味), 이취(異臭)가 생기며 영양이 감소하여 식품에 따라서는 모양까지 변해 먹지 못하는 경우가 있다. 이런 현상을 식품변질이라고 정의 한다. 식품의 변질원인은 미생물로 인한 변질과 물리적 변질, 화학적 변질 등으로 구분할 수 있다.

2. 식품 변질원인

(1) 미생물로 인한 변질

1) 미생물은 일상생활의 온도에서 수분함량이 많은 식품에서 번식하여 효소작용을 일으켜 분해물을 낸다.
2) 발효는 탄수화물인 당류가 효모에 의해서 알콜올과 탄산가스를 생성하는 것을 말하며 부패는 단백질이 분해하여 불쾌한 냄새가 나는 것을 말한다.
3) 곰팡이 균과 효모는 탄수화물이 많은 식품에서는 잘 번식하지만 단백질에서는 잘 번식하지 않으며 곰팡이는 효모보다 수분이 적은 식품에도 잘 번식한다.

(2) 물리적 작용으로 인한 변질

1) 식품의 변패는 물리적 작용인 광선과 온도, 수분 등의 영향을 받게 된다.
2) 태양광선을 쪼인 식품은 쪼이지 않은 식품보다 변질의 정도가 크며 식품의 저장온도가 높은 것이 미생물학적, 화학적 변화를 촉진하는 요소가 된다.
3) 식품은 저장 중에 온도와 습도의 변화로 수분이 증발해 그 부피가 줄고 모양이 나빠진다.

(3) 화학 작용으로 인한 변질

1) 식품은 자체가 가진 효소에 의해 계속 변질 되지만 어떤 식품은 효소작용으로 좋은 결과를 가져올 때도 있다. 예컨대 육류는 자기소화에 의해서 고기 육질이 연해지고 맛과 향이 좋아진다. 이와 같은 효소적 변질이외에 비타민 A, C 및 지방이 산소에 의해 산화되거나 빛깔과 향기가 변화되는 화학적 변화가 있다.
2) 지방이 산소와 결합하면 과산화물을 생성하며 이것이 촉매가 되어 다른 물질도 차례로 산화시켜 알데히드, 케톤 류 및 지방산을 생성해 악취를 낸다.
3) 산화 작용은 온도와 빛, 중금속 등에 의해서 한층 더 촉진된다.
4) 식품의 조리 가공 시 일어나는 갈변현상도 일종에 화학적 변질이다.

갈변현상(메일라드 반응 [Maillard reaction])

모든 식품에서 자연발생적으로 일어나는 반응으로, 아미노산의 아미노기와 환원당의 카르보닐기가 축합하는 초기·중간·최종 단계를 거쳐 새로운 물질이 만들어지는 현상을 말하는데, 색깔이 갈색으로 변하기 때문에 갈변화 현상이라고도 한다.

(4) 변질의 종류

1) 부패

　단백질식품이 혐기성세균에 의해 분해 작용을 받아 악취와 유해물질을 생성하는 현상을 말한다.

2) 후란(Decay)

　단백질식품이 호기성세균에 의해서 분해 되는 현상, 악취가 없다.

3) 변패

　단백질 이외의 성분을 갖는 식품이 미생물의 작용을 받아서 변질되어 식용으로 사용 할 수 없게 되는 현상을 말한다.

4) 산패

　유지를 공기 중에 방치했을 때 산화되어 과산화물의 생성으로 인하여 향기, 색깔, 맛의 변화가 생겨 식용으로 산성을 띠며 악취가 나고 변색이 되는 현상을 말한다.

5) 발효

　탄수화물이 미생물의 작용으로 유기산, 알코올 등의 유용한 물질이 생기는 현상을 말 한다.

발효(fermentation)

미생물이 자신이 가지고 있는 효소를 이용해 유기물을 분해시키는 과정을 발효라고 한다. 발효반응과 부패반응은 비슷한 과정에 의해 진행되지만 분해 결과, 우리의 생활에 유용하게 사용되는 물질이 만들어지면 발효라 하고 악취가 나거나 유해한 물질이 만들어지면 부패라고 한다.

(5) 부패의 판정

1) 관능시험 : 냄새, 색깔, 조직, 맛 등
2) 생균수측정 : 식품 1g당 $10^7 \sim 10^8$이면 초기부패
3) 휘발성염기질소(VBN) : 30~40mg%이면 초기부패
4) Trimethylamine(TMA) : 3~4mg%이면 초기부패
5) pH : 6.0~6.2 이면 초기부패

제2장

식중독

이 장에서는 세균성 식중독 / 화학성 식중독 / 식물성 자연독 식중독 / 동물성 자연독 식중독에 대해서 알아본다.

1 세균성 식중독

1. 식중독의 정의

식중독이란 오염된 식품, 첨가물, 기구, 용기 및 포장 등에 의해서 급성 위장 장애를 일으키는 질병이다.

(1) 식중독의 분류

구 분		종 류
세균성 식중독	감염형	살모넬라균, 장염비브리오균, 병원대장균, 웰치균
	독소형	보툴리누스균(독소 : 뉴로톡신) 포도상구균(독소 : 엔테로톡신)
	부패산물	부패 산물에 의한 것(allergy성 식중독)
화학성 식중독 (유독, 유해화학물질)		메탄올, 유기염소화합물, 유기불소화합물, 유해금속류 (수은, 비소, 납 등)
자연독 식중독	식물성	독버섯, 감자, 유독 식물 등
	동물성	복어, 조개류 등
	곰팡이	mycotoxin(aflatoxin, citrinin, patulin) 생산 곰팡이류

(2) 세균성 식중독과 소화기계 전염병의 차이점

세균성 식중독	소화기계 전염병
ⓐ 식중독에 오염된 식품을 섭취하여 발병한다.	ⓐ 전염병균에 오염된 식품과 물의 섭취 또는 수지의 오염에 의해 경구감염을 일으킨다.
ⓑ 식품에 많은 양의 균 또는 독소가 있다.	ⓑ 식품에 적은 양의 균이 있다.
ⓒ 살모넬라, 장비브리오 외에 2차 감염이 없다.	ⓒ 2차 감염이 된다.
ⓓ 잠복기가 짧은 것이 많다.	ⓓ 잠복기가 비교적 길다
ⓔ 면역이 없다.	ⓔ 면역이 된다.

2. 세균성 식중독

(1) 세균성식중독의 발생

가장 자주 발생하는 식중독이며 고온과 다습한 6~9월에 집중 발생한다.

(2) 살모넬라 식중독(인축공통)

1) 원인식품 : 어육제품, 유제품, 어패류, 두부류, 샐러드 류
2) 잠복기 : 평균 20시간
3) 증상 : 오열, 구토, 설사, 복통, 발열(30~40℃)
4) 예방 : 저온저장, 먹기 직전 60℃에서 20분 정도 가열처리

(3) 장염비브리오 식중독(호염성식중독)

1) 원인식품 : 어패류
2) 원인균 : 3~4%의 식염농도 자라는 해수세균, 그람음성 무포자 간균으로 통성혐기성균
3) 잠복기 : 평균 12시간
4) 증상 : 급성위장염,구토, 메스꺼움, 설사, 발열(2~3일 이면 회복)
5) 예방 : 60℃에서 2분 정도 가열 또는 흘러내리는 물에 잘 씻고, 냉장·냉동처리,식기, 도마, 칼, 용기등의 소독을 철저히 한다.

(4) 병원성대장균 식중독

1) 원인식품 : 햄, 치즈, 소시지, 분유, 두부, 우유 등
2) 잠복기 : 10~30 시간
3) 증상 : 급성위장염
4) 예방 : 분변오염이 되지 않도록 위생상태를 양호하게 한다.

(5) 웰치균 식중독:

A형과 F형이 주로 식중독 발생, 복부팽만감, 설사

(6) 독소형 식중독

1) 독소형식중독의 원인
세균이 음식물 중에 증식 산출된 장독소나 신경독소가 발병의 원인이 된다.
2) 포도상 구균 식중독
- 원인식품 : 쌀밥, 떡, 도시락, 전분질을 많이 함유하는 식품
- 원인균 : 황색포도상구균은 식중독 및 화농의 원인균

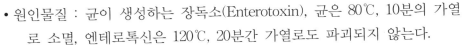

- 원인물질 : 균이 생성하는 장독소(Enterotoxin), 균은 80℃, 10분의 가열로 소멸, 엔테로톡신은 120℃, 20분간 가열로도 파괴되지 않는다.
- 잠복기 : 1~6시간(평균 3시간으로 세균성식중독 중 잠복기가 가장 짧다)
- 증상 : 급성위장염, 타액분비, 구토, 복통, 설사
- 예방 : 엔테로톡신은 내열성이 크므로 섭취 전에 가열해도 예방효과가 없으며, 화농성질환자의 조리금지, 식품의 오염방지, 저온저장 한다.

3) 보툴리누스 식중독
- 원인식품 : 통조림, 소시지, 순대, 혐기성상태식품 등
- 원인균 : 보툴리누스균(편성혐기성균)이 혐기적 조건하에서 증식할 때 생산되는 독소, 신경독소인 뉴로톡신(Neuotoxin)을 분비, 식중독의 원인은 A, B, E형이다.
- 잠복기 : 12~36시간
- 증상 : 신경증상으로 시력장애, 실성, 호흡곤란, 언어장애
- 예방 : 먹기 전에 80℃에서 15분간 가열

4) 알레르기(Allergy)성 식중독(히스타민중독)
- 원인식품 : 꽁치, 정어리, 전갱이, 고등어 등 붉은 살생선
- 원인균 : 부패세균(모르가니균)이 번식하여 생산되는 단백질의 부패생성물인 히스타민이 주 원인식품 100g당 70~100㎎ 이상의 히스타민이 생성되면 식중독이 발생한다.
- 증상 : 식후 30~60분에 상반신 또는 전신의 홍조, 두드러기성 발진, 두통, 발열 등
- 예방 : 신선한 식품 구입 하는 것이 최선의 방법이다.

알레르기성 식중독(Proteus)

Proteus morganii는 부패균의 일종으로 알려져 있지만 근래에 식중독을 일으킨 원인식품에서 발견되어 식중독의 원인균으로 등장하게 되었다.
프로테우스 모르가니 균에 의한 식중독은 부패산물의 하나인 histamine이 특유한 식중독을 일으킴으로써 일명 알레르기성 식중독이라 한다.
어류의 충분한 세척과 가열, 살균이 예방법이다.

3. 화학성 식중독

(1) 화학성 식중독의 원인물질의 분류

1) 고의 또는 오용으로 첨가되는 유해물질(불량)
2) 재배, 생산, 제조, 가공 및 저장 중에 우연히 잔류·혼입되는 유해물질(농약)
3) 기구, 용기, 포장재로부터 용출, 이행되는 유해물질(납, 카드뮴, 비소 등)
4) 합성수지 용기에서 포르말린, 페놀 등의 유해물질이 용출되기 쉽다.
5) 환경오염물질에 의한 유해물질(수은, 유해금속, 방사성물질)

(2) 유해감미료

1) 사이클라메이트(cyclamate) : 설탕의 40~50배의 감미도. 발암성.
2) 둘신(Dulcin)
   - 설탕의 250배의 감미도.
   - 독성이 강하고 혈액 독으로, 간장, 신장장애 .
3) 파라니트로 올소톨루이딘(ρ-Nitro-0-Toluidine) :설탕의 200배의 감미도. 살인당, 원폭당
4) 에틸렌글리콜(Ethylene Glycol) :원래 엔진 부동액으로 사용, 감미료로 사용. 신경장애.
5) 페릴라틴(Perillatine) : 자소유(Perilla Oil)의향기성분 설탕의 2,000배 감미도. 신장장애

(3) 유해착색제

1) 아우라민(Auramine) : 황색의 염기성 색소
2) 로다민B(Rhodamin B) : 핑크빛 색소
3) 파라니트로아닐린(ρ-Nitroanilline): 황색
4) 실크 스카렛(Silk Scarlet) : 등적색

(4) 유해보존료(살균료)

1) 붕산
2) 포름알데히드
3) 불소화합물
4) 승홍
5) β-나프톨 (β-Naphthol)
6) 우로트로핀(Urotropin)

(5) 유해표백제

1) 롱가리트(Rongalit)
2) 삼염화질소(NC₁₃)
3) 과산화수소(H_2O_2)
4) 아황산염

(6) 농약

1) 야채, 곡류, 과실 등에 사용되는 농약의 잔류에 의하여 발생한다.
2) 농약의 종류
- 비화합물
- 유기인제 : 파라치온, 말라치온 다이아지논, TEPR 등
- 유기염소제 : DDT, BHC등의 농약은 신경독을 일으킨다.
- 유기수은제 : PMA 등

(7) 유해금속물

종류 : 비소(As), 납(Pb), 카드뮴(Cd), 주석(Sn), 구리(Cu), 아연(Zn), 비소(As),
안티몬(Sb), 바륨(Ba) 등

(8) 메틸알코올

1) 중독량 5~10ml, 치사량 30~100ml
2) 증상: 두통, 현기증, 구토, 설사, 실명, 호흡마비, 심장쇠약

3. 식물성 자연독 식중독

(1) 식물성 독버섯

독버섯의 유독 성분 : 무스카린(muscarine), 무스카리딘(muscaridine), 콜린
(choline), 팔린(phaline), 뉴린(neurine), 아마니타톡신(amanitatoxin) 등이 있
는데, 그 중에서 무스카린, 무스카리딘은 위장형 증세를 나타내고, 팔린, 아마
니타톡신은 콜레라형 증세를 나타낸다.

(2) 솔라닌

감자 중의 녹색부위(청색감자)와 싹난 부위에 존재한다.

(3) 기타 식물성식중독

종 류	독 성 분
청매	아미그달린
목화씨(면실유)	고시폴
피마자	리신
독미나리	시큐톡신
독매(독보리)	테물린
미치광이풀	아트로핀

4. 동물성 자연독 식중독

(1) 복어중독

1) 독성분 : 테트로도톡신(Tetrodotoxin)

2) 치사율이 60%, 산소 → 간장 → 내장 → 표피의 순 독성 함유

3) 테트로도톡신 100℃의 가열에도 독성을 잃지 않으며, 강산이나 강알칼리 쉽게 분해 된다.

(2) 조개류 중독

1) 특정 지역에서 일정한 계절에만 발생

2) 굴, 바지락, 모시조개 : 베네루핀(Venerupin)

3) 섭조개(마비성식중독) : 삭시톡신(Saxitoxin)

5. 곰팡이 독(mycotoxin) 식중독

(1) 아플라톡신(aflatoxin)

아스퍼질러스 플라브스(Aspergillus flavus)가 기생하여 생성된 독성 대사 물로써, 간암을 일으키며, 땅콩, 쌀, 밀, 옥수수, 된장, 고추장 등에 존재한다. 특히 고온 다습한 여름철에 감염되기 쉽다.

(2) 맥각 중독

보리, 밀, 호밀에 잘 번식하는 곰팡이인 맥각균(claviceps purpurea)의 균핵을 맥각 이라 하며, 독성 물질로는 에르고톡신, 에르고타민 등이 있다.

(3) 황변미 중독

쌀에는 여러 종류의 페니실리움 속의 곰팡이가 기생하여 유독한 독성 물질을 생성하는데, 쌀은 황색으로 변하므로 황변미라 하고 시트리닌, 시트리오비리딘, 아이슬랜디톡신등의 독소를 생성하여 인체에 신경독, 간장독 등을 일으킨다.

(4) 붉은 곰팡이 식중독

① 밀, 보리, 옥수수 등에 번식
② 구토, 식중독성 무백혈구증 등 발병

(5) 기타

류브라톡신(Rubratoxin), 파툴린(Patulin) 등

제3장
➡ 식품의 첨가물

 이 장에서는 식품첨가물의 정의 / 식품첨가물의 지정 / 식품첨가물의 종류에 대해서 알아본다.

1 식품첨가물의 종류와 용도

1. 식품첨가물의 정의

(1) 식품의 제조, 가공, 또는 보존함에 있어서 식품에 첨가, 혼합, 침윤 및 기타의 방법에 의하여 사용되는 물질(식품위생법의 정의)을 말한다,

(2) 식품의 외관, 향미, 조직 또는 저장성을 향상시키기 위하여 식품에 미량으로 첨가되는 비 영양성 물질(FAO 와 WHO의 정의)을 말한다.

(3) 식품의 첨가물이란 생산, 가공, 저장 또는 포자의 어떤 국면에서 식품 속에 들어오게 되는 기본적인 식품 이외의 물질 또는 물질들의 혼합물로서 여기에는 우발적인 오염은 포함되지 않는다.(미국국립과학기술원 산하 식품보호 위원회 정의)

2. 식품첨가물의 지정

(1) 식품첨가물

1) 천연물 : 후추, 생강, 소금, 효모, 치자색소 등

2) 화학적 합성품 : 화학적 수단에 의하여 원소 또는 화합물에 분해반응 이외의 화학반응을 일으켜 얻은 물질, 사카린, 타르색소, 글루타민산 나투륨(미원, 미풍등)

(2) 식품첨가물은 보건복지부장관이 위생상 지장이 없다고 인정 지정한 것만 사용 하거나 판매할 수 있도록 규정하고 있다.

3. 종류

(1) 살균료

식품 중 부패세균이나 병원균을 사멸시키기 위해서 사용되는 물질로 음료수, 식기류, 손 야채, 과실의 소독을 위해서만 사용허가

살균료의 종류	사용 기준
표백분($CaOCl_2$)	음료수의 소독, 식기구. 식품 소독
차아염소산나트륨($NaClO$)	음료수의 소독, 식기구. 식품 소독
과산화수소(H_2O_2)	최종 제품완성 전에 분해 · 제거할 것

(2) 보존료(방부제)

식품 중의 미생물 발육 억제, 부패 방지. 식품의 선도 유지 물질이다.

방부제의 종류	사 용 식 품
데히드로초산(DNA)	치즈. 버터. 마가린. 된장
소르빈산(Sorbic Acid)	식육제품. 땅콩버터 가공품, 어육연제품. 된장, 고추장. 절임식품, 잼. 케첩
안식향산 (Benzoic Acid) 안식향산나트륨	청량음료, 간장, 알로에즙
파라옥시안식향산	간장, 식초, 과일 소스. 청량음료
프로피온산나트륨 프로피온산칼슘	빵 및 생과자 치즈

(3) 산화방지제

식품의 산화에 의한 변질을 막기 위하여 사용되는 물질

산화 방지제의 종류		사용 기준
지용성	디부틸히드록시톨루엔(BHT) 부틸히드록시아니솔(BHA) 몰식자산프로필(Propyl Gallate)	유지, 버터, 어패류, 건제품
	토코페롤(비타민E)	유지 · 버터의 산화방지제, 영양강화
수용성	에리소르빈산 (Erythorbin Acid) 에리소르빈산나트륨	산화방지의 목적 이외에는 사용금지, 식육제품, 맥주. 쥬스
	아스코르빈산(비타민C)	식육제품의 변색방지, 과일통조림의 갈변방지, 영양강화

(4) 피막제

과일의 신선도를 장시간 유지하기 위하여 표면에 피막을 만들어 호흡작용을
제한, 수분의 증발방지를 목적으로 사용한다.

피막제의 종류	사용 식품
몰호린 지방산염	과일, 야채류
초산비닐 수지	과일, 야채류, 껌기초제

관능을 만족시키는 것

착색료, 발색제, 표백제, 조미료, 산미료, 착향료, 비영양성 감미료

(5) 착색료

식품의 가공공정에서 상실되는 색을 보건하거나 외관을 보기좋게 하기위하여
착색하는데 사용되는 첨가 물이다.

착색료의 종류	사용 제한
Tar 색소	면류, 다류, 단무지(황색4호는 허용) 특수 영양식품, 쥬스류, 묵류, 젓갈류, 천연식품, 벌꿀, 식초, 케첩, 소스. 카레. 식육제품(소시지 제외) 식용유지, 버터, 마가린, 해조류 등에 사용금지
삼이산화철	바나나(꼭지의 절단면) 곤약 이외의 식품에는 사용금지
수용성 안나토	천연식품(식육, 어패류, 과일류, 야채류)에 β-카로틴 사용금지
구리클로로 필린나트륨	채소류, 과일류의 저장품, 다시마, 껌, 완두콩 등에 사용가능 등에 사용가능

(6) 발색제

자기자신은 무색이어서 스스로 색을 나타내지못하지만 식품중의 색소성분과
반응하여 그색을 고정하든가 또는 나타내게 하는데 사용한다.

표백제의 종류	사용 식품
아질산나트륨, 질산나트륨, 질산칼륨	식육제품, 경육제품, 어육소시지, 어육 햄
황산제일철, 황산제2철, 소명반	주로 과채류에 사용

(7) 표백제

식품 볼래의 색을 없애거나, 퇴색을 방지하기 위하여 흰것을 더 희게 하기위하
여 사용되는 첨가물이다.

표백제의 종류	사용 식품
무수아황산 아황산나트륨 황산나트륨	당밀, 물엿, 곤약분, 과실주에 사용
과산화수소	최종 제품완성전에 분해 · 제거

(6) 조미료

1) 음식물의 감칠맛 증진 목적으로 첨가하는 물질
2) 아노신산나트륨, 구아닐산나트륨, 글루탐산나트륨, 구연산나트륨, 호박산 등

(7) 산미료

1) 식품에 신맛 부여 미각에 청량감과 상쾌한 자극 위해 사용되는 물질
2) 빙초산, 구연산, 아디핀산, 주석산, 젖산, 사과산, 후말산, 이산화탄소, 인산 등

(8) 착향료

1) 상온에서 특유한 방향을 주어 식욕증진 목적 사용되는 물질
2) 계피알데히드, 멘톨, 바닐린, 벤질알코올, 시트랄, 낙산부틸 등

(9) 감미료

1) 사카린나트륨: 인공감미료, 절임식품류, 청량음료, 어육연제품, 특수영양식품
2) 그리실리친산2나트륨 : 간장 및 된장
3) D소르 비틀, 아스파탐 : 가열조리를 요하지 않는 식사대용 곡류가공품, 껌, 청량음료, 다류, 아이스크림, 빙과, 잼, 주류, 분말주스, 발효유, 식탁용 감미료 및 특수영양 식품
4) 스테이오사이드 : 식빵, 이유식, 백설탕, 물엿, 벌꿀, 알사탕유 및 유제품에 사용금지

(10) 껌 기초제

1) 껌에 적당한 점성과 탄력성을 유지
2) 에스테르껌, 폴리부텐, 폴리이소부틸렌, 초산비닐수지 등
3) 초산비닐수지 : 껌 기초제, 피막제로 사용

(11) 팽창제

1) 빵이나 카스테라를 부풀게 하는 데 사용
2) 이스트, 탄산수소나트륨(중조),명반, 탄산암모늄, 제1인산칼슘, 주석산수소, 칼륨 등

3) 이스트의 발효에너지 온도는 25~30℃ 이다.

(12) 추출제

1) 유지를 추출하기 위해서 사용.
2) 최종 제품완성 전에 제거
3) n-핵산(Hexane)

(13) 소포제

1) 거품제거에 사용
2) 규소수지

(14) 품질유지제

1) 식품에 습윤성과 신선 성을 갖게 하여 품질특성을 유지
2) 프로필렌글리콜

(15) 호료(점착제, 증점제)

1) 식품의 점착성, 유화안전성 증가, 교질상의 미각·촉각증진
2) 메틸셀룰로오스, 알긴산나트륨, 카세인, 폴리아크릴산나트륨 등

(16) 유화제

1) 잘 혼합되지 않는 두 종류의 액체혼합시 유화상태를 지속
2) 지방산에스테르. 대두레시틴(대두인지질), 폴리소르베이트 등
3) 유화제의 유화(에멀전화)력은 HLB값으로 나타낸다.

(17) 이형제

1) 제빵과정 중 모양을 그대로 유지
2) 유동파라핀

(18) 품질개량제(결착제)

1) 햄, 소시지 등의 식육연제품에 사용
2) 결착 성을 높여서 씹을 때의 식감, 맛의 조화, 풍미를 향상
3) 고기의 결착성 증대
4) 인산염, 피로인산염, 피로인산칼륨, 폴리인산염, 메타인산염 등

(19) 용제

1) 식품첨가물을 식품에 균일하게 혼합
2) 글리세린, 프로필렌글리콜

(20) 훈증제

1) 훈증 제는 훈증이 가능한 식품을 훈증에 의하여 살균하는데 사용하는 첨가물이다.
2) 종류: 에틸렌 옥사이드(천연조미료의 훈증제로만 사용)

(21) 기타 식품제조용제

1) pH 조정제 : 젖산, 인산
2) 흡착제(탈취, 탈색) : 활성탄
3) 흡착제 또는 여과보조제 : 규조토, 백도토. 벤토나이트. 산성백토, 탈크. 이산화규소,
4) 염기성 알루미늄나트륨, 퍼라이트
5) 가수 분해제(물엿, 아미노산제조) : 염산, 황산. 수산
6) 중화제 : 수산화나트륨, 수산화칼륨
7) 물의 연화제 : 이온교환수지
8) 피탄산 : 식품의 변색·변질방지

> **식품첨가제**
>
> 1. 식품의 품질 개량, 품질 유지에 사용되는 것
>   밀가루 개량제, 품질개량제(결착제), 호료(점착제), 유화제(계면활성제), 용제, 이형제, 품질 유지제
> 2. 식품 제조에 필요한 것
>   껌기초제, 팽창제, 추출제, 소포제, 기타식품 제조용제

제4장
식품위생 대책

이 장에서는 식품위생의 과제와 대책 / 식품위생 대책 / 식중독 발생의 대책과 식중독의 예방대책에 대해서 알아본다.

1 식품위생의 과제와 대책

1. 식품위생의 과제

식품을 통해 국민의 건강을 유지하고 증진시켜서 우리국민의 수명을 연장시키는 것은 식품관계 공무원이나 종사자뿐만 아니라 국민 개개인이 사회전체의 조직적인 공동 노력이 요망된다.

2 식품위생대책

1. 관계당국이 취해야 할 대책

(1) 국민에 대한 보건교육

(2) 행정상의 안전 대책수립

(3) 철저한 식품위생의 감시

(4) 생산, 제조 및 가공 판매 등의 식품취급자에 대한 보건교육

(5) 식품의 유통기구, 생산관리에 대한 보건학적인 대책수립

(6) 유해 오염물질 배출에 대한관리

(7) 안전한 자연식품 및 첨가물, 기구, 용기, 포장재료, 세제 등의 개발과 발암물질 등 유해, 유독물질에 대한 추적과 제거방법에 대한 연구

(8) 식품위생 관계 연구 및 검사기관의 확충과 현대화

(9) 식품위생감시원 등 식품위생 관계 전문요원의 양성과 훈련 등

2. 집단이나 개인이 취해야 할 대책

(1) 식품의 위생적 조리
(2) 위생적인 식품의 생산
(3) 용기, 기구, 포장 등의 철저한 위생대책
(4) 식품의 유통과정에 있어서 오염, 변질 등의 방지
(5) 식품의 판매단계의 철저한 위생대책
(6) 유해식품의 감별대책
(7) 식품관련시설에 대한 보건대책
(8) 소비단계에 있어서 식품의 변질에 대한대책

3 식중독 발생의 대책

1. 식중독 발생시의 대책

식중독이 일단 발생하면 환자의 구호에 최선을 다하고 나서 그 원인을 찾아서 질병의 확산을 막아야 한다.

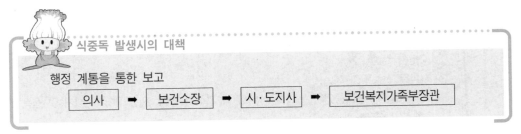

식중독 발생시의 대책

행정 계통을 통한 보고

의사 ➡ 보건소장 ➡ 시·도지사 ➡ 보건복지가족부장관

(1) 관계당국이 취해야할 조치

1) 환자에게 적절한 조치를 취하고 신속히 행정계통을 통하여 상급기관에 보고한다.
2) 원인식품을 검사기관에 검사를 의뢰하고 역학조사를 실시한 다음 주민에게 주지시켜 예방하도록 조치를 취한다.

(2) 환자측이 취해야할 조치

1) 위장 증상이 있으면 즉시 진단을 받는다.
2) 식중독의 의심이 있으면 보건소에 신고한다.

3) 식중독의 원인 식품이나 분변, 구토물 등의 정확한 자료를 보건소에 제공한다.

2. 식중독의 예방대책

(1) 식품 취급자의 식중독에 대한 지식을 함양한다.

(2) 조리종사자의 정기건강진단 및 검변을 실시한다.

(3) 위장 장애자나 화농성 질환자, 전염자의 식품의 취급을 금지한다.

(4) 구충, 구서 및 위생해충의 서식을 억제한다.

(5) 조리사의 손 소독 및 몸을 청결히 한다.

(6) 유독 유해 물질의 조리장내 보관을 금지한다.

(7) 세균이 증식할 위험성이 있는 식품을 냉장 보관한다.

(8) 유독 어패류 및 식품의 조리를 금지하고 유자격자가 조리하도록 한다.

(9) 가열해도 좋은 식품은 반드시 가열 처리한 후 섭식하도록 한다.

(10) 식품제조 및 판매 종사자는 식품위생법의 규정을 엄수해야 한다.

식중독 예방 대책

1. 세균성 식중독의 예방
   - 세균의 식품 오염 방지 : 청결
   - 세균의증식 방지 : 저온 보존
   - 식품 중의 균이나 독소의 파괴 : 가열 살균
   - 보건 교육
2. 자연독 식중독의 예방
   - 식품의 제조, 가공업자 등의 올바른 위생 지식의 향상, 위생 관리의 철저 및 식품 위생법의 준수
   - 농약의 위생적 보관, 사용 방법 준수
   - 사용 금지된 식품 첨가물의 사용 금지

3. 식품오염에 대한 대책

(1) 폐수와 상수도 원수에 대한 하천오염대책

1) 공장폐수는 폐수처리에 의해서 배출허용기준에 적합하도록 하여 방류 하여야 한다.

2) 우물을 사용할 경우 정기적으로 소독을 실시하고 수질검사를 받아야 한다.

(2) 농약 및 합성세제에 대한 오염 대책

1) 농산물 수확 전 일정 기간(15~20일)내 에는 농약의 사용을 금지 하여야 한다.
2) 분해가 잘 되지 않는 경성세제는 사용을 금지하고 분해가 되기 쉬운 연성세제를 사용토록 한다.

(3) 방사능 오염대책 및 기타 오염 대책

1) 방사능은 핵폭발실험, 원자로, 핵연료 공장으로부터 배출 되는 방사선 물질을 함유한 폐기물로부터 식품이나 농작물에 흡수되어 축적되므로 이들 방사능의 오염을 방지 하여야 한다.
2) 식품의 조리, 제조, 가공에 사용하는 시설, 기구 등은 청결하게 유지되도록 하야하고 정기적으로 소독을 실시해야 한다.

4. 식품 취급자의 유의사항

(1) 개요

대부분의 식중독이나 식품 기인성 전염병은 식품 취급자에 의해서 발생되는 경우가 많으므로 세심한 주의가 필요하다.

(2) 식품 취급자의 건강

1) 대중에게 식품을 제공하는 식품취급자는 자신의 개인건강 관리에 노력하여야 한다.
2) 식품취급자가 전염병 환자이거나 보균자일 경우 많은 사람에게 전염병을 전염 시킬 수 있음으로 식품취급자는 정기적으로 건강진단을 받아야 한다.

(3) 청결 습관

1) 작업장은 항상 청결하게 유지하고, 전용의 깨끗한 작업복, 모자, 신발 등을 준비하여 작업 중에는 꼭 착용하도록 한다. 또 그 복장을 한 채로 작업장 밖에 나가지 않도록 한다. 특히 화장실에는 절대로 가지 않는다.
2) 식품을 나누어 담거나 배식할 때에는 마스크를 착용하고, 직접 손을 대는 대신 수저나 집게 등 다른 적당한 것을 사용한다.
3) 항상 머리카락을 청결히 하고, 손톱을 짧게 깎고, 손을 깨끗이 하여야 한다.
4) 작업 중 손이나 식품을 취급하는 기구 등으로 머리, 코, 입, 귀 등을 긁거나 건드리지 말고, 부득이하게 건드렸을 경우에는 바로 씻고 소독하여야 한다.
5) 작업장 내에서 옷을 갈아입거나 담배를 피우지 않도록 하고, 반드시 전용

탈의실이나 휴게실을 이용한다.

6) 식기나 조리 기구 등은 항상 깨끗하게 위생적으로 유지하고, 사용하지 않을 때에는 오염되지 않도록 잘 보관한다.

7) 반드시 전용 화장실을 사용하도록 하고, 용변 후에는 꼭 손을 씻고 소독하도록 한다.

8) 식품 재료는 신선한 것을 사용하고, 오염되지 않도록 청결한 곳에 보관을 잘한다.

9) 작업장의 구충, 구서에 힘써서 쥐나 바퀴 등에 의한 오염을 방지하도록 한다.

제2편
식품위생 예상문제

▶▶ 조리기능사필기시험대비서

01 식품위생의 목적이 아닌 것은?

　㉮ 식품으로 인한 위생상의 위해 방지

　㉯ 식품영양의 질적 향상 도모

　㉰ 국민보건의 향상과 증진

　㉱ 식품보존성의 향상

02 식품위생의 대상이 아닌 것은?

　㉮ 식품　　　　　　　　㉯ 첨가물

　㉰ 용기, 포장　　　　　㉱ 조리방법

03 식품위생에 관한 지방행정에 직접 참여하는 사람은?

　㉮ 위생사　　　　　　　㉯ 식품위생 감시원

　㉰ 식품위생 관리인　　　㉱ 조리사

04 식품으로 인한 위생상의 위해 요인이 아닌 것은?

　㉮ 세균　　　　　　　　㉯ 식품첨가물

　㉰ 비타민 결핍　　　　　㉱ 복어, 미나리

05 세균의 일반적인 형태가 아닌 것은?

　㉮ 공 모양(구균)　　　　㉯ 막대 모양(간균)

　㉰ 레몬형(쌍구균)　　　　㉱ 나선형(나선균)

06 다음 중 병원미생물인 것은?

　㉮ 식중독균　　　　　　㉯ 유산균

　㉰ 납두균　　　　　　　㉱ 식초균

03 해설
식품위생 감시원은 식품위생에 관한 지방행정에 직접 참여하기도 한다.

6 해설
식중독균은 병원미생물이다.

정답
1 ㉱ **2** ㉱ **3** ㉯ **4** ㉰ **5** ㉰ **6** ㉮

07
해설 건조식품에서 곰
팡이균이 가장
문제가 된다.

07 건조식품에서 가장 문제가 되는 것은?

㉮ 효모 ㉯ 세균

㉰ 곰팡이 ㉱ 바이러스

08 수분함량이 많고 pH가 중성 정도인 단백질 식품을 주로 부패시키는 미생물은?

㉮ 세균 ㉯ 효모

㉰ 곰팡이 ㉱ 바이러스

09 곰팡이가 아닌 것은?

㉮ 뮤코속 ㉯ 토쿨라속

㉰ 리조프즈속 ㉱ 아스퍼질러스속

10 효모에 대한 설명으로 잘못된 것은?

㉮ 출아법으로 증식한다.

㉯ 때로는 식품을 변패시킨다.

㉰ 누룩, 메주에 증식한다.

㉱ 세포는 원형, 난원형, 균사형이다.

11 다음 중 미생물의 오염이 가장 많은 것은?

㉮ 토양미생물 ㉯ 담수세균

㉰ 해수세균 ㉱ 공중낙하균

12
해설 산소가 없거나
있더라도 미량일
때 생육할 수 있
는 균은 통성혐
기성균 이라한다.

12 산소가 없거나 있더라도 미량일 때 생육할 수 있는 균을 무엇이라 하는가?

㉮ 통성호기성균 ㉯ 편성호기성균

㉰ 통성혐기성균 ㉱ 편성혐기성균

정답

07 ㉰ **08** ㉮ **09** ㉯ **10** ㉰ **11** ㉮ **12** ㉰

13 일반 세균이 번식하기 쉬운 온도는?

㉮ 0~25℃   ㉯ 25~37℃

㉰ 37~45℃   ㉱ 80℃ 이상

14 미생물 중 곰팡이는 대체로 몇 %의 수분을 필요로 하는가?

㉮ 55%   ㉯ 65%

㉰ 85%   ㉱ 95%

15 식품의 부패란 주로 무엇이 변질된 것인가?

㉮ 단백질   ㉯ 지방

㉰ 당질   ㉱ 비타민

16 식품 부패시 변하지 않는 것은?

㉮ 색   ㉯ 광택

㉰ 탄력   ㉱ 형태

17 발효가 부패와 다른 점은?

㉮ 미생물이 작용한다.

㉯ 성분의 변화가 일어난다.

㉰ 생산물을 식용으로 한다.

㉱ 가스가 발생한다.

18 미생물이 없어도 일어나는 변질은?

㉮ 부패   ㉯ 산패

㉰ 변패   ㉱ 발효

14 해설

미생물 중 곰팡이는 대체로 55%의 수분을 필요하다.

18 해설

산패는 미생물이 없어도 변질이 일어난다.

정답

13 ㉯   **14** ㉮   **15** ㉮   **16** ㉱   **17** ㉰   **18** ㉯

19 미생물학적으로 식품의 초기부패를 판정할 때 식품 1g 중 생균수가 몇 개 이상일 때를 기준으로 하는가?

㉮ 10^6 ㉯ 10^8

㉰ 10^{10} ㉭ 10^{12}

20 어류의 사후변화와 관계없는 것은?

㉮ 사후강직   ㉯ 자가소화

㉰ 부패   ㉭ 합성

21 해설 우유에 오염된 병원균은 빠른속도로 증식한다.

21 일반적으로 우유에 오염된 병원균은 어떻게 되겠는가?

㉮ 급속히 증식한다.

㉯ 서서히 감소한다.

㉰ 별로 변화가 없다.

㉭ 독소를 분비한다.

22 식품의 저온보존에 의한 효과가 아닌 것은?

㉮ 부패균의 증식저지

㉯ 식중독균의 증식저지

㉰ 이질균(적리균)의 사멸

㉭ 자가소화효소의 활성저하

23 해설 식중독은 오염된 음식물의 세균독소에 의해서 발생하며 급성위장장애를 일으킨다.

23 식중독에 대한 다음 사항 중 틀린 것은?

㉮ 오염된 음식물에 의하여 일어난다.

㉯ 세균의 독소에 의하여 일어난다.

㉰ 급성위장장애를 일으킨다.

㉭ 장티푸스·콜레라 등에 의해 일어난다.

정답

19 ㉯ **20** ㉭ **21** ㉮ **22** ㉰ **23** ㉭

24 세균성 식중독이 가장 많이 발생하는 것은?

㉮ 4~6월 ㉯ 7~9월

㉰ 9~11월 ㉱ 12~1월

24 해설
식중독은 여름철 인 7~9월에 가 장 많이 발생한 다.

25 우리나라에서 가장 많은 식중독은?

㉮ 포도상구균 식중독 ㉯ 보툴리누스 식중독

㉰ 버섯중독 ㉱ 맥각중독

26 세균성 식중독이 병원성 소화기계 전염병과 다른 점을 나타 낸 것이다. 다음 사항 중 틀린 것은?

세균성 식중독	소화기계전염병
㉮ 식품은 원인물질 축적체이다.	식품은 병원균 운반체이다.
㉯ 2차 감염이 가능하다.	2차 감염이 없다.
㉰ 면역이 없다.	면역을 가질 수 있다.
㉱ 잠복기가 짧은 편이다.	잠복기가 긴 편이다.

27 세균성 식중독균이 아닌 것으로 연결된 것은?

㉮ 감염형 식중독-살모넬라균, 장염 비브리오균

㉯ 세균 독소에 의한 것-포도상구균, 보툴리누스균

㉰ 동물성 식중독-복어, 조개

㉱ 부패 산물에 의한 것-알레르기성 식중독

28 세균성 식중독의 특징이 아닌 것은?

㉮ 미량의 균으로 발병되지 않는다.

㉯ 2차 감염이 거의 없다.

㉰ 균의 증식을 막으면 그 발생을 예방할 수 있다.

㉱ 잠복기간이 경구전염병에 비하여 길다.

28 해설
식중독의 특징은 미량의 균으로는 발병되지 않으며 2차감염이 거의 없고, 균에 증식 을 막으면 식중 독을 예방할 수 있다.

정답
24 ㉯ **25** ㉮ **26** ㉯ **27** ㉰ **28** ㉱

29
해설 살모넬라균의 잠복기는 평균20시간 정도이다.

29 살모넬라균에 대한 설명으로 틀린 것은?

㉮ 주요 감염원은 쥐, 바퀴, 고양이 등이다.

㉯ 주요 원인식품은 육류 및 그 가공품이다.

㉰ 38~40℃의 발열증상을 일으킨다.

㉱ 잠복기는 5시간이다.

30 다음은 균의 열에 대한 저항력 한계를 표시하였다. 틀린 것은?

㉮ 살모넬라균(62℃에서 30분)

㉯ 포도상구균(80℃에서 30분)

㉰ 보툴리누스균(90℃에서 30분)

㉱ 포도상구균 독소(120℃ 이상)

31 살모넬라 식중독 발병은?

㉮ 성인에게만 발병한다.

㉯ 동물에게만 발병된다.

㉰ 인축 모두 발병한다.

㉱ 어린이에게만 발병한다.

32
해설 장염 비브리오 식중독은 조개류나 야채의 소금절임이 원인 식품이다.

32 조개류나 야채의 소금절임이 원인식품인 식중독은?

㉮ 살모넬라 식중독

㉯ 장염 비브리오 식중독

㉰ 병원성대장균 식중독

㉱ 포도상구균 식중독

정답
29 ㉱ **30** ㉰ **31** ㉰ **32** ㉯

33 대장균에 대하여 바르게 설명한 것은?

㉮ 분변 세균의 오염지표가 된다.

㉯ 전염병을 일으킨다.

㉰ 독소형 식중독을 일으킨다.

㉱ 발효식품 제조에 유용한 세균이다.

33
해설
대장균은 분변 세균의 오염지표가 된다.

34 다음 중 포도상구균 식중독과 관계가 적은 것은?

㉮ 치사율이 낮다.

㉯ 조리인의 화농균이 원인이 된다.

㉰ 잠복기는 보통 3시간이다.

㉱ 균이나 독소는 80℃에서 30분 정도면 사멸 파괴된다.

35 장염 비브리오 식중독균의 성상으로 틀리는 것은?

㉮ 그람 음성간균이다.

㉯ 크기는 0.5~0.8×2.0~5.0μ이다.

㉰ 아포와 협막이 없고 호기성이다.

㉱ 특정 조건에서 사람의 혈구를 용혈시킨다.

36 병원성 대장균 식중독 현상의 원인은?

㉮ 육류 및 가공품　　㉯ 어패류

㉰ 우유, 채소, 마요네즈　㉱ 소세지, 햄, 치즈

37 포도상구균 식중독의 원인균은?

㉮ 호기성 포도구균

㉯ 황색 포도구균

㉰ 내열 포도구균

㉱ 표피성 포도구균

37
해설
포도상구균 식중독의 원인균은 내열 포도구균이 원인이다.

정답
33 ㉮ **34** ㉱ **35** ㉰ **36** ㉰ **37** ㉰

38 일반 조리법으로 예방할 수 없는 식중독은?

㉮ 웰치균에 의한 식중독

㉯ 병원성 대장균에 의한 식중독

㉰ 프로테우스균에 의한 식중독

㉱ 포도상구균에 의한 식중독

39

39
해설

포도상구균 식중독의 예방대책은 화농성 질환자의 식품 취급을 철저히 금지한다.

포도상구균 식중독의 예방대책으로 옳은 것은?

㉮ 토양의 오염을 방지하고 특히 통조림 등의 살균을 철저히 해야 한다.

㉯ 쥐나 곤충 및 조류의 접근을 막아야 한다.

㉰ 어패류는 저온에서 보존하고 가열하여 섭취한다.

㉱ 화농성 질환자의 식품 취급을 금지한다.

40 보툴리누스균 중 식중독의 원인이 되지 않는 것은?

㉮ A형   ㉯ B형

㉰ C형   ㉱ E형

41 클로스트리디움 웰치균 식중독에 대한 설명으로 틀린 것은?

㉮ 균은 토양, 물, 식품 등 자연계에 널리 분포한다.

㉯ 주로 가열조리식품이 원인식품이 된다.

㉰ 잠복기는 평균 24시간이다.

㉱ 예방법으로 저온에서 보존한다.

42
해설

보툴리누스 식중독은 통조림이나 병조림 등 혐기성 식품으로 인하여 식중독이 발생한다.

42 통조림이나 병조림 등 혐기성 식품으로 인하여 식중독이 발생했다면 다음 중 어느 식중독이라 할 수 있는가?

㉮ 살모넬라 식중독   ㉯ 보툴리누스 식중독

㉰ 포도상구균 식중독   ㉱ 장염 비브리오 식중독

정답

38 ㉱ **39** ㉱ **40** ㉰ **41** ㉰ **42** ㉯

43 보툴리누스 식중독과 관계가 적은 것은?

㉮ 신경증상으로는 신경독소(neurotoxin) 분비

㉯ 통조림 식품

㉰ 잠복기는 12시간 이내

㉱ 포자는 120℃에서 20분, 독소는 80℃에서 30분 안에 파괴된다.

44 다음 중 화학적 식중독의 원인이 아닌 것은?

㉮ 오염으로 첨가되는 유해물질

㉯ 대사과정중 생성되는 독성물질

㉰ 방사능에 의한 오염

㉱ 식품제조중에 혼입되는 유해물질

44 해설
대사과정 중 생성되는 독성물질은 화학적 식중독의 원인이 아니다.

45 다음 중 화학성 식중독의 증상이 아닌 것은?

㉮ 고열 　　　㉯ 설사

㉰ 복통 　　　㉱ 구토

46 화학물질에 의한 식중독 발생에 관한 다음 사항 중 틀린 것은?

㉮ 불량용기 제품 - 납중독 발생

㉯ 불량 플라스틱 제품 - 포르말린 중독 발생

㉰ 유기인제 농약 - 신경독 발생

㉱ 유기염소제 농약 - 혈액독 발생

47 통조림 식품에서 식중독 물질은?

㉮ 카드뮴, 유황 　　　㉯ 주석, 납

㉰ 구리, 아연 　　　㉱ 수은, 포르말린

47 해설
통조림 식품에서 구리, 아연은 식중독 물질이다.

정답
43 ㉰ **44** ㉯ **45** ㉮ **46** ㉱ **47** ㉰

48
해설 포르말린물질은 합성 플라스틱 용기에서 검출되는 유해물질이다.

48 합성 플라스틱 용기에서 검출되는 유해물질은?

㉮ 포르말린 ㉯ 주석

㉰ 메탄올 ㉱ 카드뮴

49 유증(油症:살겨유 중독)과 관계가 있는 것은?

㉮ 카드뮴(Cd) ㉯ 납(Pb)

㉰ 비에이치시(BHC) ㉱ 피시비(PCB)

50 복어를 먹은 후 식중독이 일어나면 무슨 독인가?

㉮ 세균성 식중독 ㉯ 화학성 식중독

㉰ 자연독 식중독 ㉱ 알레르기성 식중독

51 복어 중독에 대한 설명이다. 틀린 것은?

㉮ 복어의 난소, 간에 독성분이 가장 많다.

㉯ 테트로도톡신이 주요 독성분이다.

㉰ 유독성분이라도 100℃에서 가열하면 파괴된다.

㉱ 식사 후 30분~5시간 후 호흡곤란·위장장애가 나타난다.

52
해설 무스카린은. 동물성 식품에 함유되어 있는 자연독성분이 아니다.

52 다음 중 동물성 식품에 함유되어 있는 자연독 성분이 아닌 것은?

㉮ 테트로도톡신 ㉯ 무스카린

㉰ 베네루핀 ㉱ 삭시톡신

53 조개류 속에 들어 있으며 마비를 일으키는 독성분은?

㉮ 엔테로톡신 ㉯ 베네루핀

㉰ 무스카린 ㉱ 삭시톡신

정답
48 ㉮ 49 ㉯ 50 ㉰ 51 ㉰ 52 ㉯ 53 ㉱

54 복어 중독의 독성분(테트로도톡신)이 가장 많이 들어 있는 부위는?

㉮ 난소 ㉯ 간

㉰ 지느러미 ㉱ 근육

54 해설
복어의 난소에는 중독의 독성분(테트로도톡신)이 가장 많이 들어 있다.

55 독버섯을 먹었을 때 증상으로 혈색요소의 증상이 일어났을 때는 어떤 독소가 작용해서인가?

㉮ 무스카린 ㉯ 필지오린

㉰ 팔린 ㉱ 아마니타톡신

56 유독성 금속화합물에 의한 식중독일 때 가장 두드러진 증상은 어느 것인가?

㉮ 높은 열 ㉯ 경련

㉰ 설사 ㉱ 구토, 메스꺼움

57 독버섯에 대한 일반적인 감별이다. 틀린 것은?

㉮ 색깔이 선명하다.

㉯ 은수저로 문질렀을 때 검게 보인다.

㉰ 세로로 쪼개진다.

㉱ 쓴맛이 난다.

57 해설
독버섯에 대한 일반적인 감별은 색깔이 선명하고 쓴맛이 나며 은수저로 문질렀을 때 검게 보인다.

58 다음 중 식품과 독성분과의 관계가 옳지 못한 것은?

㉮ 복어-테트로도톡신(tetrodotoxin)

㉯ 섭조개-시큐톡신(ciquatoxin)

㉰ 모시조개-베네루핀(venerupin)

㉱ 말고동-스루가톡신(surugatoxin)

정답
54 ㉮ **55** ㉰ **56** ㉱ **57** ㉰ **58** ㉯

59 버섯을 식용한 후 식중독이 발생했을 때 관련이 없는 물질은?

㉮ 무스카린(muscarine) ㉯ 뉴린(neurine)

㉰ 콜린(choline) ㉱ 테물린(temuline)

60 독버섯 중독증상에 해당하지 않는 것은?

㉮ 위장형 중독 ㉯ 신장장애형 중독

㉰ 콜레라형 중독 ㉱ 혈액형 중독

61 해설 감자의 눈과 녹색 부분에는 솔라닌의 독소 성분이 함유되어 있다.

61 감자의 눈과 녹색 부분에 함유되어 있는 독소는?

㉮ 솔라닌(solanine) ㉯ 콜린(choline)

㉰ 테물린(temuline) ㉱ 아코니틴(aconitine)

62 청매의 원인 독은?

㉮ 솔라닌 ㉯ 시큐톡신

㉰ 아미그달린 ㉱ 삭시톡신

63 해설 목화씨로 조제한 면실유를 식용하면 고시풀의 원인으로 식중독이 발생할 수 있다.

63 목화씨로 조제한 면실유를 식용한 후 식중독이 발생했다. 원인물질은?

㉮ 솔라닌(solanine)

㉯ 리신(ricin)

㉰ 아미그달린(amygdalin)

㉱ 고시풀(gossypol)

64 맥각 중독을 일으키는 물질이 아닌 것은?

㉮ 밀 ㉯ 호밀

㉰ 보리 ㉱ 쌀

정답

59 ㉱ **60** ㉱ **61** ㉮ **62** ㉰ **63** ㉱ **64** ㉱

65 독미나리의 유독성분은?

㉮ 시큐톡신   ㉯ 아미그달린

㉰ 스코폴라민   ㉱ 라코닌

> **65 해설**
> 독미나리에는 시큐톡신의 유독성분을 가지고 있다.

66 한국산 재래식 메주에서 문제시 되는 독성분은?

㉮ 아플라톡신   ㉯ 엘고톡신

㉰ 무스카린   ㉱ 테트로도톡신

67 황변미의 원인 곰팡이는?

㉮ 푸른곰팡이   ㉯ 거미줄곰팡이

㉰ 털곰팡이   ㉱ 누룩곰팡이

68 알레르기성 식중독의 원인이 되는 물질은?

㉮ 아플라톡신   ㉯ 프토마인

㉰ 히스타민   ㉱ 무스카린

69 알레르기성 식중독이 일어나는 식품은?

㉮ 감자   ㉯ 닭고기

㉰ 꽁치   ㉱ 돼지고기

> **69 해설**
> 꽁치는 알레르기성 식중독이 일어나는 식품이다.

70 식품첨가물에 대한 다음 설명 중 옳지 않은 것은?

㉮ 화학적 합성품보다 천연물이 안전하다.

㉯ 천연물은 화학적 합성품보다 일반적으로 순도가 떨어진다.

㉰ 천연첨가물은 법적 규제를 받지 않는다.

㉱ 화학적 합성품은 허가를 받은 후 사용하여야 한다.

정답

65 ㉮   66 ㉮   67 ㉮   68 ㉰   69 ㉰   70 ㉰

71
해설 식품의 첨가물은 보기 좋게 하고 변질을 막으며 식품에 영양을 높이는데 그 목적이 있다.

71 식품첨가물의 사용 목적이 아닌 것은?

㉮ 식품을 보기 좋게 한다.

㉯ 식품의 변질을 막는다.

㉰ 식품의 소화율을 높인다.

㉱ 식품의 영양을 강화한다.

72 화학합성품을 사용하는 목적이 아닌 것은?

㉮ 저장성을 증가시킨다.

㉯ 영양가를 향상시킨다.

㉰ 식품의 외관을 좋게 한다.

㉱ 향기와 풍미를 좋게 한다.

73 다음 중 보존료(방부제)의 이상적인 조건이 아닌 것은?

㉮ 식품 해충을 멸살시켜야 한다.

㉯ 미량으로 효력이 있고 사용이 용이하여야 한다.

㉰ 식품에 변화를 주지 않아야 한다.

㉱ 무미, 무취로 독성이 아주 적어야 한다.

74 다음 중 보존료가 아닌 것은?

㉮ 데히드로초산   ㉯ 명반

㉰ 안식향산   ㉱ 프로피온산 칼슘

75
해설 데히드로초산 보존료는 치즈, 버터, 마가린 등 유지식품에 사용이 허가된 제품이다.

75 다음 중 치즈, 버터, 마가린 등 유지식품에 사용이 허가된 보존료는?

㉮ 안식향산   ㉯ 솔빈산

㉰ 프로피온산 칼슘   ㉱ 데히드로초산

정답
71 ㉰ **72** ㉯ **73** ㉮ **74** ㉯ **75** ㉱

76 다음 첨가물 중 유지의 산화방지제로 사용되는 것은?

㉮ 솔빈산칼륨

㉯ 차아염소산나트륨

㉰ 몰식자산프로필

㉱ 아질산나트륨

76 **해설**
몰식자산프로필은 유지의 산화방지제로 사용된다.

77 다음 첨가물 중 수용성 산화방지제에 속하는 것은?

㉮ 비에이치에이(BHA)

㉯ 비에이치티(BHT)

㉰ 디엘-알파-토코페롤(DL-α-tocopherol)

㉱ 에리스르브산(erythorbic acid)

78 화학적 합성품인 첨가물에 대한 기준과 규격심사에서 성분과 순도에 중점을 두는 이유는?

㉮ 영양가　　　　㉯ 함유량

㉰ 효력　　　　　㉱ 안전성

78 **해설**
첨가물에 대한 기준과 규격심사에서 성분과 순도에 중점을 두는 이유로는 안전성 때문이다.

79 안식향산(benzoic acid)의 사용목적은?

㉮ 식품의 산미를 내기 위하여

㉯ 식품의 부패를 방지하기 위하여

㉰ 유지의 산화를 방지하기 위하여

㉱ 영양의 강화를 위하여

80 다음 식품 중 인공 감미료를 사용할 수 없는 식품은?

㉮ 건빵　　　　　㉯ 식빵

㉰ 생과자　　　　㉱ 청량음료수

80 **해설**
식빵은 인공 감미료를 사용할 수 없는 식품이다.

정답

76 ㉰　77 ㉱　78 ㉱　79 ㉯　80 ㉯

81 다음 중 조미료를 가장 잘 설명한 것은?

㉮ 음식의 맛, 향기, 빛깔을 좋게 하며 식욕을 일으키고 소화를 돕는다.

㉯ 음식의 변질 및 부패를 방지하고 영양가와 신선도를 유지하는 물질이다.

㉰ 식품 중의 부패세균이나 전염병의 원인균을 사멸시키는 물질이다.

㉱ 식품 중의 유지를 변질·변색시키는 것을 방지하는 물질이다.

82 다음 중에서 인공감미료에 속하지 않는 것은?

㉮ 사카린나트륨   ㉯ 구연산

㉰ 글리시린친산나트륨   ㉱ D-솔비톨

83 조미료 중 소금과 같은 짠 맛이 있어 소금의 대용으로 쓸 수 있는 것은?

㉮ 이노신산나트륨   ㉯ 주석산나트륨

㉰ 사과산나트륨   ㉱ 구연산나트륨

84 다음 중 착색제가 아닌 것은?

㉮ tar 색소   ㉯ β-카로틴

㉰ 안식향산   ㉱ 캐러멜

85 소세지 등 육제품의 색깔을 곱게 하기 위해 사용하는 첨가물은?

㉮ 발색제   ㉯ 착색제

㉰ 개량제   ㉱ 강화제

정답

81 ㉮ **82** ㉯ **83** ㉰ **84** ㉰ **85** ㉮

86 육류의 가공에서 발색제로 사용하는 것은?

㉮ 황산 마그네슘   ㉯ 질산칼륨

㉰ 황산 구리   ㉭ 소금

86 해설
질산칼륨은 육류의 가공에서 발색제로 사용한다.

87 다음 식품 첨가물 중 사용 함량 규제가 되어 있지 않는 것은?

㉮ 인공감미료   ㉯ 발색제

㉰ 항산화제   ㉭ 보존료

88 다음 중 허가된 착색제는?

㉮ 아우라민   ㉯ 로다민 B

㉰ 삼이산화철   ㉭ 파라-니트로아니린

89 신맛을 내기 위해 사용하는 산미료가 아닌 것은?

㉮ 구연산   ㉯ 말산

㉰ 주석산   ㉭ 질산

90 다음은 타르 색소를 사용해서는 안 되는 식품인데, 그 중 식용색소 황색 4호만을 사용할 수 있는 것은?

㉮ 단무지   ㉯ 생과일주스

㉰ 분말 청량음료   ㉭ 묵류

91 식품 첨가물 중 식품 자체의 냄새를 없애거나, 변화시키거나, 강화하기 위해 사용하는 것은?

㉮ 보존료   ㉯ 발색제

㉰ 착향료   ㉭ 표백제

91 해설
착향료 첨가물은 식품 자체의 냄새를 없애거나, 변화시키거나, 강화하기 위해 사용한다.

정답

86 ㉯   87 ㉮   88 ㉰   89 ㉭   90 ㉮   91 ㉰

92
해설 개량제는 밀가루의 표백과 숙성을 위하여 사용하는 첨가물이다.

92 밀가루의 표백과 숙성을 위하여 사용하는 첨가물은?

㉮ 유화제   ㉯ 개량제

㉰ 팽창제   ㉱ 접착제

93 강화제이면서 다른 목적에도 사용할 수 있는 첨가물의 용도로서 잘못 연결된 것은?

㉮ 비타민 B1 − 착색료

㉯ 염화칼륨 − 두부응고제

㉰ 제2인산칼슘 − 양조용 첨가제

㉱ 비타민 C − 조미료

94 다음 중 품질 개량제는 어느 것인가?

㉮ D − 솔비톨   ㉯ 호박산

㉰ 메타인산나트륨   ㉱ 피페로닐부톡사이드

95
해설 치자색소는 야채류로서 천연의 식품첨가물이다.

95 천연의 식품첨가물은?

㉮ 글루타민산나트륨   ㉯ 사카린

㉰ 타르 색소   ㉱ 치자 색소

96 다음 중 핵산의 식품 첨가물로서의 용도는?

㉮ 유화제   ㉯ 추출제

㉰ 훈증제   ㉱ 이형제

97 조리할 때 다량의 거품이 발생할 때 이를 제거하기 위하여 사용되는 첨가물은?

㉮ 추출제   ㉯ 용제

㉰ 피막제   ㉱ 소포제

정답

92 ㉯   **93** ㉮   **94** ㉰   **95** ㉱   **96** ㉯   **97** ㉱

98 대두인지질의 첨가물로서의 용도는?

㉮ 피막제   ㉯ 추출제

㉰ 유화제   ㉱ 표백제

99 물과 기름을 서로 혼합시키거나 각종 고체의 용액을 다른 액체에 분산하는 기능을 가진 것을 무엇이라고 하는가?

㉮ 유화제   ㉯ 표백제

㉰ 접착제   ㉱ 팽창제

99 해설
유화제는 물과 기름을 혼합하고 각종 고체의 용액을 다른 액체에 분산하는 기능을 가지고 있다.

100 다음 첨가물 중 과채류의 품질유지를 위한 피막제로 사용하는 것은?

㉮ 규소수지

㉯ 몰호린 지방산염

㉰ 제1인산 나트륨

㉱ 글리세린

101 곡류를 저장할 때 방충제로 사용이 허용되는 것은?

㉮ 규소 수지

㉯ n-핵산

㉰ 유동파라핀

㉱ 피페로닐부톡사이드

101 해설
피페로닐부톡사이드는 곡류를 저장할 때 방충제로 사용이 허용되는 약품이다.

102 식품성분의 일부 또는 대부분을 바꾸어 양을 증가시키기 위해 사용하는 물질을 무엇이라고 하는가?

㉮ 첨가물

㉯ 위화물

㉰ 상승제

㉱ 협력제

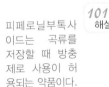

정답
98 ㉰ **99** ㉮ **100** ㉯ **101** ㉱ **102** ㉯

103 다음은 첨가물과 사용목적을 표시한 것이다. 표시가 틀린 것은?

㉮ 초산비닐수지－껌기초제

㉯ 글리세린－용제

㉰ 이산화규소－여과보조제

㉱ 규소수지－이형제

104 다음 식품위생에 대한 대책 중 그 내용이 틀린 것은?

㉮ 위생복을 입고 변소나 외부에 나가면 안 된다.

㉯ 조리 중에는 반지를 끼어서는 안 된다.

㉰ 조리장내에서 침을 뱉거나 담배를 피워서는 안 된다.

㉱ 변소에는 공동용 수건을 비치하여야 한다.

105 화농성 및 피부병 질환자가 영업에 종사할 수 없는 이유는?

㉮ 전염병이기 때문에

㉯ 성병의 의심 때문에

㉰ 비위생적이기 때문에

㉱ 식중독의 원인이기 때문에

106 식중독 발생시의 조치로 옳지 않은 것은?

㉮ 환자 구호에 최선을 다한다.

㉯ 원인을 찾아 사고 확대를 막는다.

㉰ 진단 결과 식중독의 의심이 있으면 보건소에 신고한다.

㉱ 원인식품이나 분변?구토물들을 즉시 깨끗이 치운다.

107 식중독 발생시 제일 먼저 보고해야 하는 기관은?

㉮ 경찰서장　　　　　㉯ 서울특별시장

㉰ 보건소장　　　　　㉱ 시·도지사

105
해설　화농성 및 피부병 질환자는 식중독의 원인이 되기 때문에 영업에 종사할 수 없다.

107
해설　영업소에서 식중독이 발생하면 관할 보건소장에게 즉시 보고 하여야한다.

정답
103 ㉱　**104** ㉱　**105** ㉱　**106** ㉱　**107** ㉰

108 단체급식에서 조리할 때 식품취급에 관한 설명 중 잘못된 것은?

㉮ 모든 음식을 골고루 섭취해야 하기 때문에 조개류나 생선회도 괜찮다.

㉯ 그날 조리한 음식이 다음날까지 가는 일이 없도록 한다.

㉰ 식품취급시에는 손보다는 집게 등을 사용한다.

㉱ 조리된 식품과 신선한 식품을 취급하는 기구는 구분하여 사용한다.

109 식품위생 대책상 조리사가 유의해야 할 사항으로 좋지 않은 것은?

㉮ 조리 중에 권태를 느끼지 않도록 얘기를 많이 한다.

㉯ 용변 후에는 반드시 손을 씻고 소독을 한다.

㉰ 조리 관계자 외의 사람은 조리장 출입을 않도록 한다.

㉱ 손톱과 머리를 짧게 깍고 청결한 복장을 한다.

110 식중독 발생시 관리 방법이 아닌 것은?

㉮ 환자의 치료

㉯ 방역소독 실시

㉰ 전염원의 색출 조치

㉱ 검사실 소견(변검사) 확인

110 해설
식중독 발생시 방역소독실시는 관리 방법이 아니다.

111 다음은 유해물질에 의한 식품의 오염대책이다. 틀린 것은?

㉮ 하천오염 : 폐수처리시설

㉯ 중성세제오염 : 연성세제 사용

㉰ 농약오염 : 분해제 처리

㉱ 방사능 오염 : 오염원의 격리

정답
108 ㉮ **109** ㉮ **110** ㉰ **111** ㉰

112 다음 중에서 오염물질과 그것으로 인한 질환과의 관계가 잘못된 것은?

㉮ 수은(Hg) - 미나마타병

㉯ 카드뮴(Cd) - 이타이이타이병

㉰ 디디티(DDT) - 혈액독

㉱ 피시비(PCB) - 미강유 중독(유증)

113 다음 방사성 물질 중 식품의 오염과 관계가 적은 것은?

㉮ 90Sr ㉯ 131I

㉰ 60Co ㉱ 137Cs

114
해설
수은, 카드뮴 등은 식품을 오염시키는 물질이다.

114 공장 폐수 중 식품을 오염시키는 물질은?

㉮ 수은, 카드뮴 등의 중금속이다.

㉯ DDT, BHC 등의 유기염소제이다.

㉰ 합성세제, 합성수지 등의 가소제이다.

㉱ 방사성 물질이다.

115 식품위생 검사의 종류는 다음과 같다. 틀린 것은?

㉮ 관능검사

㉯ 화학적 검사

㉰ 물리학적 검사 및 독성 검사

㉱ 혈청학적 검사

116
해설
관능검사란 외관적 관찰에 의한 검사를 말한다.

116 관능검사법은?

㉮ 화학적 방법에 의한 검사

㉯ 검정적 방법에 의한 검사

㉰ 외관적 관찰에 의한 검사

㉱ 생화학적 방법에 의한 검사

 정답

112 ㉰ **113** ㉯ **114** ㉮ **115** ㉱ **116** ㉰

117 식품의 비중, 점도, 융점 등을 알아보는 데는 어떤 방법이 적당한가?

㉮ 화학적 방법　　　㉯ 물리적 방법

㉰ 생화학적 방법　　㉱ 이화학적 방법

118 식품의 감별 능력에서 가장 중요한 것은?

㉮ 문헌상의 지식

㉯ 경험자의 의견

㉰ 검사방법

㉱ 풍부한 경험

119 양질의 밀가루 감별법으로 옳은 것은?

㉮ 가루의 입자가 미세하고 색깔이 희다.

㉯ 가루가 뭉쳐져 있다.

㉰ 푸르스름한 광택이 있다.

㉱ 색깔이 누렇다.

> **119 해설**
> 밀가루의 질이 좋을수록 입자가 미세하고 색깔이 희다.

120 신선한 달걀의 비중은?

㉮ 1.02~1.03　　　㉯ 1.04~1.05

㉰ 1.06~1.07　　　㉱ 1.08~1.09

> **120 해설**
> 신선한 달걀의 비중은 1.08~1.09 이다.

121 다음 중 식품의 감별법으로 적절하지 못한 것은?

㉮ 쌀－윤기가 나고 특유의 냄새 외에 냄새가 없을 것

㉯ 연제품－표면에 점액물질이 없는 것

㉰ 어류－아가미가 열려 있는 것

㉱ 소맥분－색깔이 흰 것일수록 좋다.

정답
117 ㉯　118 ㉯　119 ㉮　120 ㉱　121 ㉰

122 육류의 감별방법으로 틀린 것은?

㉮ 색이 선명하고 습기가 있을 것

㉯ 쇠고기는 선적갈색, 돼지고기는 담홍색인 것

㉰ 표면에 점액성 물질이 있을 것

㉱ 고기를 저며 비춰 보았을 때 반점이 없는 것

123
해설 복부 내장이 튀어나온 것은 신선한 생선이 아니다.

123 신선한 생선의 감별법이다. 틀린 것은?

㉮ 복부의 내장이 튀어나온 것

㉯ 색이 선명하고 탄력성이 있는 것

㉰ 눈이 투명하고 아가미가 선홍색인 것

㉱ 물에 가라앉는 것

124 다음은 신선한 달걀의 감별법이다. 틀린 것은?

㉮ 햇빛(전등)에 비추었을 때 신선한 것은 전부 어둡지 않다.

㉯ 흔들었을 때 내용물이 흔들리지 않는다.

㉰ 6% 소금물에 넣어서 떠오른다.

㉱ 깨서 접시에 놓으면 노른자가 볼록하고 흰자도 흐트러지지 않는다.

125
해설 식품성분의 파악은 식품감별의 목적과 거리가 멀다.

125 식품감별의 목적과 거리가 먼 것은?

㉮ 불량식품의 적발

㉯ 유해성분의 검출

㉰ 식품성분의 파악

㉱ 식중독의 미연방지

정답

122 ㉰　123 ㉮　124 ㉰　125 ㉰

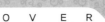

126 다음 중 신선한 우유가 아닌 것은?

㉮ 물컵에 한방울 떨어뜨리면 구름같이 퍼지면서 떨어진다.

㉯ 우유를 냄비에 넣고 직화로 서서히 가열하면 응고한다.

㉰ 비중은 1.028 이상이다.

㉱ 이물?침전물이 없고 점주성이 없다.

127 식품이 부패초기에 도달하였을 때 관능검사로서의 현상이 아닌 것은?

㉮ 이상한 맛과 자극성   ㉯ 광택의 소실

㉰ 부패취   ㉱ 전분냄새

128 달걀 신선도 검사에 관계없는 법은 어느 것인가?

㉮ 외관법   ㉯ 중량법

㉰ 진음법   ㉱ 난황계수 측정

129 통조림의 선택방법 중 옳은 것은?

㉮ 양쪽이 볼록한 것

㉯ 양쪽이 안으로 들어간 것

㉰ 녹이 약간 슬은 것

㉱ 통이 약간 찌그러진 것

130 사과, 배와 같은 과일을 구입할 때 규격으로 삼는 것은?

㉮ 색감, 포장내용, 산지

㉯ 상자당 개수, 품종, 산지

㉰ 상자의 모양, 개수, 질감

㉱ 개당 중량, 종류, 포장형태

127 해설 전분냄새는 식품이 부패초기에 도달하였을 때 관능검사로서의 현상이 아니다.

129 해설 통조림은 위, 아래 양쪽이 안으로 들어간 제품을 선택하는 것이 좋다.

정답
126 ㉯ 127 ㉱ 128 ㉰ 129 ㉯ 130 ㉯

131 신선한 우유의 평균 pH는?

㉮ 4.5 ㉯ 5.5

㉰ 6.6 ㉱ 7.6

132 다음 소독대상물 중 화염멸균법으로 적당하지 않은 것은?

㉮ 금속제품 ㉯ 고무제품

㉰ 유리제품 ㉱ 도자기류

133 해설 고압증기멸균 소독법 중 아포형성균 사멸시에 실시하는 소독법이다.

133 물리적 소독법 중 아포형성균 사멸시 실시하는 것은?

㉮ 자비멸균

㉯ 고압증기멸균

㉰ 유통증기멸균

㉱ 저온소독법

134 해설 식당에서 사용하는 식기류, 조리기구류의 약품 소독방법을 사용한다.

134 식당에서 사용하는 식기류, 조리기구류의 소독방법은?

㉮ 약품 소독

㉯ 자비 소독

㉰ 자외선 소독

㉱ 증기 소독

135 다음은 식당의 수저 및 식기류 소독 방법이다. 옳지 않은 것은?

㉮ 자비소독법－100℃에서 20분간

㉯ 유통증기멸균법－100℃에서 30~60분간

㉰ 고압증기멸균법－120℃에서 15~20분간

㉱ 약용비누화법－0.01~0.1% 농도에서 30분간

정답
131 ㉰ 132 ㉯ 133 ㉯ 134 ㉮ 135 ㉱

136 야채 및 과일의 소독에 사용할 수 있는 약품은?

㉮ 표백분, 차아염소산나트륨

㉯ 역성비누, 포르말린

㉰ 크레졸, 석탄산

㉱ 알코올, 과산화수소

137 손의 소독에 가장 적합한 것은?

㉮ 70% 에틸알코올

㉯ 0.2% 승홍수용액

㉰ 1~2% 크레졸수용액

㉱ 3~5% 석탄산수용액

138 다음은 역성비누에 대한 설명이다. 틀린 것은?

㉮ 보통비누에 비하여 세척력은 약하나 살균력이 강하다.

㉯ 단백질이 있으면 효력이 저하되기 때문에 세제로 씻고 사용한다.

㉰ 냄새가 없고 부식성이 없으므로 손, 식기, 도마 소독에 사용한다.

㉱ 보통비누와 함께 사용하면 효력이 상승한다.

139 다음 중 연결이 적합하지 않은 것은?

㉮ 우유의 저온살균 : 83~85℃에서 30분 가열

㉯ 어류통조림 살균 : 110℃에서 30~40분 가열

㉰ 공기 중 세균살균 : 자외선 등 살균

㉱ 초자기구 살균 : 150℃에서 30분 이상 살균

136 해설 표백분, 차아염소산나트륨은 야채 및 과일 등의 소독에 사용한다.

138 해설 약성비누는 살균력이 강하고 냄새가 없으며 단백질이 있어서 세제로 씻고 사용하는 것이 좋다.

정답 136 ㉮ 137 ㉮ 138 ㉱ 139 ㉮

140 물리적 소독법 중 1일 1회 100℃에서 20분씩 연 3일간 계속하는 멸균법은?

㉮ 화염멸균법 ㉯ 유통증기멸균법
㉰ 간헐멸균법 ㉱ 자비멸균법

141
해설 손을 소독할시에는 역성비누가 가장 적합하다.

141 손의 소독시 적당한 약품은?

㉮ 염소 ㉯ 석탄산
㉰ 자비 ㉱ 역성비누

142 화학적 소독제의 구비조건 중 적당하지 않는 것은?

㉮ 살균력이 강할 것
㉯ 부식성이 없을 것
㉰ 값이 싸고 위험성이 없을 것
㉱ 표백성과 용해성이 강할 것

143 소독 및 멸균법에 대한 설명이다. 옳지 않는 것은?

㉮ 가장 경제적인 변소 소독제는 생석회이다.
㉯ 가장 확실한 멸균법은 자비멸균법이다.
㉰ 중성세제는 세정력은 강하나 소독력은 거의 없다.
㉱ 식품의 일광소독법의 장점은 비용이 적게 드는데 있다.

144 다음은 합성세제(중성세제)에 대한 설명이다. 틀린 것은?

㉮ 연성은 경성에 비해 자연계에서 분해가 잘된다.
㉯ 소독력이 있어서 세균을 죽인다.
㉰ 야채에 묻은 농약·기생충 알을 씻어낼 수 있다.
㉱ 식기를 세제로 씻은 후 깨끗한 물로 헹구어야 한다.

정답
140 ㉰ **141** ㉱ **142** ㉱ **143** ㉯ **144** ㉯

145 중성세제를 사용하여 식기를 닦을 때 가장 적당한 농도는?

㉮ 0.1~0.2% ㉯ 0.2~0.3%.

㉰ 0.3~0.4% ㉱ 1~2%

146 소독작용에 미치는 각종 조건 중 알맞지 않은 것은?

㉮ 접촉시간이 충분할수록 효과가 크다.

㉯ 온도가 높을수록 효과가 크다.

㉰ 농도가 짙을수록 효과가 크다.

㉱ 유기물이 존재하면 효과가 크다.

147 기구 소독을 위한 건열멸균법은 어느 것인가?

㉮ 80~100℃로 20분간 가열

㉯ 100~120℃로 20분간 가열

㉰ 120~140℃로 30분간 가열

㉱ 150~160℃로 30분간 가열

148 식기, 조리기구를 화학적으로 소독하는 방법은?(단, 역성비누액은 10% 용액이다)

㉮ 역성비누 50~100% 희석액

㉯ 역성비누 100~200% 희석액

㉰ 역성비누 200~400% 희석액

㉱ 역성비누 400~600% 희석액

149 다음 중 과일이나 야채의 소독에 가장 적당한 방법은?

㉮ 알코올로 씻는다. ㉯ 물속에서 끓인다.

㉰ 역성비누로 씻는다. ㉱ 합성세제로 씻는다.

정답

145 ㉮ **146** ㉮ **147** ㉱ **148** ㉰ **149** ㉰

150 화학적인 소독법끼리만 짝지어진 것은?

㉮ 가열 소독, 화학적 소독

㉯ 염소 소독, 석탄산 소독

㉰ 가열 소독, 석탄산 소독

㉱ 염소 소독, 자외선 소독

151 조리장의 소독법으로 부적합 한 것은?

㉮ 자외선 소독 ㉯ 일광 소독

㉰ 오존 소독 ㉱ 표백분 소독

152
해설 조리장을 소독할 때에는 모든 식품 및 식품용기의 뚜껑을 우선적으로 닫는다.

152 조리장 소독시 가장 우선적으로 유의해야 할 사항은?

㉮ 소독력이 커야 한다.

㉯ 소독약품의 경제성을 고려해야 한다.

㉰ 소독약품이 사용하기에 간편해야 한다.

㉱ 모든 식품 및 식품용기의 뚜껑을 꼭꼭 닫는다.

153
해설 폐결핵 환자가 사용하던 의복류의 소각 처리방법이다.

153 폐결핵 환자가 사용하던 의복류의 가장 위생적 처리방법은?

㉮ 일광 소독 ㉯ 자비 소독

㉰ 약품 소독 ㉱ 소각

154 통조림 살균에 가장 적당한 방법은?

㉮ 고압증기멸균법 ㉯ 저온살균법

㉰ 고온단시간살균법 ㉱ 초고온순간살균법

155
해설 석탄산은 음료수 소독에 사용하지 않는다.

155 음료수 소독에 사용되지 않는 것은 어느 것인가.?

㉮ 가열 ㉯ 염소

㉰ 표백분 ㉱ 석탄산

정답

150 ㉯ **151** ㉯ **152** ㉱ **153** ㉱ **154** ㉮ **155** ㉱

III. 식품학

제1장
→ 식품학 개론

이 장에서는 식품학의 기초 / 식품의 일반성분 및 급원식품 / 식품의 일반성분의 가공, 저장, 변화에 대해서 알아본다.

1 식품학의 기초

1. 식품의 정의

식품학이란 흔히 식품과학이란 용어로 표현 되며 식품이 생산되어 수송, 저장, 가공되어 판매단계를 거쳐 마지막으로 조리해 우리 인간에 식탁에 이른 전 과정에서 식품의 특성을 과학적인 방법에 의해서 연구하는 학문이며 이러한 식품과학은 식품의 보존, 가공, 포장 등의 실용적인 문제를 다루는 식품 가공학, 식품의 기본성분과 그 구조 및 성질, 그리고 조리, 가공, 보존중에 일어나는 화학적 변화를 취급하는 식품화학, 식품과 관계되는 위생적인 문제를 다루는 식품위생학, 인체의 영양 생리를 화학적으로 연구하는 영양화학 등과 함께 연구한다.

2. 식품의 기본요소

(1) 영양소

식품은 사람의 정상적인 활동을 위한 에너지원으로 탄수화물, 단백질, 지방과 체구성원으로서의 탄수화물, 지방, 단백질, 무기질, 조절소로서의 비타민 및 무기질을 공급하는 공급원이 되어야 한다. 따라서 하루에 필요한 영양 요구량과 섭취하는 식품에 들어 있는 성분의 양을 정확하게 알 필요가 있다.

(2) 기호성

식품은 섭취하기에 적당한 기호적 성질을 지녀야 한다. 이것은 사람의 시각, 촉각, 미각, 후각 등 관능에 의해 판단된다. 기호성은 사람에 따라 환경과 습관 또는 때에 따라 변하는 경우가 있으나 식품의 기호성은 우리 식생활에 있어서 직접적으로 요구되는 가장 중요한 요소이다.

(3) 안정성

식품은 중금속, mycotoxin, 잔류 농약 및 발암성과 유전 독성은 말할 것도 없고 위생적으로 안전해야한다. 식생활이 향상되어 영양성과 기호성이 만족스럽게 향상 되었을 뿐 아니라 급성 식중독 등의 대책도 차츰 정비됨에 따라 최근에 와서는 발암성 등이 큰 문제점으로 대두되고 있다.

(4) 경제성

사람은 사회생활을 영위하므로 식품에 대한 경제성을 고려하지 않을수 없다. 특히, 많은 삭량을 외국에서 수입에 의존하는 우리나라는 국가적 차원에서나 각 가정의 차원에서도 식품의 경제성을 고려해야 한다.

> **영양소와 식품**
>
> 1. 5대 영양소 : 단백질, 지질, 탄수화물, 무기질, 비타민
> 2. 식품의 구비조건 : 영양성, 위생성, 기호성, 경제성

 식품의 일반 성분 및 급원식품

1. 식품의 분류

식품은 공급원에 따라 식물성 식품, 동물성 식품, 광물성 식품(소금)으로 분류한다. 이 중 중요한 것은 식물성 식품이며 광물성 식품은 무기염류인 식염수를 들수 있다. 또한 생산 양식에 따라서 농산, 축산, 수산, 식품 등으로 나눌 수 있다

(1) 식물성 식품

1) 곡류 : 쌀, 맥류(보리, 밀, 쌀보리, 귀리, 호밀), 잡곡(조, 기장, 피, 수수, 옥수수, 메밀)등
2) 두류 : 콩, 팥, 녹두, 완두, 강낭콩, 땅콩 등
3) 감자류 : 감자, 고구마 등
4) 채소류 : 근채류(무, 당근, 우엉, 순무, 연근, 양파 등), 엽채류(상추, 양배추, 시금치, 배추, 미나리 등), 화채류(컬리플라워 등), 과채류(호박, 오이, 가지 토마토 등)
5) 과실류 : 감귤류, 배, 사과, 포도, 딸기, 감, 밤, 호두, 은행 등
6) 버섯류 : 표고버섯, 송이버섯, 양송이버섯, 느타리버섯, 싸리버섯 등

7) 해조류 : 미역, 다시마, 김, 한천 등

8) 유지류 : 채종유, 미강유, 카카오, 야자유 등

9) 기호음료 : 차, 커피, 콜라 등

10) 향신료 : 생강, 겨자, 고추, 후추, 타임, 정향, 박하 등

(2) 동물성 식품

1) 육류 : 쇠고기, 돼지고기, 닭고기 등

2) 우유류 및 유제품 : 우유, 크림, 버터, 아이스크림, 치즈, 발효유 등

3) 난류 : 달걀, 메추리알, 오리알 등

4) 어패류 : 어류, 연체류(오징어, 문어, 해파리, 해삼, 낙지 등), 갑각류(게, 왕게, 새우, 가재 등), 조개류(고막, 대합, 바지락, 전복, 홍합 등)

(3) 유지식품

1) 식물성 유지
   • 식물성 기름 : 건성유, 반건성유, 불건성유
   • 식물성 지방 : 야자, 코코아, 팜 등의 기름

2) 동물성 유지
   • 해산 동물류 : 어유, 고래 기름, 간유 등
   • 육산 동물류 : 쇠기름, 돼지기름, 우유지방, 양 기름 등

3) 가공유지
   • 마가린, 경화 류 등

(4) 조미료 및 기호 식품

1) 양조 조미료 : 된장, 간장, 고추장, 양조식초 등

2) 화학조미료 : 글루타민산소다, 핵산조미료, 호박산, 사카린 등

3) 알코올음료 : 탁주, 양주, 청주, 소주, 위스키, 포도주, 맥주, 과실주 등

4) 기호식품 : 차, 커피, 청량음료 등

(5) 즉석식품

통조림, 병조림, 냉동식품, 라면, 건조야채 등

2. 식품의 구성식품, 물(수분)

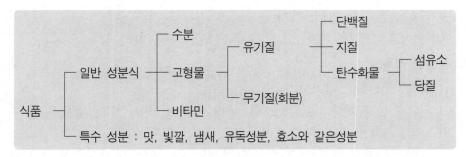

식품 ─┬─ 일반 성분식 ─┬─ 수분
      │   ├─ 고형물 ─┬─ 유기질 ─┬─ 단백질
      │   │   │   ├─ 지질
      │   │   │   └─ 탄수화물 ─┬─ 섬유소
      │   │   │   └─ 당질
      │   │   └─ 무기질(회분)
      │   └─ 비타민
      └─ 특수 성분 : 맛, 빛깔, 냄새, 유독성분, 효소와 같은성분

(1) 물의 성질

1) 인체내에서 영양소의 운반, 노폐물 제거 및 배설를 한다.

2) 체온을 일정하게 유지한다.

3) 기화열(539cal/g, 100℃)

- 융해열(80cal/g,0℃), 비열(1cal/g,0℃)
- 표면장력이 다른 어떤 용매보다 크다.

4) 건조 상태의 것을 원상태로 회복시키는 역할, 열의 전달 등

(2) 물의 존재 상태

유리수(자유수)	결 합 수
(1) 용매로 작용	(1) 용매로서 작용하지 않음
(2) 건조에 의해서 쉽게 제거 가능 (유리 상태로 존재)	(2) 압력을 가해도 쉽게 제거되지 않음 (단백질, 탄수화물등과 수소결합)
(3) 0℃ 이하에서 쉽게 동결	(3) 0℃ 이하의 낮은 온도(-20 ~ -30℃)에서도 얼지 않음
(4) 미생물의 생육 번식에 이용	(4) 미생물 번식에 이용하지 못함

(3) 수분활성

1) 수분 활성(Aw) = $\dfrac{\text{식품이 나타나는 수중기압}(P)}{\text{순수한 물의 최대 수중기압}(Po)}$

2) 수분 활성치

- 물 : 1
- 물고기, 채소, 과일 : 0.98~0.99
- 쌀, 콩 : 0.60~0.64

3) 미생물의 생육 최적 수분 활성 : 다음에 나타낸 것보다 높은 수분 활성을 나타
내는 신선한 식품류에서 미생물은 자유롭게 번식할 수 있다.

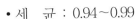

- 세　균 : 0.94~0.99
- 효　모 : 0.88
- 곰팡이 : 0.80

곰팡이

내건성 곰팡이는 AW 0.64에서도 생육이 가능하다.

(4) 식품중에 함유된 영양소의 역할

1) 몸의 활동에 필요한 에너지를 공급한다(열량소) : 탄소화물중전분 및 각종당질, 지방, 단백질의 일부

2) 몸의 발육을 위하여 몸의 조직을 만드는 성분을 공급한다(구성소) : 단백질, 무기질(주로칼슘과 인), 물, 일부의 지방과 탄수화물

3) 체내의 각 기관이 순조롭게 활동하고 섭취된 것이 몸에 유효하게 사용되기 위해 보조적인 작용을 한다(조절소) : 무기질, 비타민류, 물, 일부의 암미노산과 지방산

칼로리

칼로리는 영량을 재는 단위로서, 1칼로리는 물 1ℓ를 1℃ 높이는데 필요한 열량을 말한다.

3. 탄수화물

(1) 탄수화물의 성분

탄수화물의 구성성분은 C, H, O의 3원소만으로 구성되어 있고많이 먹으면 글리코겐(glycogen)으로 변하여 간, 근육에 저장되어서 열량 공급원이 된다.탄수화물은 체내에서 소화되면 단당류의 형태로 흡수된다.

(2) 당질의 분류

1) 단당류

① 5탄당 : 자연에 유리 상태로 존재하지 않고 효모에 의해 발효되지 않는다.
- 리보스(ribose) - 핵산(RNA)의 구성 성분, 비타민 B2의 구성성분
- 크실로스(Xylose, 목당) - 식물 세포벽의 구성 성분
- 아라비노오스(arabinose) - 식물 세포막에 펙틴과 같이 존재

② 6탄당

- 포도당(glucose) : 단맛이 있는 과일, 당근, 무에도 많고, 동물의 혈액 중에 보통
- 0.1% 존재
- 과당(fructose) : 과즙, 벌꿀에 많이 존재, 흡습성이 세기 때문에 결정화되기 힘들다.
- 갈락토오스(galatose) : 유당의 구성 성분으로 존재
- 만노오스(mannose) : 유리 상태로는 존재하지 않고 반섬유소, 만난의 구성 성분으로 존재
- 소르보스(sorbose) : 비타민 C의 합성 원료

2) 이당류

- 맥아당(maltose) : 포도당 2분자의 화합물로서 엿기름, 발아 중의 곡류에 많이 존재한다.
- 자당(sucrose) : 포도당과 과당의 화합물로서 사탕무, 사탕수수에 많이 존재하며, 일명 설탕이라고 한다.
- 유당(lactose) : 포도당과 갈락토오스의 화합물로서 우유에 약 5%, 인유에 약 7%로 유즙에 존재. 젖산균의 발육을 도와 유해 세균의 번식을 억제하고, 성장 작용의 구실을 한다. 이것은 뇌신경 조직의 성장에 관여한다. 일명 젖당이라고 한다.

3) 다당류

- 전분(starch) : 곡류(평균 75%), 감자류(평균 25%)에 함유
- 글리코겐(glycogen) : 동물의 저장 다당류, 주로 간, 근육에 존재하며, 굴 효모에도 존재한다
- 섬유소(cellulose) : 인체 내에서는 소화가 되지 않지만 소화 운동을 촉진한다. 해조, 채소, 콩류에 많이 함유
- 펙틴(pectin) : 세포벽 또는 세포 사이의 중층에 존재. 과실류, 감귤류의 껍질에 많이 함유
- 리그닌(lignin) : 목재, 대나무, 짚에 존재
- 키틴(chitin) : 곤충, 갑각류의 껍질에 존재
- 이눌린(inulin) : 과당의 결합체. 우엉, 다알리아에 많이 함유
- 한천(agar) : 홍조류의 세포 성분으로 갈락탄 형태로 존재
- 알긴산(alginic acid) : 갈조류의 세포막 성분으로 미역, 다시마에 존재

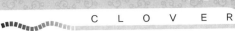

(3) 당질의 감미도

당질은 다음과 같은 순서로 감미도를 가진다.

당질의 감미도

과당(100~170) → 전화당(90~130) → 설탕(100) → 포도당(50~74) → 맥아당(35~60)
→ 갈락토오스(33) → 유당(16~28)

(4) 기능

에너지의 공급, 단백질의 절약 작용, 지방의 완전 연소

4. 단백질

(1)단백질의 성분

단백질은 탄수화물이나 지방과 달리 그 원소 조성이 C, H, O, N의 원소로 함유하고 있으며 생명활동을 유지해주는 가장 중요한 영양소이다.여러 종류의 단백질의 질소 함유량은 평균 16%를 차지하며, 질소 계수는 6.25이다.

(2) 단백질의 분류

1) 구성 성분에 의한 분류
- 단순 단백질 : 알부민, 글로불린, 글루테린, 프로라민, 알부미노이드, 히스톤, 프로타민 등
- 복합 단백질 : 핵단백질(핵산과 결합한 단백질), 인단백질(카제인, 비테린 등), 색소 단백질(헤모글로빈, 미오글로빈, 치토크롬, 헤모시아닌, 클로로필 등), 당단백질(뮤신, 뮤코이드 등)
- 유도 단백질 : 젤라틴, 응고 단백질, 프로테오스, 펩톤, 펩타이드 등

2) 영양학적 분류
- 완전 단백질 : 동물의 성장에 필요한 모든 필수 아미노산이 골고루 들어 있는 단백 질로서, 젤라틴을 제외한 동물성 단백질이 이에 속한다.
- 부분적 불완전 단백질 : 주로 곡류에 들어 있는 단백질로서, 단백질의 질을 형상시키기 위해서 아미노산의 보강이 필요하다.
- 불완전 단백질 : 제인, 젤라틴 등

(2) 아미노산의 분류

1) 필수 아미노산 : 체내에서 생성할 수 없어 음식물로 섭취해야 하는 아미노산

을 말한다.

- 종류 : 발린, 루신, 이소루신, 트레오닌, 페닐알라닌, 트립토판, 메티오닌, 리신(이상 8가지)

 필수 아미노산

단백질의 기본 구성단위로 체내에서 합성할 수 없는 아미노산을 일컬으며 불가결아미노산이라고 한다. 필수아미노산의 종류는 동물의 종류나 성장시기에 따라 다르지만, 성장기 어린이의 경우에는 여기에 알기닌과 히스티딘이 더해진다.

2) 불필수 아미노산 : 체내에서도 합성이 되지만, 많이 섭취함으로서 필수 아미노산의 소모를 적게 할 수 있다.

(3) 기능

1) 성장 및 체(體)성분의 구성 물질
2) 효소, 호르몬, 혈장 단백질의 형성에 필요
3) 체성분의 중성 유지, 항체의 구성 성분

5. 지질

(1) 지질의 성분

지질은 지방 또는 굳기기름이라고도 하며 동물계에 널리 분포되어 있는 유기물로서 우리들의 열량을 공급하는 중요한 구실을 하며 또한 지질은C, H, O의 화합물로, 지방산과 글리세롤의 에스테르로서 물에 녹지 않고, 유기용매(에테르, 벤젠 등)에 녹는 물질이다.

(2) 지질의 분류

1) 단순 지질 : 지방산과 글리세롤의 에스테르로서 중성 지방이라고도 한다. 글리세라이드, 왁스 등
2) 복합 지질 : 인지질, 당지질, 단백지질 등
3) 유도 지질 : 단순, 복합지질의 가수분해 생성물. 지방산, 스테롤, 지용성 비타민 등

(3) 지방산

1) 포화 지방산 : 탄소수가 증가함에 따라 융점이 높아지므로 상온에서 고체로 된다.

• 종류 : 팔미틴산, 스테아린산, 뷰티린산 등

2) 불포화 지방산 : 분자 안에 이중 결합을 가지는 지방산을 말한다. 포화 지방산보다 융점이 낮고, 연한 기름, 액체유, 반고체유에 많이 함유한다.

• 종류 : 리놀레산, 리놀렌산, 아라키돈산, 올레산 등

> **필수 지방산**
>
> 리놀레산, 리놀렌산, 아라키돈산으로 비타민 F라고도 부르며, 대두유, 옥수수유 등의 식물성 기름에 많이 함유한다.

(3) 건조 피막을 만드는 정도에 따른 분류

1) 건성유(요오드가 130 이상) : 불포화도가 높은 지방산을 많이 가지고, 공기 중에 방치하면 단단해지는 기름. 아마인유, 호도유, 들깨유, 잣유 등

2) 반건성유(요오드가 100~130) : 참깨유, 채종유, 쌀겨유, 대두유, 목화씨유 등

3) 불건성유(요오드가 100 이하) : 포화 지방산을 많이 가지며, 공기 중에 방치해도 건조하지 않는 기름. 올리브유, 땅콩유, 피마자유, 동백유 등

(4) 각 영양소의 비교

종 류	1Kg당 열 량	열 량 권장량	소화율	과 잉 증	결 핍 증
탄수화물	4kcal	65%	98%	소화불량, 비만증체중	감소, 발육 불량
지 방	9kcal	20%			카시오카, 성장장애, 빈혈, 부종
단 백 질	4kcal	15%	92%	비만증, 심장 기능 약화, 동맥경화증	신체 쇠약, 성장 부진

6. 무기질

(1) 무기질의 성분

무기질은 회분이라고도 하며, 인체의 약 4%를 차지하며 칼슘, 인, 칼륨, 황, 나트륨, 염소, 마그네슘(이상 다량 원소), 철, 아연, 셀레늄, 망간, 구리, 요오드, 코발트, 불소(이상 미량 원소)등이 있다.

(2) 칼슘(Ca)

체내에 함유량이 가장 많은 성분이다.

1) 골격, 치아를 구성

2) 심장, 근육의 수축 이완

3) 신경 운동의 전달

4) 혈액 응고에도 관여

5) 1인 1일당 700mg 권장

(3) 인(P)

뼈, 핵단백질, 인지질을 구성한다.

1) 근육, 혈액, 특히 뇌에 많이 들어 있다.

2) 세포의 분열과 재생

3) 삼투압 조절

4) 신경 자극의 전달 기능

5) ca : p의 섭취율 : 1:1

(4) 마그네슘(Mg)

Ca, P과 함께 뼈의 구성 성분이고, 단백질의 합성 과정에 관여한다.

1) 신경 흥분 억제

2) 체액의 알칼리성 유지

3) 녹색 채소, 견과, 대두 등에 많이 함유

4) 극 미량으로 단백질 대사에 관여하고, 신경, 근육의 수축에도 관여하고 있다.

(5) 나트륨과 염소(Na, Cl)

1) 삼투압 조절

2) 산, 알칼리의 균형 유지

3) 수분 균형 유지에 관여

(6)칼륨(K)

세포 내액에 존재한다.

1) NaCl과 비슷한 기능이 있다.

2) 곡류, 채소 등에 함유

(7)철(Fe)

적혈구의 헤모글로빈 성분이다.

1) 흡수율이 모든 영양소 중 제일 낮다.

2) 비타민 C가 Fe의 흡수를 도와 주고, 탄닌은 저해 한다.

3) 간, 난황, 곡류의 씨눈 등에 함유

4) 성인남자 1일 120mg, 성인여자 120mg정도 필요하다.

(8) 구리(Cu)

1) 철분의 흡수, 이용에 필요
2) 적혈구의 숙성에 관여
3) 결핍되면 빈혈이 생긴다.
4) 코코아, 홍차, 간, 호두, 밀기울 등

(9) 코발트(Co)

비타민 B_{12}의 구성 성분이다.
1) 조혈 작용에 관여
2) 결핍되면 악성 빈혈이 생길 수 있다.
3) 채소, 간, 어류 등

(10) 불소(F)

치아의 강도를 증가시키며, 음료수에 1ppm 가량 불소가 있으면 충치를 예방할 수 있다.

(11) 아연(Zn)

인슐린, 적혈구의 구성 성분이다.
육류, 해산물, 치즈, 땅콩 등

(12) 요오드(I)

갑상선 호르몬 티록신(thyroxine)의 구성 성분이다.
1) 기초 대사의 촉진
2) 해산물 특히 해조류에 많이 함유
3) 부족시에는 갑상선증과 갑상선기능저하, 임산부 부족시 불임증과 기형아를 낳게 된다.

 산성식품과 알칼리성 식품

산성 원소	알칼리성 원소
P, S, Cl, Br	Ca, Mg, Na, K, Cu, Mn, Zn, CO
산성 식품	알칼리성 식품
어류, 곡류, 육류, 알류, 치즈,	해조류, 과일, 채소류, 우유

7. 비타민

(1) 비타민의 성분

비타민은 지용성 비타민(A, D, E, K)과 수용성 비타민(B_1, B_2, B_6, 나이아신, B_{12}, 비오틴, C, 엽산, 판토텐산 등)으로 나눌 수 있다.

(2) 지용성 비타민

1) 비타민 A(retinol) → 항안염성 신경염 인자 : 동물의 성장, 피부와 점막에 관계하며, 상피 세포의 형성을 돕는다.
 • 결핍증 : 야맹증, 각막건조증, 결막염
 • 함유식품 : 뱀장어, 간유, 간, 난황, 버터, 당근, 시금치, 김, 무, 호박 등

 카로틴(carotene)

비타민 A의 전구 물질로서 β-카로틴이 체내에서 가장 효율적으로 전환된다. 체내 흡수율은 1/3 정도로 본다.

2) 비타민 D(calciferol) → 항구루병 인자 : Ca의 흡수를 도와 뼈를 정상적으로 발육하게 한다.
 • 결핍증 : 구루병
 • 함유식품 : 간유, 말린 식품

 에르고스테롤(ergocterol)

비타민 D의 전구 물질로서, 효모, 맥각, 버섯에 들어 있고, 자외선을 쪼면 비타민 D로 된다.

3) 비타민 E(tocopherol) → 항불임성 인자 : 열에 아주 안정하며, 항산화제로서 작용한다.
 • 결핍증 : 불임증
 • 함유식품 : 곡류의 배아, 대두유, 난황 등
 • 비타민A의 산화를 막고 흡수를돕는다.
4) 비타민 K(phylloquinone) → 혈액 응고 인자
 • 결핍증: 출혈되기 쉽다.
 • 함유식품 : 양배추, 시금치 등

(3) 수용성 비타민

1) 비타민 B_1(thiamine) → 항다발성 신경염 인자 : 당질의 소화에 관여하며, 마늘의 알리신은 비타민 B_1의 흡수를 도와준다.
   - 결핍증 : 각기병, 다발성 신경염
   - 함유식품 : 곡류, 두유, 견과, 종실류 등

2) 비타민 B_2(riboflavin) → 성장 촉진 인자 : 광선에 파괴가 잘되며, 성장 촉진성 비타민이다.
   - 결핍증 : 구각염, 설염
   - 함유 식품 : 효모, 쇠간, 달걀흰자, 간, 육류, 엽록 채소, 씨눈 등

3) 비타민 B_6(phyridxine) → 항피부염 인자 : 장내 세균에 의해 합성되고 자연 식품에 많이 존재하므로 결핍증은 거의 없고, 반면 장기복용시 일시적인 부족증이 생긴다.

4) 나이아신(nicotinic acid) → 항펠라그라성 인자 : 옥수수를 주식으로 하는 곳에서 펠라그라라는 피부병이 주로 발생한다. 나이아신은 필수 아미노산인 트립토판이 만들어 주기 때문에 육류를 많이 먹으면 부족증이 없다.

5) 비타민 B_{12}(cobalamine) → 항빈혈성 인자 : Co를 함유하며, 악성 빈혈에 유효하고 젖산균의 발육을 촉진하는 효과도 있다. 쇠간, 굴, 김, 꽁치, 난황에 함유되어 있다.

6) 비타민 C(ascorbic acid) → 항괴혈병 인자 : 영양소 중 가장 불안정하며 열, 산소에 산화가 잘된다. 콜라겐 형성에 관여한다. 철의 흡수를 도와주고 단백질, 지방대사를 돕고, 피로 회복에 도움을 준다.
   - 결핍증 : 괴혈병, 세균에 대한 저항력이 약해짐
   - 함유식품 : 양배추, 파셀리, 고추, 무잎, 감귤류 등

7) 비타민 P : 모세혈관을 튼튼히 하고 플라보노이드 색소에 속한다.

8. 효소

(1) 탄수화물 분해 효소

1) 프티알린(침 속에 존재)
2) 아밀라제
3) 슈크라제
4) 말타아제(침 속에 존재)
5) 락타아제(장액 존재)

6) 셀룰라제

7) 펙티나제 등

(2) 단백질 분해 효소

1) 레닌(유아, 송아지의 위벽에 존재, 치즈 제조에 이용)

2) 펩신(위액)

3) 트립신(위액, 장액)

4) cathepsin

5) 파파인(파파야에 있는 효소로 육류의 연화)

6) 휘신(무화과)

7) 브로멜린(파인애플) 등

(3) 지질 분해 효소

리파아제 : 지방 → 지방산+글리세린(위액존재, 장액)

 담즙산염

효소는 아니고, 지방을 소화되기 쉬운 상태로 유화시켜 준다.

(4) 산화 환원 효소

1) tyrosinase : 버섯, 감자, 사과의 갈변에 관여

2) ascorbate oxidase : 비타민 C 산화, 효소적 갈변. 양배추, 오이, 당근 등에 존재

3) lopoxydase : 식물의 변색, 냄새 형성, 유지의 변향. 두류, 곡류 등에 존재

3 식품의 일반성분의 가공, 저장, 중 변화

1. 식품의 저장 방법

(1) 건조법

수분을 15% 이하로 하면 세균은 번식하지 못하지만, 곰팡이는 13% 이하에서도 잘 견딘다.

1) 일광 건조법 : 농산물, 해산물 건조

2) 고온 건조법 : 90℃ 이상의 고온에서 건조

3) 열풍 건조법 : 가열된 공기로 건조시키는 방법

4) 직화 건조법 : 배건법, 차잎, 보리차, 커피 등

5) 냉동 건조법 : 냉동시켜 저온에서 건조. 한천, 당면 건조두부

6) 분무 건조법 : 분유 등

7) 감압 건조법 : 건조야채, 건조란 등

(2) 냉장 냉동법

온도를 낮게 하여 미생물의 생육을 저지하는 방법이다.

1) 움 저장 : 약 10℃로 유지. 감자, 고구마, 바나나, 호박 등

2) 냉장 : 0~4℃ 단기간 저장에 이용

3) 냉동 : -30~-40℃에서 급속 동결함으로서 조직을 파괴하지 않고 해동시 원상태로 돌아간다.

(3) 가열 살균법

미생물을 사멸시키고, 효소도 파괴시켜서 저장하는 방법이다.

1) 저온 살균법 : 61~65℃에서 30분 가열 후 급냉

2) 초고온 순간 살균법 : 130~140℃에서 2초간 가열 후 급냉

3) 고온 단시간 살균법 : 70~75℃에서 15초간 가열 후 급냉

4) 고온 장시간 살균법 : 95~120℃에서 30~60분 가열

5) 초음파 가열 살균법

6) 가압 살균법 : 압력을 올려 살균하는 것으로 내열성 포자를 살균할 때 사용한다.

우유의 살균법

저온 살균법, 초고온 순간 살균법, 고온 단시간 살균법

(4) 조사 살균법

열이 필요없이 자외선, 방사선을 이용하여 미생물을 사멸시킨다.

(5) 염장법

10~15%의 소금을 뿌려 저장하는 방법으로 삼투압에 의하여 미생물의 발육이 억제된다.

(6) 당장법

50% 이상의 설탕에 저장하는 방법으로 삼투압에 의하여 미생물의 발육이 억제된다.

(7) 산저장

초산, 젖산 등을 이용하여 식품을 저장하는 방법으로 산과 식염, 산과 당, 산과 화학 방부제를 같이 쓰면 효과가 크다.

(8) 가스저장(CA저장)

식품을 CO_2, N_2 가스에 보존하는 방법으로 과실류, 야채류, 난류 등의 저장에 이용된다.

(9) 훈연

훈연에 쓰이는 목재로는 수지가 적고 단단한 벗나무, 참나무 등이 쓰이고, 연기 중의 페놀, 포름알데히드, 크레오소트 등에 의해 풍미를 향상시켜 저장성을 준다. 주로 육류, 어류에 사용된다.

(10) 화학적 처리에 의한 방법

보존료, 방부제, 산화 방지제, 변색 방지제, 살충제, 피막제 등이 사용된다.

(11) 미생물 이용에 의한 처리

유용한 미생물을 식품에 증식시켜 다른 미생물의 발육을 억제하고 풍미를 증진시킨다. 된장, 치즈, 발효유 등이 있다.

4 식품의 맛, 빛깔, 냄새

1. 식품의 맛

(1) 기본적인 맛(Henning의 4원미)

1) 단맛 : 당류, 방향족 화합물, 인공 감미료 등
2) 짠맛 : NaCl, KCl, NH_4Cl 등
3) 신맛 : 식초산(식초), 젖산(김치류, 젖산 음료), 호박산(청주, 조개류), 사과산(사과, 배 등), 구연산(살구, 감귤류), 주석산(포도), 아스코르빈산(과일류, 채소류), 글루콘산(곶감 등)

4) 쓴맛 : 카페인, 테인(커피, 차), 초콜렛(데오블로마인), 호프(맥주), 나린진(감귤의 껍질)

(2) 기타의 맛

1) 맛난맛 : 이노신산(쇠고기, 돼지고기, 생선 등), 글루타민산(간장, 된장, 다시마), 구아닌산(버섯 등), 글리신(김 등)

2) 떫은맛 : 차와 감의 탄닌

3) 아린맛 : 쓴맛과 떫은 맛의 혼합된 맛으로 가지, 죽순, 감자, 토란, 우엉의 맛

4) 매운맛 : 고추(캡사이신), 마늘(알리신), 생강(진저론, 쇼가올), 후추(챠바신, 피페린), 무, 겨자(아릴이소티오시아네이트), 산초(산술) 등

(3) 맛의 대비, 변조, 상쇄

1) 맛의 대비(강화) : 서로 다른 정미 성분을 섞었을 때 주정미 성분의 맛이 세어지는 현상으로 설탕 용액에 소금 또는 황산퀴니네를 넣으면 단맛이 증가되는 현상

2) 맛의 억제 : 주정미 성분의 맛이 약화되는 현상. 커피에 설탕을 넣어 주면 쓴맛이 단맛에 의해 억제된다.

3) 맛의 상쇄 : 두 가지 맛성분을 섞으면 각각 단독으로 느낄 수 없고, 조화된 맛으로 느껴지는 현상. 술, 간장, 김치 등의 숙성은 일종의 맛의 상쇄로 볼 수 있다.

4) 맛의 변조 : 짠맛, 신맛, 쓴맛의 식품을 맛본 직후 물을 마시면 먹은 후 감미를 느끼는 현상. 오징어를 먹은 후 밀감을 먹으면 쓴맛을 느낀다.

5) 미맹 : PTC는 극히 쓴 물질인데, 전혀 쓴맛을 느끼지 못하는 사람이 있는데, 이러한 사람을 미맹이라 한다.

(4) 식생활과 온도

혀의 미각은 10~40℃에서 잘 느끼고, 특히 30℃ 정도가 민감하며, 온도의 저하에 따라 쓴맛의 감소가 특히 심하다.

온 도	식생활의 예	온 도	식생활의 예
0℃	물의 빙점	60℃	감주 제조
1~5℃	사이다, 소다수	65℃	커피, 홍차
12℃	맥주	70℃	스프(soup), 된장국
14℃	냉수	95℃	전골
30℃	빵발효의 적온	180℃	튀김
50~60℃	청주의 적온	200℃	빵굽기 온도

맛의 온도

- 식염은 짠맛을 낸다.
- 식염의 과잉섭취는 장내 수분의 흡수를 방해하여 설사와 신장이 배설기능이 나빠진다.
- 식염의 결핍은 위액산도가 저하되어 식욕부진과 소화불량을 일으킨다.

(5) 혀에서 맛을 느끼는 부분

1) 단맛 : 혀끝
2) 신맛 : 혀의 양쪽
3) 쓴맛 : 혀의 안쪽
4) 짠맛 : 혀 전체

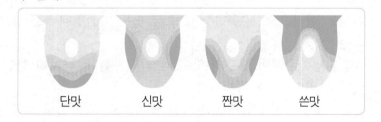

2. 식품의 빛깔

(1) 식물성 식품의 색소

1) 지용성
- 클로로필 색소(엽록소) : 식품의 녹색 채소의 색으로 Mg을 함유하며, 열, 산에 불안정하고, 알칼리에 안정하다.
- 카로티노이드 색소 : 동식물계에 널리 분포되어 있으며, 노랑, 주황, 황색의 색소로서 산, 알칼리에는 변화가 없으나, 광선에 민감하다.
- 카로틴류 : 당근, 호박, 녹엽, 고구마, 토마토, 감, 살구 등
- 크산토필류 : 옥수수, 고추, 해조 등

2) 수용성
- 플라보노이드 색소 : 색이 엷은 채소의 색소로서 산에는 안정하며, 알칼리에서 황색을 나타낸다. 옥수수, 밀가루, 양파, 귤껍질 등
- 안토시안 색소 : 꽃, 과일 등의 적색, 청색, 자색 사과, 딸기, 석류, 포도, 가지, 검정콩 등 산성 → 중성 → 알칼리성으로 변함에 따라 적색 → 자색 → 청색으로 변색된다.

플라보노이드 [flavonoid]

식품에 널리 분포하는 황색 계통의 색소이다.
가열하여 당이 분리되면 색깔이 더욱 진해지는데, 감자·고구마·옥수수의 경우가 그 예이다.
산성에서는 안전하여 색이 더욱 선명해지지만, 강한 알칼리에서는 그 구조가 변하여 짙은
황색이나 갈색으로 변한다. 또 구리(Cu)·철(Fe) 등의 금속과 결합하여 흑갈색의 복합체를
형성하는데, 감자 등을 썰었을 때 칼에 닿은 자리가 청록색으로 또는 흑갈색으로 변색되는
것이 그 예이다.
항균·항암·항바이러스·항알레르기 및 항염증 활성을 지닌다.

(2) 동물성 식품의 색소

1) 미오글로빈 : 근육 색소(Fe함유)

2) 헤모들로빈 : 혈색소(Fe 함유)

3) 헤모시아닌 : 전복, 소라, 패류, 새우 등에 Cu를 함유한 혈색소

4) 카로티노이드 : 도미의 표피, 연어, 송어의 근육, 새우, 게의 가열시의 적색,
난황 등에 함유한 색소

5) 아스타산틴(카로티 노이드계) : 새우, 가재, 게

3. 식품의 냄새

(1) 식물성 식품의 냄새

1) 알코올 및 알데히드류 : 주류, 감자, 차임, 복숭아, 오이, 계피 등

2) 에스테르류 : 주로 과일향

3) 테르펜류 : 녹차, 차잎, 레몬, 오렌지 등

4) 황화합물 : 마늘, 양파, 부추, 무, 파, 고추냉이 등

(2) 동물성 식품의 냄새

1) 아민류 및 암모니아류 : 육류, 어류 등

2) 카보닐 화합물 및 지방산류 : 버터, 치즈 등의 유제품

4. 식품의 갈변

식품의 저장 또는 가열 조리할 때 갈색으로 변하거나 원래의 짙어지는 현상으로서
식품이 변하면 외관이나 풍미가 나빠지며, 식품성분의 변화를 일으켜 좋지 않으나
맥주, 홍차, 간장, 제빵 등의 제조시에는 식품의 품질을 좋게 하는 경우도 있다.

(1) 효소적 갈변

1) 폴리페놀 옥시다제에 의한 갈변

배, 사과, 가지 등의 식품에 들어있는 카테콜이나 그유도체들이 산화시켜서 이생성물이 중합, 축합되어 멜라닌과 이와 유사한 갈색 또는 흑색색소를 형성한다.

2) 티로시나제에 의한 갈변

고구마나 감자의 갈변의 역할을 하는 효소로서 모노페놀에 작용하여 흑갈색의 멜라닌색소를 생성한다.

3) 효소에 의한 갈색화 반응을 억제하는 방법

갈색화 반응을 억제하는 데치기와 같이 식품을 높은온도에서 열처리하여효소를 불활성화 시키거나 효소의 최고의 조건을 변동시키고 산소를 제거하며 아황산가스나 아황산염과 같은 환원성 물질을 첨가한다.

(2) 비효소적 갈변

카보닐 화합물과 아미노 화합물의 반응(Maillard 반응)에 의한 것으로 효소는 관여하지 않는다. 감귤류 과즙의 보전에 따른 갈색화, 유제품의 가열에 따른 변색, 간장의 착색, 식빵 껍질의 착색, 쿠키의 빛깔 등이 이것에 속한다.

조리기능사필기시험대비서

제2장
⇨ 식품가공 및 저장

이 장에서는 농수산물의 가공 및 저장 / 축산물의 가공 및 저장 / 수산물의 가공 및 저장에 대해서 알아본다.

1 농수산물의 가공 및 저장

1. 곡류의 가공저장

(1) 쌀

벼는 현미와 왕겨로 이루어지며, 그 비율은 80 : 20이다. 현미를 도정한 것을 백미라 하고, 제거물을 쌀겨라 한다. 쌀겨에서 미강유를 착유하여 사용한다.

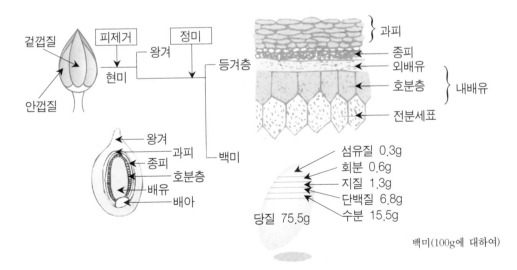

[쌀의 구조]

1) 쌀의 도정률과 소화 흡수율

품 명	도정률(%)	도감률(%)	소화 흡수율
현미	100	0	90
5분도미	96	4	94
7분도미	94	6	95.5
10분도미(백미)	92	8	98

2) 쌀의 가공품
- 강화미(parboiled rice, converted rice, premix rice) : 비타민 B_1을 강화한 것
- 건조 쌀(alpha rice) : 밥이 뜨거울 대 고온으로 건조한 것. 수분은 10% 정도
- 팽화미(puffed rice) : 고압으로 가열하여 압출한 것.
  인조미(합성미) 고구마 전분 : 밀가루 : 외 쇄미 = 5 : 4 : 1의 비율로 혼합한 것
- 종국류 : 감주, 된장, 술 제조에 없어서는 안 되는 물질
- 기타 : 증편(술떡), 식혜(당화 온도 55~60℃), 조청 등

3) 쌀의 저장 : 건조, 저온 저장(10~15℃ 이하), 또는 벼의 형태로 두었다가 필요한 때 도정해서 이용하는 것이 좋다.

(2) 보리(대맥)

쌀보다 비타민(특히 비타민 B_1), 단백질, 지질의 함량이 많으나, 섬유질이 많아서 소화율이 나쁘다.

1) 압맥(납작보리) : 증기를 쏘여서 기계로 누른 것
2) 할맥 : 보리골의 섬유소를 제거한 것
3) 맥아(보리싹)
- 단맥아 : 싹의 길이가 보리 길이의 3/4~5 정도로서 맥주 양조용으로 사용
- 장맥아 : 싹의 길이가 보리 길이의 1.5~2배 정도로서, 식혜, 엿의 제조에 사용

(3) 밀(소맥)

낟알 그대로는 소화가 어렵고, 정백해도 소화율이 80% 정도로서 백미의 소화율이 98%인 것에 비해 아주 나쁜 편이다. 그러나 밀을 제분하면 소화율이 백미와 거의 비슷해진다.

1) 밀가루의 숙성 : 만들어진 제분을 일정 기간 동안 숙성시키면 흰빛깔을 띠게 되며, 제빵에도 영향을 미친다.

- 소맥분의 계량제 : 과산화 벤조일, 이산화염소, 과항산암모늄, 브롬산칼륨, 과붕산나트륨

2) 글루텐(gluten) : 밀에는 다른 곡류에는 없는 특수한 성분인 글루텐이 있는데, 이것은 단백질로서 점탄성이 있기 때문에 빵이나 국수 제조에 적당하다.

글루텐(gluten)

글리아딘(점착성이 있는 단백질)＋글루테닌(탄성이 있는 단백질)
보리, 밀 등의 곡류에 존재하는 불용성 단백질로 몇가지 단백질이 혼합되어 존재한다. 글루텐의 함량은 밀가루의 종류를 결정하기도 하며, 밀가루가 다른 곡분에 비해 물을 균등하게 흡수하는 것과, 면이 잘 늘어나는 것은 모두 글루텐이 존재하기 때문이다. 또한 밀가루를 가공 조리하는 데 기본이 되는 성분이다.

3) 밀가루의 종류(글루텐 함량에 의해 결정)

종류	글루텐 형성	용도
강력분	13% 이상	식빵, 마카로니, 스파게티
중력분	10%~13%	국수제조
박력분	10% 이하	케이크, 과자류, 튀김, 건빵

4) 제빵 : 주원료는 밀가루이며, 팽창제, 지방, 액체, 설탕, 소금, 달걀 등이 들어간다.

팽창제

- 발 효 법 : 이스트의 발효로 생긴 CO_2가 팽창제 역할.
- 비발효법 : 베이킹파우더에 의해서 생긴 CO_2가 팽창제 역할.

지방

연화 작용이 있고, 제품의 결을 곱게 만들고, 밀가루 제품의 표면을 갈변시키는 작용이 있다.

설탕

단맛, 효모의 영양원. 설탕의 카라멜화에 의한 빛깔 및 특유한 향기, 노화 방지, 단백 연화 작용을 한다. 설탕이 너무 많으면 글루텐 형성을 방해한다.

액체

물, 우유, 달걀에 포함된 수분 등이 작용할 수 있는데, 글루텐 형성에 결정적 역할을 한다. 베이킹파우더는 성분간의 반응을 일으키게 하고, 팽창제의

역할을 한다.

달걀

글루텐 형성을 돕지만, 너무 많으면 조직이 빳빳해진다.

소금

점탄성을 증가시킨다.

2. 서류의 가공 및 저장

고구마, 감자는 전분 함량이 높아서 전분이나 물엿, 합성주를 위한 알코올 등의 원료가 된다.

(1) 서류의 가공

1) 전분 : 고구마, 감자가 전분의 원료로 많이 쓰이지만, 옥수수, 밀, 쌀 등도 이용된다.
   - 전분 입자의 크기 : 감자→고구마→밀→옥수수→쌀
2) 절간서류 : 간식용은 물론 주정 원료로 사용된다.

(2) 서류의 저장

1) 감자 : 2℃정도에서 냉장하면 당분이 증가해서 단맛이 난다. 전분이 당으로 변하는 것을 막으려면 10~13℃정도에서 저장하는 것이 좋다.
2) 고구마 : 32~34℃, 90%의 습도에 4~6일간 두었다.(CURING 처리)가 저장하면 보존이 오래된다.

3. 두류의 가공 및 저장

두류는 식물성 단백질의 공급원(보통 20~30% 함유. 단, 대두는 40% 함유). 수분은 13% 내외이고, 비타민 C는 전혀 없으나 콩나물에는 많이 생성된다.

(1) 된장과 간장

대두 → 불림 → 찐다 → 접종 → 띄운다
쌀 또는 보리 → 불림 → 찐다 → 접종 → 띄운다 ── 합 → 혼 →

→ 18% 식염수에 담근다. → 거른다 ── 된장 → 숙성 → 제품
                                └── 간장 → 가열 → 제품

- 코지(koji) 곰팡이로는 당화력과 단백 분해력이 강한 aspergillus oryzae를 사용한다.

콩을 삶아 60℃까지 식힌 후 납두균(bacillus natto)을 번식(40~50℃로 보온) 시켜 양념을 가미한 것이다.

(2) 두유와 두부

1) 두유 : 우유 대용 식품으로 많이 이용. 100℃에 5분간 가열하는 것이 가장 좋다.

2) 두부 : 대두 단백질인 글리시닌(glycinin)이 무기염류에 의해 응고되는 성질을 이용한 것이다.

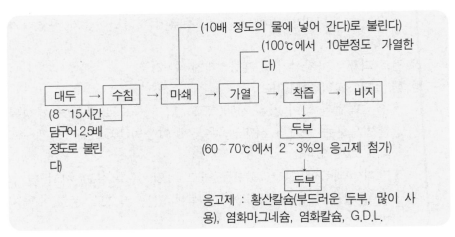

(3) 콩나물

비타민 C, 비타민 B_1, B_2가 발아와 함께 급격하게 생성(재배 후 6~7일경에 최고치)된다.

(4) 기타

피넛버터, 콩가루, 대두 단백 응고물 등

4. 채소와 과일의 가공 및 저장

90~95%의 수분 함유, 비타민(주로 카로틴, 비타민C)과 무기질의 공급원, 알칼리성 식품, 섬유소나 유기산은 장의 연동 운동을 도와 통변이 잘되게 하고, 아름다운 색이 있기 때문에 시각적 즐거움을 준다.

(1) 단기 저장법

호흡작용을 억제하기 위해 냉장보존, 가스저장이 필요하다.

종 류	저장온도(℃)	종 류	저장온도(℃)	종 류	저장온도(℃)
바나나	13~15℃	토마토	4~10℃	양 파	0℃
고구마	10~13℃	귤	4~7℃	양배추	0℃
호 박	10~13℃	사 과	-1~+1℃	당 근	0℃
파인애플	5~7℃	복숭아	4℃		

[과일, 채소의 적당한 저장 온도]

(2) 가공 및 장기 저장법

1) 김치 : 발효 과정에서 중요한 것은 숙성 온도로, 5~10℃에서 수주간 숙성하면 좋은 맛이 난다.
   - 숙성중 비타민의 변화는 거의 3주후에 비타민이증가 하였다가 갑자기 감소한다.
2) 건조 과채 : 아황산가스 훈증, 데친 후 건조
3) 잼, 젤리, 마아 멀레이드
   - 잼 : 펙틴과 산이 많은 사과, 포도, 딸기 등으로 만들며, 완성된 젤리의 감별법으로는 숟가락 시험법, 온도계 이용법(105℃), 당도계 측정(65%), 컵 테스트가 있다.
   - 젤리 : 과즙에 설탕(70%)를 넣고 가열, 농축 응고 시킨 것이다.
   - 마아 멀레이드 : 과육, 과피가 섞여 있는 것으로, 주로 오렌지, 레몬으로 만든다.

프리저브(preserve)

시럽에 넣고 조리하여 연하고 투명하게 된 과일로 과일 1에 대하여 설탕 3/4~1의 비율로 한다. 잼의 3요소 : 펙틴1.0~1.5%, 산 PH 0.4%,당 60~65%

4) 피클 : 산과 함께 설탕, 소금과 여러 향료를 넣어 저장하는데, 피클을 아삭하게 하기 위해 염화칼슘을 첨가하기도 한다.

5. 유지의 가공

(1) 유지 채취법

압착법, 추출법, 용출법

(2) 유지의 정제

1) 물리적 정제 : 침전, 여과, 원심분리, 가열
2) 화학적 정제 : 탈검(lecithin 제거), 탈산(알칼리로 중화), 탈색(카 와 클로로필 제거), 탈취(가열증기, CO_2, 수소, 질소)

(3) 가공 유지(경화유)

불포화 지방산에 니켈(Ni)촉매하에 수소(H_2)를 첨가해 고체화시킨 것으로, 마가린과 쇼트닝 등이 있다.

2 축산물의 가공 및 저장

1. 우유의 가공 및 저장

(1) 유제품

1) 크림

우유에서 유지방을 분리한 것. 커피 크림(20~25%), whipping cream (45% 이상), plastic cream(79~89%)

2) 버터

우유에서 분리된 지방을 잘 저은 후 모아서 만든 것으로, 우유 지방 85%, 수분 15% 이하로 하고, 비타민 A, D를 함유한다.

3) 치즈

우유를 레닌 또는 산으로 응고시킨 후 발효시킨 제품이다. 주성분은 카제인, 지방, 수분 등이다.

4) 아이스크림

탈지유, 지방, 설탕, 젤라틴(유화제의 기능), 달걀 및 향료 등을 섞어서 만든다.

5) 발효유

요구르트, 케피어, 유산 음료 등

6) 무당 연유

전유 중의 수분 60%를 제거하고 농축한 것

7) 가당 연유

우유를 1/3로 농축한 후 설탕 또는 포도당을 44% 첨가하여 세균의 번식을 억제한 것이다.

8) 분유
- 전지 분유 : 수분 2~3%로 분무 건조한 것
- 탈지 분유 : 수분, 지방을 제거한 것
- 조제 분유 : 우유 중에 부족되는 성분을 보강하여 유아 양육에 알맞는 이상 식품이 되도록 만든 것

9) 연질 우유
허약한 환자, 어린이를 위해 만든 특수 식품으로 우유에 트립신(trypsin)을 넣어 일부 단백을 분해시키고, Ca, P을 20%씩 빼서 소화하기 쉽게 만든 것이다.

(2) 유제품의 저장

종　　　류	저장　　조건	안전한 저장 기간
우유, 크림	4℃	3~5일
치즈	0~4℃	
전지 분유	10℃ 이하	2~3주일
탈지 분유, 연유 통조림	실온	
연유 통조림 개관한 것	10℃ 이하	3~5일

2. 달걀의 가공 및 저장

(1) 알제품

1) 동결란 : -20~-30℃에서 동결
2) 건조란 : 분무건조
케이크, 아이스크림, 마요네즈(난황의 유화성 이용)의 원료로 사용
3) 달걀 음료
달걀, 물, 우유, 술 등에 다량의 당분, 유기산류, 색소, 향료를 첨가하여 살균한 것
4) 피단
석회수, 목회, 식염, 홍차, 점토를 물로 반죽한 후 달걀 껍질에 두껍게 발라 6개월간 보존, 알칼리 작용으로 고화된다. 암모니아, 황화수소가 발생한다.
5) 소시지, 생선묵
난백을 첨가하면 탄력성이 강한 제품을 얻는다.

(2) 달걀의 저장

1) 냉장법 : 0℃전후의 온도, 90~95%의 습도로 저장하면 1개월 정도는 안전하다.

2) 냉동법 : -20~-30℃로 동결, -15℃로 저장한다.

3) 가스 저장법 : CO_2, N_2, O_3에서 냉장한다.

4) 표면 도포법 : 바셀린, 파라린, 유지, 젤라틴 등을 발라서 냉장한다.

5) 약물에 담그는 법 : 석회수 등에 담가 보관한다.

달걀의 신선도 판정

- 외관법 : 표면이 꺼칠꺼칠하고 광택이 없으며, 둥근부분이 따뜻한 것
- 투시법 : 일광 · 전등에 비추어 보았을 때 투명하며, 기공이 크지 않은 것
- 소금물 시험 : 약 6% 식염수에 담갔을 때, 가라 앉는 것
- 비중 : 달걀의 비중은 1.08~1.09이다.
- 흔들어서 소리가 나지 않는 것
- 물에 넣었을 때 누워있는 것
- 삶아서 잘랐을 때 난황이 가운데에 있는 것

3. 육류의 가공 및 저장

(1) 쇠고기 각 부위의 명칭과 조리 용도

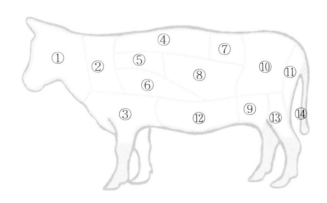

번호	명칭	조리용도	특징
1	쇠머리	찜, 편육, 설농탕, 곰탕	육질이 질기고 결합조직이 많으며 지방이 적다.
2	장정육	조림, 다진고기, 편육	
3	양지육	탕류	
4	등심	구이, 볶음, 전골	살이 두껍고 얼룩지방이 있으며 질이 좋다.
5	갈비	구이, 볶음, 찜	
6	쐬악지	구이, 볶음	
7	채끝살	조림, 산적	
8	안심(로스)	구이, 볶음	부드러운 살코기로 맛이 좋다.
9	대접살	육포, 회	
10	우둔육	육포, 회, 장조림	상부에 지방이 잇으며 연하다.
11	홍두깨살	조림, 탕, 산적	
12	업진육	찜, 편육, 탕	지방과 고기가 층을 이루며 질기고, 뼈성질이 많으며 지방이 적다.
13	사태육	편육, 탕	
14	꼬리	곰탕	

소의 내장 및 기타

구분	명칭	조리용도	명칭	조리용도
내장	염통	구이, 전골	콩팥	구이, 전골
	간	구이, 전유어	곱창	탕
	천엽	회, 전유어	양	탕, 전유어
기타	혀	편육, 찜	뼈	탕
	등골	전유어, 전골	가죽	전약(편)

(2) 돼지고기 각 부위의 명칭과 조리 용도

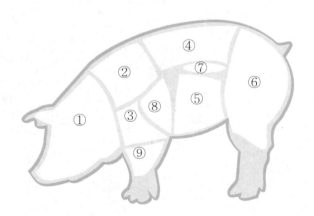

번호	명칭	조리용도	특징
1	돼지머리	편육, 곰탕	
2	어깨로스	구이, 찜	살코기 속에 지방이 많으며 연하다.
3	앞다리		피하지방이 5mm 이내가 되도록 정형한 것.
4	등심로스	구이, 찜	지방이 두껍고 고기가 연하며 맛이 있다.
5	삼겹살	조림, 편육	고기가 세겹으로 층이 되어 있다.
6	볼기살	조림, 찜	지방이 적다.
7	안심	구이, 찜	부드럽고 지방이 없다.
8	갈비	구이, 찜, 탕	
9	다리	편육, 국	육색이 짙고, 지방이 적다.

보통 살코기는 16~22%의 단백질을 함유하며, 간에는 철, 칼슘, 비타민 A를 많이 함유한다. 특히, 돼지고기에는 비타민 B1이 풍부하게 들어 있다.

고기의 종류와 조리

- 구이 : 등심, 안심, 채끝살,갈비, 홍두깨살, 염통, 콩팥
- 찜 : 갈비, 사태, 등심, 쐬악지
- 편육 : 양지, 장정육, 사태, 우설, 업진육
- 조림 : 홍두깨살,우둔살, 대접살, 쐬악지, 장정육
- 탕 : 사태, 꼬리, 양지, 내장(양, 곱창), 업진육

(1) 수육의 경직과 숙성

1) 사후경직 : 동물이 도살된 후에는 효소의 작용, 이화학적 원인, 미생물의 작용에 의하여 육질이 변화한다. 사후 시간이 경과함에 따라서 actomyosin을 생성하기 때문에 근육의 수축 또는 경직이 일어난다.

2) 숙성(aging) : 근육자체의 단백 분해 효소에 의해 단백질이 자가 분해되는 것으로, 경직된 고기도 시간이 경과되면 근육이 연화되고, 보수성이 커지며, 맛이 좋아진다. 쇠고기의 숙성 최적 기간은 0℃에서 10일간, 10℃에서 4일간, 습도는 85~90%로 유지하면서 숙성시킨다.

(2) 수육의 연화

1) 지방 함량이 높을수록, 결체 조직이 적을수록, 어린 동물, 근섬유의 수가 많을 수록 조직은 가늘고 고기는 연하다.

2) 고기의 질을 높여 주는 연화법
- 단백 분해 효소 첨가 : 파파인, 브로멜린, ficin, 펩신 등
- 동결
- pH의 변화 : pH 5~6의 범위보다 높거나 낮으면 연하다.
- 첨가물질 : 설탕, 인산염, 1.5%의 식염용액
- 기계적 방법 : 갈거나, 두들김

(3) 육류의 저장

도살하기 전에 동물의 피로, 공복, 갈증을 없애주면 수육의 부패가 지연된다.

1) 냉장 : 0~4℃
2) 절이기 : 소금, 질산나트륨을 첨가하고, 가열하는 방법으로 고기의 색과 맛에 특유한 변화를 가져온다.냉동 : -18~-20℃에서 급속 동결한 후 -10~ -18℃로 저장한다.
3) 냉동건조
4) 훈연 : 돼지의 뒷다리 부분이 사용되는데, 저장뿐만 아니라 맛의 증진, 단백질을 응고시킨다. 단단한 나무에서 나오는 톱밥이 훈제로 좋다.

 육류의 감별

1. 쇠고기
- 색이 빨갛고 윤택이 나며, 얄팍하게 썰었을 때 손으로 찢기 쉬운 것이 좋다.
- 수분이 충분하게 함유되고, 손가락으로 눌렀을 때 탄력성이 있는 것이 좋다.
- 고기의 빛깔이 너무 빨간 것은 오래 되었거나 늙은 고기 또는 노동을 많이 한 고기이므로 질기고 좋지 않다.
2. 돼지고기
- 기름지고 윤기가 있으며 살이 두껍고 살코기의 색이 엷은 것이 좋다.
- 살코기의 색이 빨간 것은 늙은 고기이다.

(4) 육류의 가공품

1) 훈제품 : 햄, 베이컨, 소시지
- 햄 : 돼지 다리살에 식염, 설탕, 초석, 아질산염, 향신료를 섞어 훈연시킨 것
- 베이컨 : 돼지 복부살을 소금에 절여 훈연시킨 것
- 소시지 : 돼지, 쇠고기를 다져 소금, 초석, 설탕, 향신료를 섞어서 훈연시킨 것

2) 콘드 비프(corned beef) : 육포, 통조림류 등

콘드 비프(corned beef)

쇠고기를 소금으로 얼간하여 쪄서 통조림으로 만든 것이다. 콘드 비프를 제조하기 위하여는 쇠고기의 된살 부분을 뼈와 힘줄, 지방, 굵은 혈관 등을 제거한 후 약 3%의 식염과 0.1%의 질산칼륨을 가하여 약 10일간 염장한 후 115℃로 100분 가량 쪄서 뜨거울 때 살을 적당히 부스러뜨린 다음 양념하여 통조림으로 한다.

③ 수산물의 가공 및 저장

어패류는 수분 75%, 단백질 20%, 무기질 1.5% 정도를 함유하며, 지방이 2% 이하이면 흰살생선, 5% 이상이면 붉은살 생선으로 분류한다.

1. 어패류의 저장

급속 동결법 : -30℃로 동결, -15℃ 정도로 저장

어패류의 저장

① 동건법 : 얼렸다 녹이는 것 반복 건조(북어 등)
② 염건법 : 소금에 절인 후 건조(굴비 등)
③ 소건법 : 날 것인 채로 건조(오징어 등)
④ 염장법 : 소금에 절임(고등어, 꽁치 등)

2. 어패류의 가공

(1) 건조식품]

멸치, 오징어, 새우, 북어 등

(2) 젓갈류

20~30%의 소금을 사용하여 일정 시간 숙성시키면 풍미 있는 저장성 발효 식품이 된다.

(3) 어묵

어육 단백질인 미오신(myosin)이 소금에 녹는 성질을 이용하여 생선을 잘 갈

아서 조미료를 섞은 다음 찌거나 굽거나 튀긴 것이다.

(4) 기타

통조림 류, 훈제어류, 어패류 간장

(5) 해조류의 가공 및 저장

해조는 소화율이 낮아서 열량원으로서는 가치가 없고, 통변을 조절, 만복감을 주며, 요오드의 함량이 높은 것이 특징이다.

3. 통조림

니콜라스 아페르는 경험적으로 얻은 결론에 의해 어떠한 식품이라도 가열 후 밀봉하면 오랫동안 저장할 수 있다는 것을 고안해 냈다.

(1) 통조림의 특징

1) 다른 식품에 비하여 장기간 저장이 가능하다.
2) 저장과 운반이 편리하다.
3) 내용물을 조리, 가공하지 않고 그대로 먹을 수 있다.
4) 위생적이며, 기타 취급이 편리하다.

통조림관은 철판에 3%의 주석을 도금하여 만든다.

(2) 통조림 제조의 주요 4대 공정

1) 탈기(목적)
   • 가열에 의한 권체 부의 파손 방지
   • 영양소의 산화 방지
   • 호기성균의 번식을 방지
   • 깡통의 부식방지
2) 밀봉
3) 살균
   • 저온 살균(60~85℃에서 15~30분간) : 과일, 야채, 술, 가당 우유
   • 가압 살균(100℃정도) : 육류, 어류 등
4) 냉각 : 보통 40℃ 정도로 냉각시키는데, 내용물의 품질과 빛깔의 변화를 방지하는데 있다.

(3) 통조림의 검사

1) 외관상 변질

　팽창(swell)

- hard swell : 통조림 실관(can)의 양면이 강하게 팽창되어 손가락으로 눌러도 전혀 들어가지 않는 현상
- soft swell : 부푼 상태의 실관을 힘으로 누르면 다소 원상에 복귀되기는 하지만, 정상적인 상태로 유지할 수 없는 상태

　스프링거(springer) : 내용물이 너무 많을 때

　플리퍼(flipper) : 탈기가 불충분할 때

　새기(leaker) : 권체가 불완전하든가, 통이 침식당하여 내용물이 새는 것을 말한다.

2) 내용물의 변질

　플랫 사우어(flat sour) : 미생물이 번식하여 통은 팽창시키지 않고 내용물이 신맛이 나는 것

　변색 : 내용물의 빛깔이 변하는 현상

　펙틴의 용출 : 미숙한 과일로 제조시 흔히 발생한다. 곰팡이의 발생

레토르트(retort pouch 식품)

플라스틱 주머니에 밀봉 가열한 식품으로 통조림, 병조림과 같이 저장성을 가진 식품이다. 특징은 통조림보다 살균 시간이 단축되며, 색깔, 조직, 풍미 및 영양가의 손실이 적고, 냉장,냉동할 필요가 없으며, 방부제가 필요없이 저장할 수 있는 식품이다.

제3편
식품학 예상문제

>> 조리기능사필기시험대비서

01
해설 5대 영양소는 단백질, 지방, 탄수화물, 무기질, 비타민이고 여기에 물이 포함되면 6대 영양소가 된다.

01 영양의 정의는?
㉮ 음식물 섭취를 위한 활동
㉯ 노폐물을 처리하는 것
㉰ 일정한 체온유지를 위해 음식물을 섭취하는 것
㉱ 생명체가 생명유지를 위해 외부로부터 음식물을 섭취하여 분해·이용하는 현상

02 5대 영양소에 해당하지 않는 것은?
㉮ 단백질   ㉯ 지방
㉰ 물   ㉱ 무기질

03 다음 중 식품의 기본요소가 아닌 것은?
㉮ 영양성
㉯ 사회성
㉰ 경제성
㉱ 기호성

04 다음 식품 중 단백질이 가장 많은 것은?
㉮ 감자   ㉯ 쌀
㉰ 두부   ㉱ 콩

05
해설 쌀 배아에는 영양분이 가장 많이 들어 있는 부분이다.

05 쌀에서 영양분이 가장 많이 들어 있는 부분은?
㉮ 배유   ㉯ 배아
㉰ 과피   ㉱ 외피

정답
1 ㉱ **2** ㉰ **3** ㉯ **4** ㉰ **5** ㉯

06 쌀에 비교적 많이 함유한 무기질 성분은?

㉮ Ca이 많고 P, K이 적다.

㉯ Na, K이 많고 P이 적다.

㉰ K, P이 많고 Na이 적다.

㉱ P, K이 많고 Ca이 적다.

6 해설

쌀에 함유된 무기질성분은 P, K이 많고 Ca이 적다.

07 감자의 비타민 C 함량에 대해 옳게 말한 것은?

㉮ Vit C가 많다.

㉯ Vit C가 전혀 없다.

㉰ Vit C가 극히 소량이 있다.

㉱ 풋고추보다 Vit C가 아주 많다.

08 콩의 단백질은?

㉮ 오리제닌(orizenin)

㉯ 글리시닌(glycinine)

㉰ 튜베린(tuberin)

㉱ 호르데인(hordein)

09 두유의 거품 성분과 그 거품을 제거하기 위하여 첨가시키는 물질이 맞게 짝지어진 것은?

㉮ 사포닌 – 기름

㉯ 엔티트립신 – 기름

㉰ 알부민 – 소금

㉱ 글루텐 – 알코올

10 당질을 가장 많이 함유한 쌀은 어느 것인가?

㉮ 현미

㉯ 백미

㉰ 7분도미

㉱ 5분도미

10 해설

백미는 당질을 가장 많이 함유하고 있는 쌀이다.

정답

6 ㉱ **7** ㉮ **8** ㉯ **9** ㉮ **10** ㉯

11 다음 중 근채류(根菜類)가 아닌 것은?

㉮ 양파   ㉯ 토마토

㉰ 당근   ㉱ 연근

12
해설 곡물류인 쌀은 산
성식품에 속한다.

12 다음 중 산성식품인 것은?

㉮ 쌀   ㉯ 사과

㉰ 우유   ㉱ 채소

13 감귤류에 특히 많은 유기산은?

㉮ 주석산   ㉯ 사과산

㉰ 호박산   ㉱ 구연산

14. 버섯류의 특징이 아닌 것은?

㉮ 단백질과 지방의 함량이 많다.

㉯ 소화흡수가 느리나 특유한 향이 식욕을 촉진시킨다.

㉰ 비타민류는 소량 함유되어 있다.

㉱ 무기질로는 칼륨(K)이 가장 많이 들어 있다.

15 채소류에 대한 설명이다. 틀린 것은?

㉮ 비타민 A, B, C의 공급원이다.

㉯ 무기질 중 칼륨, 칼슘이 많이 들어 있다.

㉰ 산성식품이다.

㉱ 섬유소가 많아 소화율이 낮다.

16
해설 해조류의 종류 중
에서 김, 우뭇가
사리는 갈조류에
속한다.

16 해조류의 종류 중에서 김, 우뭇가사리는 어디에 속하는가?

㉮ 녹조류   ㉯ 갈조류

㉰ 홍조류   ㉱ 바닷말

정답

11 ㉯   **12** ㉮   **13** ㉱   **14** ㉮   **15** ㉰   **16** ㉯

17 동물성 식품의 설명 중 옳지 못한 것은?

㉮ 단백질과 지질 함량이 높다.

㉯ 단백질은 필수아미노산을 고루 함유하고 있다.

㉰ 음식물로 섭취시 산성식품과 함께 섭취하면 좋다.

㉱ 우유는 단일식품으로는 가장 완전에 가까운 식품이다.

18 다음 중 영양소를 골고루 함유한 완전 식품은?

㉮ 쇠고기   ㉯ 콩

㉰ 달걀   ㉱ 고구마

18 해설

달걀은 영양소를 골고루 함유한 완전식품이다.

19 어린이에게만 필수적인 아미노산인 것은?

㉮ 이소로이신   ㉯ 히스티딘

㉰ 리신   ㉱ 발린

20 식품 중 우유의 영양소를 가장 바르게 설명한 것은?

㉮ 우유에는 단백질, 인지질, 당질 등이 많이 들어 있다.

㉯ 우유에는 단백질, 칼슘 등이 많이 들어 있다.

㉰ 우유에는 유당과 칼슘이 많이 들어 있다.

㉱ 우유에는 단백질, 비타민 C 등이 많이 들어 있다.

20 해설

가공된 우유에는 단백질, 칼슘 등을 많이 함유하고 있다.

21 필수지방산의 함량이 가장 많은 기름은?

㉮ 올리브유

㉯ 야자유

㉰ 대두유

㉱ 생선기름

정답

17 ㉰ **18** ㉰ **19** ㉯ **20** ㉯ **21** ㉰

22
해설 건성유라함은 고
도의 불포화지방
산의 함량이 많
은 기름을 말한
다.

22 건성유란?

㉮ 고도의 불포화지방산의 함량이 많은 기름

㉯ 포화지방산의 함량이 많은 기름

㉰ 공기 중에 방치했을 때 피막이 생기지 않는다.

㉱ 올리브유, 낙화생유

23 유지의 경화란?

㉮ 포화지방산의 수증기증류를 말한다.

㉯ 불포화지방산에 수소를 첨가하는 것이다.

㉰ 알칼리 정제를 말한다.

㉱ 규조토를 경화제로 하는 것이다.

24
해설 알칼리성 식품이
란 Na, K, Ca,
Mg이 많이 포함
되어 있는 식품
을 말한다.

24 알칼리성 식품이란?

㉮ 떫은 맛을 내는 식품이다.

㉯ Na, K, Ca, Mg이 많이 포함되어 있는 식품을 말한다.

㉰ S, Cl, P이 많이 포함되어 있는 식품을 말한다.

㉱ 곡류도 알칼리성 식품이다.

25 결합수의 특성이 아닌 것은?

㉮ 보통 물보다 밀도가 작다.

㉯ 미생물의 번식과 발아에 이용되지 못한다.

㉰ 100℃ 이상의 가열이나 압력을 가해도 쉽게 제거되지
않는다.

㉱ 낮은 온도(-20∼-30℃)에서도 잘 얼지 않는다.

정답

22 ㉮ 23 ㉯ 24 ㉯ 25 ㉮

26 식품의 수분활성도(Aw)란?

㉮ 식품표면의 수증기압과 공기 중의 수증기압의 차

㉯ 자유수와 결합수의 비

㉰ 식품이 나타내는 수증기압과 그 온도에서의 순수한 물의 수증기압과의 비

㉱ 식품표면으로부터의 단위 시간당 수분 증발량

26 해설
수분활성도(Aw)는 식품이 나타내는 수증기압과 그 온도에서의 순수한 물의 수증기압과의 비를 말한다.

27 식품의 수분활성도의 범위는?(단, 물은 제외)

㉮ Aw = 1

㉯ Aw > 1

㉰ Aw < 1

㉱ AW ≤ 1

28 필수아미노산이 아닌 것은?

㉮ 리신

㉯ 페닐알라닌

㉰ 아르기닌

㉱ 아라키돈산

29 완전단백질이란?

㉮ 발견된 모든 아미노산을 골고루 함유하고 있는 것

㉯ 아미노산 중에서 한 가지를 많이 함유하고 있는 것

㉰ 필수아미노산 중 몇 가지만 다량으로 함유하고 있는 것

㉱ 필수아미노산을 필요한 비율로 골고루 함유하고 있는 것

29 해설
완전단백질은 필수아미노산을 필요한 비율로 골고루 가지고 있는 것을 말한다.

30 단순 단백질이 아닌 것은?

㉮ 알부민

㉯ 카제인

㉰ 글로불린

㉱ 글루테닌

정답

26 ㉰ 27 ㉰ 28 ㉱ 29 ㉱ 30 ㉯

31 해설 식품 중에 들어 있는 인단백질 카제인 성분이다.

31 식품 중에 들어 있는 인단백질?

㉮ 글루텐 ㉯ 제인
㉰ 카제인 ㉱ ·알부민

32 색소단백질이 아닌 것은?

㉮ 미오글로빈
㉯ 헤모글로빈
㉰ 치토크롬
㉱ 인슐린

33 단백질 대사와 관계가 적은 것은?

㉮ 필수아미노산 공급
㉯ 세포 원형질의 주성분
㉰ 글리코겐의 해독작용
㉱ 체조직내 노폐 단백질 조직의 대체

34 해설 치즈는 단백질 함량이 높은 유제품이다.

34 다음 유제품 중 단백질 함량이 가장 높은 것은?

㉮ 치즈 ㉯ 연유
㉰ 발효우유 ㉱ 버터

35 다음은 지질의 체내 기능에 대하여 설명한 것이다. 옳지 않는 것은?

㉮ 지용성 비타민의 흡수를 돕는다.
㉯ 열량소 중에서 가장 많은 열량을 낸다.
㉰ 뼈와 치아를 형성한다.
㉱ 필수지방산을 공급한다.

정답
31 ㉰ **32** ㉱ **33** ㉰ **34** ㉮ **35** ㉰

36 지방의 종류의 분류는?

㉮ 단순, 복합, 유도

㉯ 단순, 복합, 인

㉰ 단순, 글리세린, 지방산

㉱ 포화지방, 불포화지방

37 콜레스테롤은 무엇의 일종인가?

㉮ 비타민 ㉯ 지방질

㉰ 무기질 ㉱ 단백질

37 해설
콜레스테롤은 지방질의 일종이다.

38 다음 식품 중에서 지방의 함유량이 가장 높은 식품은?

㉮ 완두 ㉯ 팥

㉰ 땅콩 ㉱ 오징어

39 다음 중에서 과당이 지니고 있는 성질이 아닌 것은?

㉮ 흡습조해성이 없다.

㉯ 당류 중 단맛이 가장 강하다.

㉰ 과포화되기 쉽다.

㉱ 점도가 설탕이나 포도당보다 적다.

40 탄수화물의 조성을 말한 것이다. 다음 중 맞는 것은?

㉮ 탄소, 수소로만 되어 있다.

㉯ 산소, 인, 칼륨으로 되어 있다.

㉰ 탄소, 인, 수소로 되어 있다.

㉱ 탄소, 산소, 수소로 되어 있다.

40 해설
탄수화물의 조성은 탄소, 산소, 수소로 되어 있다.

정답
36 ㉮ 37 ㉯ 38 ㉰ 39 ㉮ 40 ㉱

41 당류의 일반적 성질 중 틀린 것은?

㉮ 물에 잘 용해된다.

㉯ 무색의 결정을 형성한다.

㉰ 알코올에 잘 용해된다.

㉱ 발효성이 있다.

41 해설 당류의 일반적인 성질은 물에 잘 용해되며 무색의 결정을 형성하고 발효성이 있다.

42 젖당의 설명 중 틀린 것은?

㉮ 포도당과 갈락토오스로 된 다당류이다.

㉯ 뇌·신경조직에 존재한다.

㉰ 장 속의 유해균의 번식을 억제한다.

㉱ 단맛은 자당의 약 1/4이다.

43 다음 각 당류의 가수분해 생성물이 맞는 것은?

㉮ 자당 - 포도당 + 갈락토오스

㉯ 맥아당 - 포도당 + 포도당

㉰ 유당 - 과당 + 갈락토오스

㉱ 전분 - 직접 단당류가 된다.

44 단당류 중 식물조직, 해초, 유즙, 뇌신경에 함유되어 있는 당은?

㉮ 과당　　　　　　㉯ 포도당

㉰ 유당　　　　　　㉱ 갈락토오스

44 해설 갈락토오스 단당은 식물조직, 해초, 유즙, 뇌신경에 함유되어 있는 당이다.

45 다음 당류 중 용해도가 가장 큰 것은?

㉮ 포도당　　　　　㉯ 설탕

㉰ 과당　　　　　　㉱ 젖당

정답
41 ㉰　**42** ㉮　**43** ㉯　**44** ㉱　**45** ㉰

46 글리코겐으로 저장하고 남은 당질은?

㉮ 모두 배설 　　　　㉯ 지방으로 변하여 저장

㉰ 혈당으로 저장 　　　㉱ 계속 글리코겐으로 저장

47 다음 중 유해균의 발육을 억제하여 정장작용을 하는 당은?

㉮ 설탕 　　　　　　㉯ 과당

㉰ 젖당 　　　　　　㉱ 포도당

48 포도당(glucose)의 설명 중 옳은 것은?

㉮ 결정일 때 감미가 강하다.

㉯ 수용액일 때 감미가 강하다.

㉰ 온도가 상승하여 감미가 증가한다.

㉱ 좌선성일 때 감미가 강하다.

> **48 해설**
> 포도당은 결정일 때 감미가 강한 당이다.

49 다음 중 소화흡수에 관한 설명을 잘못한 것은?

㉮ 당질은 단당류의 형태로 소화되지 않은 것은 흡수되지 않는다.

㉯ 단백질은 보통 아미노산으로 소화된 것이 흡수된다.

㉰ 지방산은 지방산, 글리세롤, 글리세린으로 되어 소장에서 흡수된다.

㉱ 소화산물의 흡수는 핵산에 의한다.

50 당의 용해도가 큰 순서로 된 것은?

㉮ 과당 > 포도당 > 설탕 > 맥아당

㉯ 맥아당 > 설탕 > 포도당 > 과당

㉰ 과당 > 설탕 > 포도당 > 맥아당

㉱ 포도당 > 과당 > 설탕 > 맥아당

> **50 해설**
> 당의 용해도가 큰 순서로는 과당→설탕→포도당→맥아당 순이다.

정답
46 ㉯ **47** ㉰ **48** ㉮ **49** ㉱ **50** ㉰

51 다음 중 지용성 비타민으로만 묶여진 것은?

㉮ 비타민 B군, C, 나이아신

㉯ 비타민 A, E, K F

㉰ 비타민 A, B₁, B₂, C

㉱ 비타민 B군, D, K, F

52
해설 비타민 B₂가 부족하면 구순구각염 증상이 생긴다.

52 비타민 B₂가 부족하면 어떤 증상이 생기는가?

㉮ 구순구각염   ㉯ 괴혈병

㉰ 야맹증   ㉱ 각기병

53 비타민 A가 우리 몸안에서 가장 많이 들어 있는 곳은?

㉮ 혈액   ㉯ 콩팥

㉰ 근육   ㉱ 간장

54
해설 육류 중 돼지고기에는 비타민 B₁의 함량이 가장 높다.

54 다음 육류 중 비타민 B₁의 함량이 가장 높은 것은?

㉮ 쇠고기   ㉯ 돼지고기

㉰ 양고기   ㉱ 토끼고기

55 비타민 B₁₂가 부족하여 생기는 병은?

㉮ 괴혈병   ㉯ 불임증

㉰ 악성빈혈   ㉱ 탈모

56 다음 중 비타민 C의 특징이 아닌 것은?

㉮ 산미가 있다.

㉯ 유지에 용해된다.

㉰ 백색의 결정이 있다.

㉱ 환원력이 있다.

정답

51 ㉯   52 ㉮   53 ㉱   54 ㉯   55 ㉰   56 ㉯

57 다음 짝지은 것 중 관계가 없는 것은?

㉮ 비타민 E : 불임증

㉯ 비타민 B₁ : 각기병

㉰ 비타민 B₁₂ : 악성빈혈

㉱ 비타민 C : 야맹증

58 인체의 상피세포와 가장 관계가 깊은 것은?

㉮ 비타민 C ㉯ 비타민 D

㉰ 비타민 B₂ ㉱ 비타민 A

59 당질의 소화에 중요한 역할을 하는 비타민은?

㉮ 비타민 B₁ ㉯ 비타민 D

㉰ 비타민 E ㉱ 비타민 K

60 무기질만으로 짝지어진 것은?

㉮ 지방, 나트륨, 비타민 A

㉯ 칼슘, 인, 철

㉰ 단백질, 염소, 비타민 B

㉱ 단백질, 옥소, 지방

61 다음 식품 중 조절식품에 해당되는 식품들은 어느 것인가?

㉮ 시금치, 미역, 귤

㉯ 쇠고기, 달걀, 두부

㉰ 우유, 멸치, 사골

㉱ 쌀, 감자, 밀가루

59 해설 비타민 B₁은 당질의 소화작용에 중요한 역할을 하는 비타민이다.

61 해설 시금치, 미역, 귤 등은 조절식품에 해당되는 식품들이다.

정답
57 ㉱ 58 ㉱ 59 ㉮ 60 ㉯ 61 ㉮

62 다음 중 인체의 무기질 조성으로서 그 함량이 많은 순서로 되어 있는 것은?

㉮ Na > Ca > P ㉯ Ca > P > K
㉰ Ca > Fe > P ㉱ Na > P > S

63
해설 난황, 우유 등에는 칼슘의 함량이 특히 많은 식품이다.

63 다음 중 칼슘의 함량이 특히 많은 식품은?

㉮ 곡류, 육류 ㉯ 김, 미역
㉰ 난황, 우유 ㉱ 채소, 과일

64 칼슘의 기능이 아닌 것은?

㉮ 골격과 치아의 구성
㉯ 근육의 수축 작용
㉰ 체액과 조직 사이의 삼투압 조절
㉱ 혈액의 응고

65 혈색소로서 철(Fe)을 함유하는 것은?

㉮ 헤모글로빈 ㉯ 헤모시아닌
㉰ 미오글로빈 ㉱ 카로티노이드

66 다음 중 무기질과 결핍증상의 연결이 잘못된 것은?

㉮ Ca - 구루병 ㉯ Mg - 신경증
㉰ Fe - 빈혈 ㉱ I - 안질

67
해설 인(P)은 뇌신경과 골의 주성분이 되는 무기질이다.

67 다음 중 뇌신경과 골의 주성분이 되는 무기질은?

㉮ 동(구리) ㉯ 철
㉰ 인 ㉱ 마그네슘

정답
62 ㉯ 63 ㉰ 64 ㉰ 65 ㉮ 66 ㉱ 67 ㉰

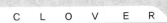

68 성인에 있어서 칼슘과 인의 섭취비율은 얼마가 가장 좋은가?

㉮ 1 : 1　　　　㉯ 1 : 2

㉰ 2 : 1　　　　㉱ 2 : 2

68 해설
성인에 있어서 칼슘과 인의 섭취는 1 : 1의 비율이 가장 적당하다.

69 혈액의 응고성과 관계있는 비타민은?

㉮ 비타민 A　　　㉯ 비타민 D

㉰ 비타민 E　　　㉱ 비타민 K

70 시금치의 주요 영양소 공급원은?

㉮ 비타민 A, C 및 철

㉯ 비타민 A, B 및 철

㉰ 비타민 C, B 및 철

㉱ 비타민 A, D 및 철

71 다음 중 비타민과 함유식품의 연결이 잘못된 것은?

㉮ 비타민 B$_2$ - 다시마, 미역

㉯ 비타민 A - 간, 달걀 노른자

㉰ 비타민 C - 귤, 시금치

㉱ 나이아신 - 간, 육류

72 4원미로 맞는 것은?

㉮ 단맛, 쓴맛, 신맛, 짠맛

㉯ 단맛, 짠맛, 매운맛, 쓴맛

㉰ 단맛, 신맛, 매운맛, 떫은맛

㉱ 짠맛, 신맛, 떫은맛, 매운맛

72 해설
4원미로란 단맛, 쓴맛, 신맛, 짠맛을 말한다.

정답
68 ㉮　**69** ㉱　**70** ㉮　**71** ㉮　**72** ㉮

73
해설 신맛은 혀의 옆 부분에서 가장 예민하게 느낀다.

73 신맛은 혀의 어느 부분에서 가장 예민한가?

㉮ 혀 끝

㉯ 혀의 옆부분

㉰ 혀의 안쪽

㉱ 혀 전체

74 맛에 대한 다음 설명 중 옳은 것은?

㉮ 신맛과 쓴맛은 식욕을 돋구어 준다.

㉯ 설탕은 식염, 식초보다 식품에 빠르게 침투된다.

㉰ 소량의 소금은 설탕의 단맛을 감소시킨다.

㉱ 신맛이 더해지면 짠맛이 약해진다.

75 다음 중 가장 낮은 온도에서도 느낄 수 있는 맛은?

㉮ 단맛   ㉯ 짠맛

㉰ 신맛   ㉱ 쓴맛

76 다음 중 식용에 적합하지 않은 감미료는?

㉮ 가용성 사카린   ㉯ 전화당

㉰ 맥아당   ㉱ 둘신

77
해설 맛의 강화란 본래의 정미물질에 다른 물질을 더 첨가하여 맛을 증가시킨 것을 말한다.

77 맛의 강화현상(대비현상)이란?

㉮ 본래의 정미물질에 다른 물질이 섞여 맛이 증가하는 것

㉯ 1가지 맛을 느낀 직후 다른 맛을 느끼지 못하는 것

㉰ 2가지 물질을 혼합함으로써 고유의 맛이 없어지거나 약해지는 것

㉱ 1한가지 물질만으로 맛이 나타나는 것

정답

73 ㉯ **74** ㉮ **75** ㉮ **76** ㉱ **77** ㉮

78 온도가 상승함에 따라 감도가 증가되는 맛은?

㉮ 단맛 ㉯ 쓴맛

㉰ 신맛 ㉱ 짠맛

78 해설
단맛은 온도가 상승함에 따라 감도가 증가된다.

79 짠맛 성분이 아닌 것은?

㉮ KBr ㉯ KCl

㉰ NH_4Cl ㉱ $MgCl_2$

80 다음 중에서 천연 감미료가 아닌 것은?

㉮ 설탕 ㉯ 포도당

㉰ 과당 ㉱ 사카린나트륨

81 신맛을 갖는 물질의 설명 중 적당하지 않은 것은?

㉮ 동일한 pH에서는 유기산이 무기산보다 신맛이 더 크다.

㉯ 신맛의 강도는 pH에 정비례한다.

㉰ 동일한 농도에서는 무기산이 유기산보다 신맛이 더 크다.

㉱ 신맛이 강할 때는 단 것을 넣으면 신맛이 감소된다.

82 수소이온(H＋)에 의해 나타나는 맛성분은?

㉮ 쓴맛 ㉯ 신맛

㉰ 단맛 ㉱ 금속미

83 겨자의 매운맛을 가장 강하게 느끼려면 몇 도의 물에 개어 주어야 하는가?

㉮ 20~25℃ ㉯ 40~45℃

㉰ 60~65℃ ㉱ 80~85℃

83 해설
겨자의 매운맛을 강하게 느끼려면 40~45℃의 따뜻한 물에 개어 준다.

정답
78 ㉮ **79** ㉮ **80** ㉱ **81** ㉯ **82** ㉯ **83** ㉯

84 다음 식품의 쓴맛성분 연결이 잘못된 것은?

㉮ 코코아 - 데오브로민

㉯ 오이꼭지 - 규커비테이신

㉰ 쑥 - lupulone

㉱ 양파껍질 - 케르세틴

85 간장, 된장, 다시마의 주된 정미 성분은?

㉮ 글리신   ㉯ 알라닌

㉰ 히스티딘   ㉱ 글루탐산

86 식품과 매운맛의 성분이 잘못 짝지어진 것은?

㉮ 고추 - 캡사이신

㉯ 마늘 - 황화아릴류

㉰ 생강 - 채비신

㉱ 겨자 - 시니그린

87 타우린(taurine)은 어떤 식품의 맛난맛 성분인가?

㉮ 문어, 오징어   ㉯ 계란

㉰ 조류   ㉱ 생선

88 녹색 야채를 짧은 시간 조리하였을 때 색이 더욱 선명해지는 원인은?

㉮ 조직에서 공기가 제거되었기 때문에

㉯ 가열에 의하여 조직의 변화가 일어나지 않았기 때문에

㉰ 끓는 물에 의하여 엽록소가 고정되었기 때문에

㉱ 엽록소내에 포함된 단백질이 완충작용을 하지 않았기 때문에

정답

| 84 ㉰ | 85 ㉱ | 86 ㉰ | 87 ㉮ | 88 ㉮ |

89 다음 중 식품과 색소가 잘못 연결되어 있는 것은?

㉮ 안토시안 - 과일, 가지

㉯ 클로로필 - 푸른 잎 채소

㉰ 플라본 - 토마토

㉱ 카로틴 - 호박, 당근

90 다음 중 식물성 식품의 빛깔이 아닌 것은?

㉮ 카로티노이드 　　㉯ 루테인

㉰ 플라보노이드 　　㉱ 클로로필

91 연어, 송어에 분홍색을 띠게 하는 색소는?

㉮ 카로티노이드 　　㉯ 헤모시아닌

㉰ 미오글로빈 　　㉱ 플라보노이드

91 해설

카로티노이드는 연어, 송어에 분홍색을 띠게 하는 색소이다.

92 다음 중 근육색소는?

㉮ 미오글로빈 　　㉯ 헤모글로빈

㉰ 안토시안 　　㉱ 플라보노이드

93 안토시안 색소를 함유하는 과일을 붉은 색으로 보존하기 위한 적당한 조치는?

㉮ 산 첨가 　　㉯ 중조 사용

㉰ 구리 사용 　　㉱ 소금 사용

94 새우, 게의 혈액에는 푸른 색소가 있다. 이 색소는 어떤 물질과 결합하고 있는가?

㉮ 철(Fe) 　　㉯ 아연(Zn)

㉰ 구리(Cu) 　　㉱ 마그네슘(Mg)

94 해설

새우, 게의 혈액에는 푸른 색소가 있으며 이 색소는 구리의 물질과 결합하고 있다.

정답
89 ㉰ 90 ㉯ 91 ㉮ 92 ㉮ 93 ㉮ 94 ㉰

95
해설

효소에 의한 식품의 변색 현상은 사과를 잘라 공기 중에 놓았을 때 녹갈색으로 갈변하는 것.

95 효소에 의한 식품의 변색 현상에 해당되는 것은?

㉮ 감이 저장 중에 빛깔을 잃는 것

㉯ 덜익은 감을 칼로 잘랐을 때 흑변하는 것

㉲ 사과를 잘라 공기 중에 놓았을 때 녹갈색으로 갈변하는 것

㉰ 오이 등의 녹색식품이 저장 중에 녹갈색으로 변하는 것

96 어류의 비린내 성분은?

㉮ 스카톨(skatol)

㉯ 인돌(indol)

㉲ 메탄올(methanol)

㉰ 트리메틸아민(trimethylamine)

97 다음 냄새의 분류에서 테레핀, 송정유는 어디에 속하는가?

㉮ 향신료향   ㉯ 수지향

㉲ 초취   ㉰ 화향향

98
해설

사과, 배, 복숭아 등 과실류의 주된 향기성분은 에스테르류 이다.

98 사과, 배, 복숭아 등 과실류의 주된 향기성분은?

㉮ 황화아릴류   ㉯ 알코올

㉲ 에스테르류   ㉰ 질소화합물

99 향신료에 속하는 것은?

㉮ 후추, 고추, 마늘

㉯ 양파, 감자, 겨자

㉲ 커피, 계피, 무

㉰ 생강, 차잎, 주류

정답

95 ㉲   96 ㉰   97 ㉯   98 ㉲   99 ㉮

100 부패세균의 증식조건이 아닌 것은?

㉮ 습도 ㉯ 온도

㉰ 영양 ㉱ 광선

101 식품의 부패가 잘 되는 환경조건은?

㉮ 바람이 잘 부는 곳일 것

㉯ 탄산가스가 많을 것

㉰ 온도가 5℃ 이하일 것

㉱ 적당한 수분이 있을 것

101 해설
수분을 적당히 함
유한 식품은 부패
되기가 쉬운 조건
이다.

102 식품의 부패란 주로 무엇이 변질된 것인가?

㉮ 지방 ㉯ 단백질

㉰ 탄수화물 ㉱ 비타민

103 유지류 산패에 있어서 영향을 크게 미치는 것은?

㉮ 열, 광선

㉯ 금속, 유화제

㉰ 효소, 유화제

㉱ 효소, 열

104 식품의 부패시 생성되지 않는 물질은 어느 것인가?

㉮ 암모니아(ammonia)

㉯ 트리메틸아민(trimethylamine)

㉰ 글리코겐(glycogen)

㉱ 아민(amine)

104 해설
글리코겐(glycogen)
은 식품의 부패 시
생성되지 않는 물
질이다.

정답
100 ㉱ **101** ㉱ **102** ㉯ **103** ㉮ **104** ㉰

105
해설
호기성 세균에 의하여 단백질이 분해되는 것을 후란이라고 한다.

105 호기성 세균에 의하여 단백질이 분해되는 것을 무엇이라고 하는가?

㉮ 부패(putrefaction)   ㉯ 변패(decay)

㉰ 후란(decay)   ㉱ 산패(rancidity)

106 지질의 산패를 촉진시키는 무기질은?

㉮ Cu, Fe   ㉯ Cu, Ca

㉰ K, Ca   ㉱ K, Fe

107 발효와 부패가 다른 점은 어느 것인가?

㉮ 미생물이 작용한다.

㉯ 성분변화가 일어난다.

㉰ 생산물을 식용으로 한다.

㉱ 가스가 발생한다.

108
해설
빵 곰팡이는 리조푸스속이다.

108 빵 곰팡이라 불리는 균의 속은?

㉮ 뮤코속   ㉯ 리조푸스속

㉰ 아스퍼질러스속   ㉱ 페니실리움속

109 육류의 부패시 pH는?

㉮ 산성   ㉯ 중성

㉰ 알칼리성   ㉱ 변화없다

110 어육의 경우 휘발성 염기질소가 어느 정도이면 초기 부패에 들어갔는가?

㉮ 0~10mg%   ㉯ 2~30mg%

㉰ 40~50mg%   ㉱ 50mg% 이상

정답
105 ㉰   **106** ㉮   **107** ㉰   **108** ㉯   **109** ㉰   **110** ㉯

111 홍어를 먹으면 코를 찌르는 냄새가 나는데 그 성분은?

㉮ 알코올 ㉯ 암모니아

㉰ 피페린 ㉱ 알데히드

111 해설

홍어를 삭키면 암모니아 성분에 의해서 냄새가 심하게 난다.

112 식품가공 및 저장의 목적이 아닌 것은?

㉮ 식품의 이용기간을 연장함으로써 식품의 손실을 방지한다.

㉯ 식품의 변질로 인한 위해를 방지한다.

㉰ 식품첨가물의 이용도를 높인다.

㉱ 식품의 풍미를 보존·증진시킨다.

113 저장방법 중 물리적 처리에 의한 방법이 아닌 것은?

㉮ 냉각법 ㉯ 건조탈수법

㉰ 가열살균법 ㉱ 산저장법

114 일광건조법에 의해 저장하는 식품은?

㉮ 채소류, 과일류 ㉯ 곡류, 어패류

㉰ 육류, 난류 ㉱ 보리차, 담배

114 해설

곡류와 어패류는 일광건조법으로 정장하는 것이 효과적이다.

115 세균의 번식을 억제시키기 위한 최대 수분함량은?

㉮ 9% 이하 ㉯ 12% 이하

㉰ 15% 이하 ㉱ 17% 이하

116 다음 중 식품의 신선도 유지에 가장 좋은 건조법은?

㉮ 감압건조법 ㉯ 배건법

㉰ 냉동건조법 ㉱ 증발건조법

정답

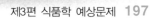

111 ㉯ 112 ㉰ 113 ㉱ 114 ㉯ 115 ㉰ 116 ㉰

117 냉동건조에 의한 식품이 아닌 것은?

㉮ 김
㉯ 건조두부
㉰ 한천
㉲ 당면

118 다음 건조법에서 액상 식품을 건조하는데 가장 적합한 건조 방법은?

㉮ 적외선 건조법
㉯ 분무 건조법
㉰ 압착 건조법
㉲ 진공 건조법

119 해설
고주파건조법은 균일하게 건조시 키며 식품이 타 지 않게 고속건 조 시킨다.

119 식품을 균일하게 건조시키며 식품이 타지 않게 고속 건조시 키는 것은?

㉮ 배건법
㉯ 고온건조
㉰ 고주파건조
㉲ 감압건조

120 감압건조에서 공기 대신 불활성기체를 사용할 때 효과가 큰 것은?

㉮ 자가소화 방지
㉯ 비타민 손실방지
㉰ 건조시간 단축
㉲ 드립현상의 방지

121 고구마 저장에서 부패를 방지하기 위해 4일간 33℃로 습도 를 9%로 하여 저장하는 방법은?

㉮ Freezing
㉯ Blanching
㉰ Curing
㉲ CA 저장

122 해설
과실류는 CA 저 장(가스 저장)을 가장 많이 하는 방법이다.

122 CA 저장(가스 저장)을 많이 하는 것은?

㉮ 육류
㉯ 우유
㉰ 생선
㉲ 과실

정답
117 ㉮ 118 ㉯ 119 ㉰ 120 ㉮ 121 ㉰ 122 ㉲

123 냉장의 설명 중 틀린 것은?

㉮ 0~10℃로 저장

㉯ 단기저장에 이용

㉰ 어느 정도의 신선도 유지

㉱ 식품자체 효소의 불활성화

124 산저장시 pH는 어느 정도가 적당한가?

㉮ pH 7.5 이상 ㉯ pH 6

㉰ pH 5.5 ㉱ pH 4.5 이하

125 저온살균법의 온도와 시간이 맞는 것은?

㉮ 62~65℃에서 30분 가열

㉯ 71.1℃에서 15초간 가열

㉰ 95~120℃에서 30~60분 가열

㉱ 130~140℃에서 2초간 가열

126 다음 설명 중 맞는 것은?

㉮ 냉장고 속에서 세균의 증식은 억제된다.

㉯ 냉장고에 보관중인 고기를 기생충 감염이 없다.

㉰ 냉장고의 중간층 온도는 평균 0℃이다.

㉱ 냉장고 안에서는 세균이 사멸한다.

127 가스 저장과 관계없는 것은?

㉮ 탄산가스, 질소가스를 사용한다.

㉯ 과일, 알류, 채소에 사용한다.

㉰ 미생물의 생육과 번식을 억제한다.

㉱ 효소가 저장시 활성화된다.

---

125 해설
저온살균법은 62~65℃에서 30분간 가열한다.

126 해설
냉장고 속에서는 세균의 증식은 억제된다.

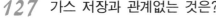

정답
123 ㉱ 124 ㉱ 125 ㉮ 126 ㉮ 127 ㉱

128
해설 동결식품의 평균
온도는 영하18℃
정도가 적당하다.

128 동결식품의 평균온도로 적당한 것은?

㉮ -10℃   ㉯ -18℃

㉰ -79℃   ㉱ -100℃

129 염장법에 대한 설명으로 맞지 않는 것은?

㉮ 소금에 의한 삼투압의 상승으로 식품을 탈수시키는 방법

㉯ 미생물은 원형질이 분리되면서 생육이 억제된다.

㉰ 염수법, 건염법이 있다.

㉱ 부패균을 직접적으로 살균시키는 효과가 있다.

130 우유의 살균에 쓰이지 않는 방법은?

㉮ 저온 살균법

㉯ 초고온 순간 살균법

㉰ 고온 장시간 살균법

㉱ 고온 단시간 살균법

131
해설 염수법에 적당한
소금물의 농도는
20~25。Be이다.

131 염수법에 적당한 소금물의 농도는?

㉮ 10~15。Be   ㉯ 15~20。Be

㉰ 20~25。Be   ㉱ 25~30。Be

132 통조림 검사 중 개관해야 알 수 있는 것은?

㉮ 플립퍼   ㉯ 플랫사우어

㉰ 스프링거   ㉱ 스웰

정답

128 ㉯   129 ㉱   130 ㉰   131 ㉰   132 ㉯

133 통조림 식품에 있어서 실관(can)의 양면이 강하게 팽창되어 손가락으로 눌러도 전혀 들어가지 않는 현상은?

㉮ 플립퍼(flipper)

㉯ 스프링거(springer)

㉰ 소프트 스웰(soft swell)

㉱ 하드 스웰(hard swell)

> **133 해설**
> 하드 스웰 현상은 조립 식품에 있어서 실관(can)의 양면이 강하게 팽창되어 손가락으로 눌러도 전혀 들어가지 않는다.

134 훈연법에 대한 설명이 틀린 것은?

㉮ 수지가 적은 나무를 사용한다.

㉯ 연기의 성분은 포름알데히드, 크레오소트, 페놀이 있다.

㉰ 염장에 의한 방부효과와 세균의 번식을 막는데 있다.

㉱ 육류, 곡류 등 여러 식품에 이용할 수 있다.

135 통조림 제조에 있어 주요 4대 공정이라고 할 수 있는 것은?

㉮ 살재임－탈기－밀봉－살균

㉯ 탈기－살재임－살균－냉각

㉰ 탈기－밀봉－살균－냉각

㉱ 자숙－탈기－밀봉－냉각

> **135 해설**
> 통조림 주요4대 공정이라함은 탈기－밀봉－살균－냉각한다.

136 다음 가스(gas) 중 과일의 가스저장용으로 사용되지 않는 것은?

㉮ 질소(N_2)

㉯ 공기

㉰ 아황산가스(SO_2)

㉱ 이산화탄소(CO_2)

정답

133 ㉱　134 ㉱　135 ㉰　136 ㉰

137 소시지 등 육제품의 색깔을 아름답게 하기 위해 사용하는 첨가물은?

㉠ 발색제　　　　　㉡ 착색제

㉢ 강화제　　　　　㉣ 보존제

138 다음 칼의 ㉠ 부분의 용도로 옳은 것은?

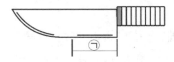

㉠ 생선을 토막칠 때　　　㉡ 생선을 저밀 때

㉢ 생선을 자를 때　　　　㉣ 생선 비늘 긁을 때

139 쌀을 주식으로 하는 사람에게 가장 결핍되기 쉬운 아미노산은?

㉠ 트립토판, 리신

㉡ 이소로이신, 로이신

㉢ 히스티딘, 시스틴

㉣ 발린, 트레오닌

140 현미(unpolished rice)란 무엇을 벗겨낸 것인가?

㉠ 과피와 종피　　　　㉡ 왕겨층

㉢ 겨층과 배아　　　　㉣ 겨층

141 쌀을 저장하는데 가장 알맞는 형태는?

㉠ 백미　　　　　㉡ 5분도미

㉢ 7분도미　　　　㉣ 현미

정답
137 ㉠　138 ㉠　139 ㉠　140 ㉡　141 ㉣

142 강화미는 백미에 어떤 영양소를 첨가시킨 것인가?

㉮ 비타민 A   ㉯ 비타민 C

㉰ 비타민 B₁   ㉱ 비타민 D

143 다음 중 발효를 이용하여 만든 떡은?

㉮ 증편   ㉯ 시루떡

㉰ 백설기   ㉱ 인절미

144 다음 소맥에 관한 설명 중 틀린 것은?

㉮ 소맥 단백질의 주성분은 글루텐이다.

㉯ 국수류에 사용되는 소맥분은 혼합분이 적당하다.

㉰ 빵, 마카로니 등에 사용되는 소맥분은 강력분이 적당하다.

㉱ 튀김옷, 비스킷 등에 사용되는 소맥분은 박력분이 적당하다.

145 식빵을 만들 때 가장 적당한 밀가루는?

㉮ 중력분   ㉯ 강력분

㉰ 박력분   ㉱ 혼합분

146 제분 공정순서로 옳은 것은?

㉮ 조질 – 정선 – 사별 – 분쇄

㉯ 정선 – 조질 – 분쇄 – 사별

㉰ 사별 – 분쇄 – 조질 – 정선

㉱ 분쇄 – 사별 – 조질 – 정선

143 해설

증편은 발효를 이용하여 만든 떡이다.

145 해설

식빵을 만들때에 적당항 밀가루로는 강력분이 가장 적합하다.

정답

142 ㉰   143 ㉮   144 ㉯   145 ㉯   146 ㉯

147
해설

빵 제조시 소금의 역할은 풍미를 좋게 하고 탄력을 증대시키며 효모의 발육을 자극시킨다.

147 빵의 제조에 있어서 소금의 역할이 아닌 것은?

㉮ 빵의 풍미를 좋게 한다.

㉯ 밀가루성분 중 글루텐의 탄력을 증대시킨다.

㉰ 효모의 발육을 자극시킨다.

㉱ 생면의 젖산 발효를 증대시킨다.

148 제빵에 있어 빵을 부드럽게 하는 재료끼리 연결된 것은?

㉮ 소금 - 설탕   ㉯ 설탕 - 지방

㉰ 지방 - 소금   ㉱ 이스트 푸드 - 달걀

·149 다음 곡류 중 호르데인(hordein)을 함유하고 있는 것은?

㉮ 보리   ㉯ 현미

㉰ 밀   ㉱ 수수

150
해설

당면을 만들때에는 주로 고구마 녹말가루를 사용한다.

150 당면을 만들 때 주로 쓰이는 녹말은?

㉮ 감자 녹말   ㉯ 옥수수 녹말

㉰ 고구마 녹말   ㉱ 밀가루 강력분

151 빵 반죽을 부풀게 할 때 몇 도에 두어야 가장 좋은가?

㉮ 15~20℃   ㉯ 25~30℃

㉰ 35~40℃   ㉱ 45~50℃

152 콩을 밭의 쇠고기라고 하는데 콩이 함유하고 있는 단백질량은?

㉮ 약 10%   ㉯ 약 20%

㉰ 약 30%   ㉱ 약 40%

정답
147 ㉱   **148** ㉯   **149** ㉮   **150** ㉰   **151** ㉯   **152** ㉱

153 전분립이 가장 큰 것은?

㉮ 감자   ㉯ 쌀

㉰ 옥수수   ㉱ 보리

154 다음 제면의 제조방법 중 압출면에 의한 제품은?

㉮ 소면   ㉯ 우동

㉰ 보통국수   ㉱ 스파게티

155 캐러멜(caramel)이란 어떤 식품성분이 변화한 것인가?

㉮ 당류   ㉯ 단백질

㉰ 지방   ㉱ 비타민

155 해설
캐러멜이란 당류의 식품성분이 변화하여 생긴 현상이다.

156 건조된 콩을 삶으면 몇 배로 불어나는가?

㉮ 1.5배   ㉯ 2배

㉰ 2.5배   ㉱ 3배

157 두부는 어떤 단백질이 응고되는 성질을 이용한 것인가?

㉮ 글리시닌   ㉯ 글루텐

㉰ 글리아딘   ㉱ 오리제닌

157 해설
두부는 글리시닌의 단백질이 응고되는 성질을 이용한 것이다.

158 두부 응고제에 해당되지 않는 것은?

㉮ 황산칼슘($CaSO_4$)

㉯ 염화칼륨(KCl)

㉰ 염화칼슘($CaCl_2$)

㉱ 염화마그네슘($MgCl_2$)

정답
153 ㉮ 154 ㉱ 155 ㉮ 156 ㉱ 157 ㉮ 158 ㉯

159 콩가루를 물에 타서 저을 때 거품이 나게 하는 용혈성 성분은 어느 것인가?

㉮ 글로블린   ㉯ 글루테닌

㉰ 사포닌   ㉴ 솔라닌

160 해설
간장의 가공 중 캐러멜 색소를 착색료로 사용한다.

160 다음 간장의 가공 중 착색료로 사용하는 것은?

㉮ 아미노산 원액   ㉯ 당밀, 감초

㉰ 캐러멜 색소   ㉴ 초산

161 간장 제조시 콩, 밀, 소금, 물의 비율은?

㉮ 1 : 1 : 1 : 1   ㉯ 1 : 1 : 1 : 2

㉰ 1 : 1 : 2 : 2   ㉴ 1 : 2 : 2 : 2

162 아미노산 간장은 단백질 원료를 산으로 가수분해하여 얻는다. 이때 사용하는 산은?

㉮ 염산   ㉯ 황산

㉰ 수산   ㉴ 질산

163 된장 및 간장의 코지는?

㉮ 장모균   ㉯ 단모균

㉰ 주모균   ㉴ 나선균

164 해설
청국장을 만들 때에 40~50℃에서 두면 납두균이 형성되어 끈끈한 점질물을 생성하게 된다.

164 청국장을 만들 때에 40~50℃에서 두면 끈끈한 점질물을 생성하는 균은 무엇인가?

㉮ 황곡균   ㉯ 젖산균

㉰ 부패균   ㉴ 납두균

정답

159 ㉰   160 ㉰   161 ㉯   162 ㉮   163 ㉯   164 ㉴

165 장맥아에 대한 설명으로 틀린 것은?

㉮ 저온에서 장시간 발아시킨다 .

㉯ 감주 제조에 쓰인다.

㉰ 당화력이 단맥아보다 강하다.

㉱ 맥주, 양조에 쓰인다.

166 빵의 굽는 온도는?

㉮ 100~150℃　　　㉯ 200~250℃

㉰ 250~300℃　　　㉱ 300℃ 이상

> **166 해설**
> 빵을 굽는 온도로는 200~250℃가 가장 적당하다.

167 엿 제조용 맥아에 있어서 보리를 발아시켜 크기가 보리의 몇 배 가량 되게 하는가?

㉮ 0.5~1배　　　㉯ 1.5~2배

㉰ 2.5~3배　　　㉱ 3.5~4배

168 과실을 건조할 때 황훈증을 하는 목적이 아닌 것은?

㉮ 건조 촉진　　　㉯ 방부의 효과

㉰ 과일의 갈변 방지　　　㉱ 맛이 증진

169 김치의 숙성과 관계되는 물질은?

㉮ 젖산 발효　　　㉯ 알코올 발효

㉰ 초산 발효　　　㉱ 연부 작용

170 시금치에 들어 있는 칼슘의 흡수를 방해하는 유기산은?

㉮ 수산　　　㉯ 초산

㉰ 호박산　　　㉱ 구연산

> **170 해설**
> 시금치에는 수산이 들어있어 칼슘의 흡수를 방해하는 유기산이다.

정답

165 ㉱　166 ㉯　167 ㉯　168 ㉱　169 ㉮　170 ㉮

171
해설 젤리는 과일주스
에 적당한 농도
의 설탕을 넣고
농축시켜서 만든
제품이다.

171 과일주스에 적당한 농도의 설탕을 넣고 농축시켜서 만든 것은?

㉮ 잼　　　　　　　　㉯ 마멀레이드

㉰ 젤리　　　　　　　㉱ 프리져브

172 젤리나 잼이 저장성이 높은 이유는?

㉮ 수분 함량이 적기 때문

㉯ 원료 과실의 유기산 때문

㉰ 높은 당 농도에 의한 삼투압 때문

㉱ pH가 높기 때문

173
해설 생과일류의 저장
은 Gas저장법 및
냉장법이 가장 이
상 적이다.

173 생과일류의 저장 방법으로 가장 알맞는 것은?

㉮ 당장법

㉯ 동결저장법

㉰ 염장법

㉱ Gas 저장법?냉장법

174 과일을 통조림 또는 병조림 할 때의 살균온도를 다음 중에서 고르면?

㉮ 60~65도　　　　　㉯ 75~80도

㉰ 90~100도　　　　 ㉱ 95~120도

175
해설 과일을 통조림
또는 병조림 할
때의 살균온도로
는 90~100℃
가 가장 적당하
다.

175 젤리화에 가장 적당한 조건은 어느 것인가?

㉮ 산 0.4%, 당분 65%, 펙틴 1%

㉯ 산 1%, 당분 65%, 펙틴 1%

㉰ 산 1%, 당분 65%, 펙틴 0.5%

㉱ 산 2%, 당분 65%, 펙틴 0.5%

정답
171 ㉰　**172** ㉰　**173** ㉱　**184** ㉯　**175** ㉰

176 젤리 완성점을 결성하는 방법에 속하지 않는 것은?

㉮ Cup test

㉯ Spoon test

㉰ 온도계법

㉱ 알코올테스트

177 떫은 감이 달게 되는 탈삽의 원리로 맞는 것은?

㉮ 떫은 가용성 타닌이 불용성이 되므로

㉯ 단맛이 생성되므로

㉰ 감의 타닌이 에스테르화되어 녹아 나오기 때문에

㉱ 타닌이 없어지고 단맛이 생성

178 통조림의 저장 중 일어날 수 있는 변화와 관계없는 것은?

㉮ 흑변   ㉯ 산패

㉰ 연화   ㉱ 자가소화

179 오이 절임시 놋쇠토막을 넣어 두는 이유는?

㉮ 풍미 증진

㉯ 변색 방지

㉰ 저장성의 증가

㉱ 산도의 증가

180 김치 발효 중 비타민은 어떻게 되는가?

㉮ 증가한다.

㉯ 불규칙하다.

㉰ 감소하다가 증가한다.

㉱ 3주까지 증가되었다가 갑자기 감소한다.

정답
176 ㉱ **177** ㉮ **178** ㉱ **179** ㉯ **180** ㉱

181 해설
토마토케첩 제조기구에서 철제를 사용하지 못하는 이유는 타닌과 반응이 있기 때문이다.

181 토마토 케첩 제조기구에서 철제를 사용하지 못하는 이유는?

㉮ 타닌과 반응 ㉯ 리코틴과 반응
㉰ 카로틴의 감소 ㉱ 아미노산의 감소

182 다음 중 유지의 채취방법으로 옳지 않은 것은?

㉮ 용출법 ㉯ 증발법
㉰ 압착법 ㉱ 추출법

183 튀김 기름으로 적합하지 않은 것은?

㉮ 발연점이 높은 기름
㉯ 융점이 낮은 기름
㉰ 점조성이 없고 산가가 낮은 기름
㉱ 융점이 높은 동물성 기름

184 어류의 사후변화와 관계없는 것은?

㉮ 사후강직 ㉯ 합성
㉰ 부패 ㉱ 자가소화

185 해설
젖산은 숙성된 고기의 맛을 증가시켜 주는 물질이 아니다.

185 숙성된 고기의 맛을 돋구어 주는 물질이 아닌 것은?

㉮ 핵단백 분해물질
㉯ 아미노산
㉰ 젖산
㉱ 프로테오스, 펩톤

186 훈연법에서의 나무로 적당하지 않은 것은?

㉮ 전나무 ㉯ 참나무
㉰ 벗나무 ㉱ 떡갈나무

정답
181 ㉮ 182 ㉯ 183 ㉱ 184 ㉯ 185 ㉰ 186 ㉮

187 연제품의 부원료로서 보강제와 증량제로 쓰이는 것은?

㉮ 달걀 흰자

㉯ 다인산염

㉰ 전분

㉱ 포도당

188 맛이 담백하고 다른 고기에 비해 지방분이 적으며 지방의 융점이 낮은 고기는?

㉮ 쇠고기   ㉯ 돼지고기

㉰ 닭고기   ㉱ 양고기

189 어육의 자가소화의 원인은?

㉮ 세균의 작용에 의한 것이다.

㉯ 어육내에 존재하는 효소에 의하여 일어난다.

㉰ 어육내에 존재하는 염류에 대하여 주로 일어난다.

㉱ 어육내에 존재하는 유기산에 의하여 일어난다.

190 요구르트 제조에 관계되는 미생물은?

㉮ 젖산균   ㉯ 효모

㉰ 곰팡이   ㉱ 바이러스

191 발효유의 유산균(또는 효모수)는 얼마인가?

㉮ 104/ml이상   ㉯ 105/ml이상

㉰ 106/ml이상   ㉱ 107/ml이상

188 해설
닭고기는 맛이 담백하고 다른 고기에 비해 지방분이 적다.

190 해설
요구르트 제조에 관계되는 미생물은 젖산균이다.

정답
187 ㉮ 188 ㉰ 189 ㉯ 190 ㉮ 191 ㉱

192 베이컨의 제법이다. 틀리는 것은?

㉮ 돼지고기의 지방이 많은 복부 고기 사용

㉯ 염지 후 베이컨 핀을 사용하여 훈연

㉰ 훈연은 33~38℃로 10시간 훈연

㉱ 돼지고기는 살이 연하므로 피를 빼지 않아도 된다.

193
해설
분유를 보존할 때 덩어리지는 것은 락토오스 성분 때문이다.

193 분유를 보존할 때 덩어리지는 것은 어느 성분 때문인가?

㉮ 지방분   ㉯ 락토오스

㉰ 칼슘   ㉱ 비타민

194 치즈 제조시 레닌(rennin)을 쓰는 목적은?

㉮ 카제인(casein)의 발효

㉯ 젖당의 분해

㉰ 유단백질의 응고

㉱ 유지방의 환원

195 연유제조시 예비가열의 목적이 아닌 것은?

㉮ 단백질의 응고   ㉯ 설탕의 용해

㉰ 유해 미생물의 파괴   ㉱ 효소의 파괴

196
해설
가당연유는 우유에 설탕을 가해 1/3로 농축하여 만든 제품이다.

196 우유에 설탕을 가해 1/3로 농축하여 만든 것을 무엇이라고 하는가?

㉮ 분유

㉯ 가당연유

㉰ 요구르트

㉱ 치즈

정답

192 ㉱ **193** ㉯ **194** ㉰ **195** ㉮ **196** ㉯

197 마요네즈 제조시 유화제로 작용하는 것은?

㉮ 레시틴　　　　　　㉯ 스테롤

㉰ 산　　　　　　　　㉱ 식용유

198 난백의 기포력을 돕는 물질은 무엇인가?

㉮ 레몬주스　　　　　㉯ 우유

㉰ 소금　　　　　　　㉱ 설탕

198
해설

레몬주스는 난백의 기포력을 돕는 물질이다.

199 계란흰자에 함유되어 있는 단백질 이름은?

㉮ 미오신　　　　　　㉯ 알부민

㉰ 카제인　　　　　　㉱ 리신

200 아이스크림 제조시 안정제를 넣는 이유가 아닌 것은?

㉮ 겔(gel)을 형성하기 위해

㉯ 유화작용을 돕기 위해

㉰ 조직을 부드럽게 하기 위해

㉱ 녹는 것을 지연시키기 위해

201 달걀의 저장 방법으로 부적당한 것은?

㉮ 침지법 : 달걀을 끓는 포화 소금물에 침지시켜 살균한다.

㉯ 간이법 : 달걀을 톱밥·왕겨 속에 묻어 서늘한 곳에 둔다.

㉰ 냉장법 : 4~8℃의 온도에서 가장 오래 저장할 수 있다.

㉱ 표면도포법 : 달걀 표면에 규산화나트륨 등을 입혀 저장한다.

201
해설

달걀의 저장 방법으로 침지법, 냉장법, 표면도포법 등이 적당하다.

정답

197 ㉮　**198** ㉮　**199** ㉯　**200** ㉰　**201** ㉯

202
해설 북어포를 만들때
에는 동절기에 동
건법을 이용하여
생산한다.

202 북어의 제조방법은?

㉮ 소건법　　　　　　㉯ 자건법

㉰ 염건법　　　　　　㉲ 동건법

203 건어류는 수분을 몇 % 이하로 하여 저장하는가?

㉮ 20%　　　　　　㉯ 30%

㉰ 40%　　　　　　㉲ 50%

204 연제품(생선묵)은 어떤 단백질의 작용을 이용한 것인가?

㉮ 콜라겐　　　　　　㉯ 미오신

㉰ 액틴　　　　　　㉲ 글로블린

205
해설 탄력이 강한 어
묵의 원료로 미
오신 함량이 큰
흰살어묵 가장
적합하다.

205 탄력이 강한 어묵의 원료로 가장 적당한 것은?

㉮ 미오신 함량이 적은 흰살어묵

㉯ 미오신 함량이 큰 흰살어묵

㉰ 미오신 함량이 적은 붉은살어묵

㉲ 미오신 함량이 큰 붉은살어묵

206 한천(agar)의 추출 원료는?

㉮ 홍조류　　　　　　㉯ 갈조류

㉰ 녹조류　　　　　　㉲ 동물

207 해산 동물성 유지는 어느 것인가?

㉮ 라드　　　　　　㉯ 버터

㉰ 아마인유　　　　　　㉲ 간유

정답
202 ㉲　**203** ㉮　**204** ㉯　**205** ㉯　**206** ㉮　**207** ㉲

조 리 기 능 사 필 기 시 험 대 비 서
C L O V E R

IV. 조리이론과 원가계산

제1장
→ 공중보건학 일반

 이 장에서는 조리의 정의와 목적 / 조리 과학의 의의와 목적 / 조리의 기초지식 / 식품의 조리법에 대해서 알아본다.

 조리의 의의

1. 조리의 정의

조리란 식품을 찌고, 끓이고, 굽고, 볶고, 튀기면서 조미하는 과정을 통하여 식품의 기본적인 특성을 향상시키고 먹기 좋은 음식을 만들어 우리 식탁에 표현하는 수단이다.

 조리

식품을 위생적으로 적합하게 처리한 후 먹기 좋고, 소화하기 쉽도록 하며, 또한 맛있고, 보기 좋게 하여 식욕이 나도록 하는 과정이다.

2. 조리의 목적

식품을 조리하는 목적은 식품의 영양가를 높이고 위생적이 되도록 해주며 기호성을 높여 줌으로서 음식을 즐겁게 섭취할 수 있도록 만드는데 그 목적이 있다.

(1) 안정성

식품에 있는 유해한 것을 살균, 위생적으로 안전한 음식물로 만든다.

(2) 영양성

식품을 연하게 하여 소화 작용을 도와 영양섭취 용이하게 한다.

(3) 기호성

식품의 맛, 색깔, 모양을 좋게 하여 먹는 사람의 기호에 맞게 한다.

(4) 저장성

조리를 함으로써 저장이 용이해진다.

3. 조리 과학의 의의

조리과학이란 자연과학, 즉 화학, 물리, 생물학을 기초로 하여 여기에 영양학, 식품화학, 통계학 등을 필요로 하는 복합적인 학문 영역을 포함하는 실천과학이다. 즉, 조리과학이란 조리의 적합성을 과학적으로 설명하고 조리할 때의 일어나는 모든 현상으로부터 법칙성을 확립하는 것이다.

4. 조리원리 및 조리과학의 목적

현재의 조리방법을 원칙적, 과학적으로 설명하고 발전가능성 있는 조리법을 원리적, 과학적으로 규명하여 현재에 사용되는 조리방법의 결점을 탐구해 더 좋은 조리법을 찾는데 그 목적이 있다.

 ## 조리의 기초지식

1. 조리의 준비조작

(1) 씻기 및 썰기

1) 곡류

가볍게 씻거나 뜬물을 밥물이나 국물로 사용 영양 손실 방지한다.

2) 엽채류

0.2%의 중성세제로 씻은 후 흐르는 물에 5회 정도 씻는다.

3) 근채류
- 무, 당근, 감자 : 솔 또는 수세미로 가볍게 비벼 씻고, 양파, 마늘 : 물에 담가두었다가 불린 다음 벗겨 씻는다.
- 우엉, 연근 : 식초로 회석한 물에 담가 산화효소를 억제하고 색을 하얗게 유지토록 한다.

4) 건조채소 : 물에 씻어서 물에 담가 불린 후 사용한다.

5) 생선류 : 먼저 물로 씻은 후에 토막 내기를 한다.

6) 육류 : 물에 가볍게 씻은 후 결에 직각으로 썰거나(국, 구이), 결 살려 썰기 (채썰기)를 한다.

1C = 240cc(우리나라의 경우는 22cc)
1C = 16Ts   1Ts = 3Ts   1Ts = 15cc

2. 식품의 조리법

(1) 가열조리

1) 특징
- 병원균, 부패균, 기생충 알을 살균 안전한 음식물을 만든다.
- 식품의 조직이나 성분에 변화.(결합 조직의 연화, 전분의 호화, 단백질의 변성, 지방의 용해, 수분의 감소 또는 수분 증가)한다.
- 소화흡수율이 증가한다.
- 풍미가 증가(불미 성분제거, 식품감촉의 변화, 조미료, 향신료성분의 침투 등)한다.

2) 종류
- 습열 조리 : 삶기, 조림, 끓이기, 찌기 등이 있다.
- 건열 조리 : 구이, 전, 볶기, 튀김 등이 있다.
- Microwave조리 : 전자 렌지에 의한 조리이다.

(2) 생식품 조리

1) 특징 : 식품 그대로의 감촉·풍미를 느끼기 위한 조리법, 위생적이어야 하며, 식품의 조직이나 섬유는 연하고 불미 성분이 없는 것을 말한다.

2) 종류 : 생 채류, 생선회 등이 있다.

3. 농, 임산물의 조리법

(1) 전분 조리에 따르는 변화

1) 전분의 호화 : 전분에 물, 열을 가하면 전분립이 물을 흡수한 후 팽창하여 전체가 점성이 높은 반투명의 콜로이드 상태가 되는데, 이러한 변화를 호화라고 한다.

2) 전분 호화에 영향을 끼치는 인자
- 전분의 종류 : 전분 입자가 클수록 빠른 시간에 호화한다.
- 전분의 농도 : 완전 호화를 위해 '곡식1 : 물6'의 비율이 적당하다.

- 가열 온도 : 온도가 높을수록 빨리 호화된다.
- 젓는 속도와 양 : 지나치게 저으면 점성이 감소된다.
- 전분액의 pH : 산을 넣으면 점도가 낮아진다.

전분의 호화

달걀, 지방, 소금, 분유 등은 모두 전분 입자의 호화를 방해한다.

3) 식품의 α화 : 호화된 전분은 뜨거울 동안 α(알파) 전분이다. 호화된 전분은 소화하기 쉬운 형태인데, 이것을 α starch라고 하며, 생전분은 β starch라 한다.

(2) 전분의 노화

α starch(호화된 전분)를 실온에 오래 방치하면 β starch로 돌아가는데, 이 현상을 전분의 노화라고 한다.

식은 밥, 굳은 떡

1) 노화촉진에 관계하는 요인
- 온도 : 0~4℃
- 수분 함량 : 30~70%
- pH : 수소 이온이 많을수록, 산도가 높을수록
- 전분 분자의 종류 : 아밀로스의 함량이 많을수록

2) 노화의 방지
- α전분을 80℃ 이상으로 유지하면서 급속 건조한다.
- 0℃ 이하로 얼려 급속 탈수한 후 수분 함량을 15% 이하로 한다.
- 설탕을 다량 함유한다.

전분의 노화

α 화한 식품 : α rice(건조 반), 오블라이트, 쿠키, 밥풀튀김, 냉동 미, α떡가루 등

(3) 전분의 호정화

전분에 물을 가하지 않고 160℃ 이상으로 가열하면 전분이 가용성이 되고, 이어서 덱스트린이 되는데, 이러한 변화를 호정화라한다. 물에 잘녹고, 소화가 잘된다.

전분의 호정화

호정은 호화보다 물에 잘 녹고, 소화가 잘 된다.(미숫가루 등)

(4) 쌀의 조리법

1) 수세 : 가볍게 저어서 윗물 버리는 과정을 3~4회 정도 반복 씻는다.
- 무기질의 손실이 가장 크며, 비타민 B_1의 손상도 크다.

2) 흡수 : 보통 20~35%가 수분 흡수한다.
- 멥쌀은 30분, 찹쌀은 50분 후에 최대 흡수량 도달.

3) 가열 : 쌀의 전분이 α화하려면 98℃에서 20~30분 동안 가열한다.

쌀의 조리법

- 맛있게 된 밥 : 수분 함유량은 약 65%로, 쌀 중량의 약 2.5배 정도
- 밥물의 양 : 보통 쌀은 중량의 1.5배, 부피의 1.2배, 햅쌀은 쌀 중량의 1.3배, 부피는 동량으로 한다.

4) 밥맛의 구성 요소
- pH 7~8 의 물은 밥맛이 좋고, 산성이 높을 수록 밥맛이 나쁘다.
- 0.03%의 소금은 밥맛이 좋아진다.
- 너무 오래된 쌀, 너무 건조된 쌀은 밥맛이 나쁘다.
- 쌀의 일반 성분은 밥맛과는 거의 관계가 없다.
- 밥맛은 토질과 쌀의 품종에 따라 다르다.

(5) 밀가루의 조리

1) 밀가루 단백질의 특성
밀가루 글루텐 단백질이 물을 흡수하면, 반죽을 할수록 점·탄성이 증가하고, 밀가루를 물을 섞어 반죽한 덩어리로 만든 후 물속에서 씻어내면 가용성 성분이나 전분류는 씻겨나가고 물에 녹지 않는 글루텐만 남게 되며 글루텐은 글루테닌과 글리아딘으로 되어 있다.

2) 밀가루의 조리
- 이스트를 이용한 빵은 비타민 B_1 손실 20% 정도, 오븐 굽는 시간 길수록 손실이 크다. 또한 비타민 B_1은 알칼리에 불안정, 팽창제로 소다를 넣어 반죽하면 분해가 빠르다.

- 비타민 B_2열에는 비교적 안정, 광선에 분해가 빠르다.
- 이스트의 발효온도 : 25℃~30℃
- 빵이나 마카로니는 강력분 사용하여 잘 반죽해야 하며, 소금, 기름을 첨가한다.
- 튀김옷은 글루텐함량이 적은 박력분을 사용하며, 가볍게 반죽을 한다.
- 국수 등 면류에는 중력분을 사용하며 찬물로 반죽을 한다.

4. 두류 및 두 제품의 조리법

(1) 두류의 조리

두류를 가열하면 독성 성분(사포닌, 안티트립신, 헤마글루티닌 등)이 파괴되고, 소화 흡수율을 증가시킨다.

1) 콩의 연화
- 알칼리성 물질(중탄산소다 등)을 첨가하면 빨리 무르지만, 비타민 B1의 파괴가 심하다.
- 1%의 식염수에 담구었다가 연화시키면 빨리 무른다.
- 압력 냄비를 사용한다.
- 가열과 갈변 : 카보닐기와 아미노기 반응으로 갈변되는데, 대두 식품의 특성이다.
- 메주콩을 삶았을 때의 짙은 갈색, 간장의 색

(2) 대두의 소화성

가공하는 방법에 따라 소화율의 차이가 크다.

1) 간장 → 98%, 두부 → 93%, 된장, 청국장 → 85%, 콩가루 → 83%
2) 볶은 콩, 콩 조림 → 65% 정도

(3) 된장의 숙성 중에 나타나는 변화

다음 네가지 작용이 서로 관련해서 일어나는 작용으로, 서로의 조화로 인해 맛이 난다.

1) 당화 작용 : 탄수화물 → 당분
2) 알코올 발효 작용 : 당분 → 알코올+CO_2
3) 단백 분해 작용 : 단백질 → 아미노산
4) 산 발효 작용 : 당분, 단백질 → 유기산

된장

쌀이나 보리에서 결핍되기 쉬운 필수 아미노산인 리신이 많이 들어있어 쌀을 주식으로 하는 우리 나라 사람들의 식생활에 균형을 잡아주는 식품이다.
된장에 들어있는 지방 성분은 대부분 불포화지방산 형태로 콜레스테롤 함량이 낮고, 동물성 지방과는 달리 동맥경화나 심장질환 등을 유발할 염려가 없다. 오히려 리놀레산 등은 콜레스테롤이 체내에 쌓이는 것을 방지하고 혈액의 흐름을 원활히 하는 역할을 한다.

(4) 두부의 조리

1) 소금, 전분, 중조, 글루타민산 나트륨을 첨가하여 가열하면 두부가 부드러워진다.
2) 식초를 첨가하면 단단해진다.
3) 유부는 두부를 이용하여 튀긴 것.

5. 채소 및 과일

(1) 채소, 과일의 일반적 성질

1) 채소류
- 엽채류 : 수분과 섬유소를 많이 함유하고, 무기질, 비타민이 풍부하여 철분, 비타민 A, B₁, B₂, C의 중요한 공급원으로 푸른잎의 색이 짙을수록 비타민 A의 함량이 크다.(상추, 배추, 시금치, 쑥갓, 갓, 아욱, 근대 등)
- 과채류 : 고추에는 비타민 C, A의 함량이 아주 많고, 토마토도 비타민 C, A의 공급원이다.(가지, 외, 고추, 호박, 토마토 등)
- 근채류 : 상당량의 당질을 함유한다.(감자, 고구마, 단근, 우엉, 연근 등)
- 종실류 : 상당량의 단백질, 전분을 함유한다.(콩, 수수, 옥수수 등)
2) 과실류
수분의 함량은 80~90%인데, 참외, 수박은 92%, 마른 과일의 경우에는 25%를 함유한다. 비타민 C의 공급원으로서, 맛과 향기는 방향족 화합물인 에스테르와 유기산(능금산 → 사과, 구연산 → 감귤류, 주석산 → 포도)에 의해 생성된다.

(2) 채소와 과일의 조리

조리를 함으로써 맛이 좋아지고, 섬유소와 반섬유소가 연화되고, 부분적으로 전분이 호화되기 때문에 소화가 쉽다.

1) 섬유질의 변화

조리하는 물에 중탄산나트륨(식소다)를 넣으면 섬유소를 분해하는 경향이 있어 질감을 부드럽게 하고, 산을 넣으면 단단해 진다.

- 신김치를 끓여도 김치잎이 연해지지 않는 것은 김치에 있는 산 때문이다.

2) 색소의 변화

- 엽록소(chlorophyll) : 녹색 채소는 알칼리에서는 선명한 녹색을 유지하지만, 야채가 무르고 비타민(특히 B_1)의 파괴율이 높다. 산에서는 누렇게 변한다.
- 카로티노이드 : 산, 알칼리, 열에는 영향을 받지 않는다.
- 안토시아닌 : 산에서는 선명한 선홍색, 알칼리에서는 보라, 적청색으로 변한다.
- 플라본 : 산에서는 백색, 알칼리에서는 황색으로 변한다.
- 찐빵에 식 소다를 넣었을 때 빵의 색이 누렇게 되는 현상

(3) 채소와 과일의 변색

1) 효소적 갈변

- 사과, 배, 복숭아, 가지, 우엉, 감자의 갈변
- 방지법 : 열처리로 효소를 불 활성화시키거나, 산 처리, 식염수에 담그거나, 아황산처리를 한다.

2) 비효소적 갈변

- maillard reaction : 탄수화물과 아미노산의 결합으로 갈색 색소 형성

3) 비타민 C가 탈기 부족으로 산화하여 갈색 화합물을 형성

- 오렌지 쥬스의 갈변

4) 온도가 높고, 수분이 적으며, 산소에 대한 노출이 클수록 갈변이 촉진된다.

갈변이 일어나지 않는 과일과 갈변 방지법

레몬이나 귤, 포도 같은 신맛이 강한 과일은 갈변이 일어나지 않는데, 그 이유는 비타민 C를 많이 함유하고 있기 때문이다. 바로 이점을 이용해서 깍은 과일을 레몬 주스나 오렌지 주스 등에 담그면 갈변을 억제할 수 있다.
감의 떫은맛의 성분은 디오스프린이라는 타닌 성분인데 디오스프린은 수용성이기 때문에 쉽게 떫은맛을 나타낸다. 여기서 타닌의 성분이 효소와 결합해서 효소가 활성을 잃기때문에 갈변이 일어나지 않는다.
효소는 단백질로 구성되어 있으므로 가열에 의하여 쉽게 불활성화된다. 따라서 과실류나 채소류를 가공하기 전에 예비가열처리를 하여 효소를 불활성화시키면 갈변을 막을 수 있다.

(4) 감자의 조리

감자는 전분이 15~16% 정도 함유되어 있으며, 비타민류의 함량이 비교적 많고, 특히 비타민 C가 15~30% 들어 있다.

1) 감자의 식용가

점성 또는 분성을 나타내는 정도를 식용가라 하는데, 단백질이 많을수록 또는 전분이 적을수록 식용가가 커서 점성을 나타낸다.

- 점성의 감자 : 찌거나 구울 때 부서지지 않고 기름을 써서 볶는 요리에 적당하다.
- 분성의 감자 : 굽거나 찌거나 으깨어 먹는 요리에 적당하다.

2) 조리에 의한 변화

가열 조리하면 조직이 부드러워지고, 전분은 호화해서 소화하기 쉬운 형태로 되지만, 비타민 C가 손실된다.

6. 유지류의 조리법

지방이 상온에서 액체상태인 것을 유(油), 고체상태인 것을 지(脂)라고 하며, 이를 합쳐서 유지(油脂)라고 부른다.

(1) 요리에 있어서 유지의 이용

1) 음식에 맛을 부여
2) 유화 액의 형성 : 우유, 크림, 버터, 난황, 프렌치드레싱, 잣미음, 크림스프, 마요네즈 등
3) 튀김요리 : 특유한 향기 색 생김. 튀김용 기름은 발연점이 높은 것, 직경이 좁은 냄비가 좋다.

4) 연화작용 : 밀가루제품을 부드럽게 만드는 작용.

5) 크리밍성 : 교반에 의해서 기름내부에 공기를 품는 성질.

수중유적형 : 물속에 기름이 분산
유중수적형 : 기름에 물이 분산

(2) 지방의 열에 의한 변화

1) 중합 : 점성이 커지고 영양가도 손실.

2) 산화 :가열, 산소에 의해 알데히드, 산등을 생성한다.

3) 가수분해 : 고온 가열하면 유리지방산, 유리글리세롤을 형성 아크롤레인 물질을 생성한다.

아크릴레인(Acrolein)

아크릴레인(Acrolein) : 발연점 이상 되면 청백색의 연기와 함께 자극성 취기가 발생, 기름에 거품이 나며, 기름이 분해 되면서 생성되는 물질이다.

(3) 기름의 발연점에 영향을 미치는 조건

1) 유리지방산의 함량이 높을수록 발연점이 낮다.

2) 노출된 기름의 표면적이 넓으면 발연점이 낮다.

3) 기름에 이물질이 섞여 있으면 발연점이 낮다.

7. 육류의 조리

동물의 나이가 어리고, 운동량이 적을수록 결체 조직이 적게 함유되어 연하다.

(1) 육류의 조리방법

1) 습열 조리

• 습열 조리 : 물속 또는 액체에 넣어 가열하거나, 찌는 방법으로 콜라겐이 젤라틴화하고, 고기가 연해진다. 장정 육, 업진 육, 사태 육, 양지 육에 적당하다.

• 편육, 찜, 조림, 탕, 전골 등

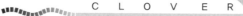

2) 건열 조리

건열 조리 : 연한 부위(안심, 등심, 염통, 콩팥, 간 등)의 조리에 적당하다.

- 구이, 튀김, 전, 불고기, broiling, roasting, grilling 등

(2) 가열에 의한 고기의 변화

1) 색의 변화 : 갈색
2) 중량의 손실 : 20~40% 감소, 즉, 보수성 감소
3) 용적의 수축 : 고기 내부온도가 높을수록, 시간이 지날수록 수축이 심하다.
4) 지방조직·단백질의 변화 : 콜라겐은 65℃ 이상에서 분해 되어 젤라틴 화 한다.
5) 풍미의 변화
6) 영양가의 손실

(3) 고기의 종류와 조리

조리명	고기 부위
구이	등심, 안심, 채끝살, 갈비, 홍두깨살, 염통, 콩팥
찜	갈비, 사태, 등심, 쇠악지
편육	양지, 장정육, 사태, 우설, 업진육
조림	홍두깨살, 우둔살, 대접살, 쇠악지, 장정육
탕	사태, 꼬리, 양지, 내장(양, 곱창), 업진육

8. 수산물의 조리

생선이 가장 맛이 있을 때는 산란기 전으로, 이 때는 살이 찌고, 지방도 많아지고, 맛을 내는 성분도 증가한다. 연어, 청어, 정어리, 뱀장어에는 비타민 A, D가 많다. 조개의 호박산은 독특한 맛을 낸다.

(1) 생선 조리법

1) 생선구이
   소금구이의 경우 생선중량의 2~3% 뿌리면 탈수도 일어나지 않고 간도 맞다.
2) 생선조림
   - 처음 가열할 때 수분간은 뚜껑을 열어 비린내를 증발시킨다.
   - 식초나 레몬을 이용하면 생선살을 단단하게 한다.
   - 물이 끓기 시작할 때 생선을 넣어야 모양이 흐트러지지 않는다.
3) 생선튀김
   튀김옷은 박력분을 사용하고 180℃에서 2~3분간 튀기는 것이 좋다.

4) 전유어

생선의 비린 냄새 제거에 효과적인 조리이다.

(2) 가열에 의한 변화

1) 단백질의 응고
2) 탈수와 체적감소 : 보통 생선 20~25%, 오징어 30% 정도 탈수
3) 수용성 성분의 용출
4) 콜라겐의 젤라틴 화
5) 껍질의 수축

(3) 비린내를 없애는 방법

1) 물로 씻기, 식초, 술, 간장, 된장, 고추장, 파, 마늘, 생강, 고추냉이, 겨자, 고추, 후추, 무, 쑥갓, 미나리 등을 첨가하거나 우유에 담가두었다가 조리한다.
2) 어육단백질은 생강의 탈취작용을 저해하므로 반드시 단백질을 변화시킨 후 생강을 넣는 것이 효과적이다.(생선이 익은 후 첨가)

생선의 비린내 성분

생선에서 비린내가 나는 이유는 생선의 신선도가 떨어지면서 생기는 트리메틸아민 TMA(Trimethylamine)이라는 물질 때문인데 알코올은 이 냄새 나는 성분을 굳히면서 비린내를 제거하며 고기를 연하게 하고 생선의 단백질 응고를 촉진한다고 합니다.

9. 달걀의 조리법

(1) 달걀의 열 응고성

1) 용액을 걸쭉하게 할 때 : 달걀찜, 카스터드, 소스 등
2) 빵가루의 결합체
3) 세포벽의 경도를 높이는 작용 : 케이크, 과자 반죽 등
4) 육즙의 청정제 : 난백을 넣어서 흡착하는 성질을 이용, 여과하면 맑은 국물을 얻을 수 있다.

(2) 조리온도

1) 난백은 58℃에서 응고 시작, 65℃에서 응고한다.
2) 난황은 65℃에서 응고시작, 70℃에서 응고한다.

(3) 달걀의 변색

1) 달걀을 15분 이상 삶으면 난황 주위 암록 색을 나타내는데, 이것은 난백에서 유리된 황화수소가 난황중의 철과 결합하여 황화 제1철을 만들기 때문이다.

2) 달걀을 삶아서 냉수에 식히면 황화 제1철의 변화를 막을 수 있다.

3) 오래된 계란일수록 기실(공기주머니)이 많아지며 변색이 잘 일어난다.

(4) 난황의 유화성 (마요네즈)

1) 난황 중의 인 단백에 함유된 레시틴(Lecithin)이 유화제의 역할을 한다.

2) 난황의 유화성을 이용하며 마요네즈 등을 만든다.

(5) 난백의 기포성(케이크, 머랭)

1) 수양난백이 많을 때, 30C 전후, 소량의 산, 밑이 좁고 둥근바닥의 그릇이 기포성이 좋다.

2) 지방, 우유, 난황, 설탕, 소금 등은 기포성을 저하시킨다.

3) 설탕은 기포성을 저하시키지만 안정성을 높이므로, 머랭을 만들 때 설탕의 첨가는 충분히 거품을 낸 후에 넣는다.

> **달걀의 변색**
>
> 달걀을 15분 이상 삶으면 난황 주위에 암록색을 나타내는데, 난백의 황화수소가 난황중의 철분과 결합하여 황화제일철을 만들기 때문이다. 달걀을 삶아서 냉수에 식히면 방지할 수 있다.

10. 우유의 조리법

우유는 단백질과 칼슘의 공급원이고, 약알칼리성 식품이다.

(1) 우유의 조리성

1) 요리를 희게 한다(화이트소스).

2) 매끄러운 감촉과 유연한 맛과 방향을 준다.

3) 단백질의 gel 강도를 높인다(카스타드 푸딩).

4) 식품에 좋은 갈색을 준다(과자류, 핫케이크).

5) 생선의 비린내를 흡착한다(우유 중 지방구, 카세인 때문).

(2) 우유의 가열처리에 의한 변화

1) 피막의 형성 : 단백질이 표면에 집합되어 피막을 형성

2) 갈색 화 : 주로 고온에서 장시간 가열시 발생

3) 익는 냄새 : 74℃ 이상으로 하면 익는 냄새가 난다.

4) 눌어 타기 : 바닥에 락토 알부민이 응고되어 눌어 탄다.

 우유를 데울때는

> 우유의 단백질을 포함한 여러 성분은 열에 약하기 때문에 요리시 가열할 때에는 끓이는 시간을 최소화 하는게 좋다. 우유를 데울 때는 이중냄비(중탕)에서 저어 가며 가열한다.

(3) 우유의 응고반응

1) 효소(레닌, 브로멜린, 파파인), 산, 탄닌, 다량의 소금에 의해서 응고한다.

2) 응고현상은 60~65℃ 이상에서 일어나므로 우유를 가열할 때는 온도에 유의한다.

11. 한천과 젤라틴의 조리법

(1) 한천

홍조류를 삶아서 얻은 액을 냉각시켜 엉기게 한 것이 우무인데, 이것을 잘라서 동결·건조한 것이 한천이다. 주성분은 갈락토오스이지만 인체 내에서 소화가 되지 않고, 변비를 예방한다.

1) 조리에 사용하는 한천의 농도 : 0.5~3% 정도

2) 응고 온도 : 38~40℃

3) 양갱, 한천 젤리 등

(2) 젤라틴

동물의 결체 조직인 콜라겐의 가수분해로 얻을 수 있으며, 불완전 단백질이다.

1) 적당한 농도 : 3~4% 정도

2) 응고 온도 : 16℃ 이하에서 응고

3) 젤리, 족편, 마아시멜로우, 아이스크림, 얼린 후식 등

젤라틴(gelain)

gelain은 130℃ 이상으로 끓이면 다시 collgen으로 변하는 성질이 있다.
찬물에는 팽창만 하지만, 온수에는 녹아서 졸(sol)이 되고, 2~3% 이상의 농도에서는 실온에서 탄성이 있는 겔(gel)이 된다. 이 상태가 된 것을 젤리라고 하며, 겔은 가열하면 다시 졸로 돌아온다.

12. 냉동식품

냉동식품은 식품중의 수분을 동결시켜서 식품을 동결상태가 되게 하는 것으로 될 수 있는 한 조직파괴를 적게 하기위하여 급속 동결해야 하고 일반가정에서는 반조리식품이나 조리된 식품을 동결시켜서 사용에 편리하게 하는 방법으로 이용되고 있다.

식품중의 물은 -1℃ 부근에서 얼기 시작하여 -5℃ 부근에서 대부분 냉동된다.
이때 냉동시간을 급속히 하여 식품중의 작은 빙결정이 형성되도록 해야 원상복구가 가능하다.

(1) 냉동법

냉동하는 방법은 공기냉동법, 송풍냉동법, 접촉식 냉동법, 침지식 냉동법, 분무식 냉동법 등이 있다

(2) 냉동식품의 해동

식품의 해동은 빙 결정을 융해시켜 원상태로 복구시키는 것을 목적으로 하며, 해동방법은 완만 해동법과 급속해동법이 있다. 또한 재료에 따라서 그 해동법이 각각 달리 적용된다.

1) 완만 해동

냉장고 내에서(5℃정도)서서히 해동, 실온의 서늘한 곳에서 해동, 10℃ 정도의 물 또는 소금물에서 해동하는 방법 등을 말한다.

2) 급속해동

동결된 식품을 그대로 가열, 전파를 이용하여 해동하는 방법 등을 말한다.

(3) 채소류의 해동

1) 냉동채소는 냉동 전에 가열처리가 되어 있으므로 조리할 때 지나치게 가열하지 말고 단시간 내에 조리한다.
2) 냉동채소를 삶을 때는 끓는 물에 채소를 넣고 삶거나 동시에 해동을 한다.
3) 냉동 채소는 볶거나 찌거나 삶을 때에도 동결 상태 그대로 조리한다.

(4) 과일류

1) 과일류의 해동은 섭취하기 직전에 해동하는 것이 좋다.
2) 해동은 포장된 채로 냉장고, 실온, 유수 중에 방치하고 열탕은 사용을 금한다.
3) 과일류는 날것으로 동결된 상태이며 따라서 효소의 작용으로 변질되는 것을 막기 위해 공기와 접촉을 피한다.

(5) 수조 어육류

1) 포장된 채로 저온에서 장시간 방치해야 완전히 해동된다.
2) 수조 어육류는 해동한 즉시 조리 해야 한다.

(6) 조리냉동 식품

조리 가공하여 냉동한 것이므로 섭취하기 전에 단시간 내에 가열해야 한다.

13. 향신료 및 조미료

향신료는 특수한 향기와 맛이 있어 미각, 후각을 자극하고 식욕을 촉진시키는 효력이 있으나 많이 사용하면 소화기를 해칠 수 있다.

(1) 향신료의 종류 및 특성

1) 후추
주로 육류나 어류에 사용되고 특수성분인 chavin이다.
2) 고추
알칼로이드의 일종인 capsaicn은 매운 맛과 향기를 내고 소화의 촉진제 역할을 한다.
3) 겨자
주로 여름철에 냉채요리와 생선요리에 사용된다.
4) 생강
돼지고기의 누린내와 생선의 비린내를 업애 주며 자극제로서 식욕을 증진시킨다.

5) 마늘

비타민B₁과 결합하여 allythiamin이 되므로 V-B₁의 흡수도 잘되고 식욕을 돕는다, 또한 마늘 속에 들어있는 휘발성 유기화합물의 일종인 allicin은 독특한 냄새와 매운맛으로 자극성이 강하며 살균력도 강하다.

6) 파

파속에 들어있는 황화아릴은 휘발성 자극의 방향과 매운맛을 갖고 있다.

7) 기타

계피, 박하, 정자, 월계수 잎, 세미지, 입사, 향초, 카레 등이 잇다.

(2) 조미료

1) 조미료란

조미료는 식품의 본래의 맛에 더 좋은 맛을 내게 하거나 개인의 미각에 알맞도록 첨가하는 물질이다.

2) 조미료의 종류

종 류	제 품
지미료	된장, 멸치, 화학조미료 등
감미료	엿, 설탕, 인공감미료 등
함미료	간장, 식염 등
산미료	빙초산, 양조초 등
고미료	흡 등
신미료	후추, 고추, 겨자 등
삽미료	홍차, 감, 커피 등
아린맛	떫은맛과 쓴맛의 혼합미로 감자, 죽순, 가지 등에서 맛볼 수 있는 맛이다.

 지미료

구수한 맛 또는 감칠맛을 내는 지미료는 자연지미료와 화학지미료로 나눌 수 있다. 말린 멸치, 다시마, 표고버섯, 가쓰오부시[鰹節] 등은 자연지미료에 속하고, 글루탐산모노나트륨과 이노신산은 화학지미료에 속한다. 화학지미료는 미량으로 효력이 크므로 경제적이다.

제2장

→ 단체 급식

 이 장에서는 단체 급식의 의의 / 영양소 및 권장량, 식단작성 / 식단작성 / 식품감별 및 구매 재고관리 / 조리장의 설비 및 관리에 대해서 알아본다.

1 단체급식의 의의

1. 집단급식의 정의와 목적

(1) 집단급식의 정의

기숙사, 학교, 병원, 공장, 사업장 등에서 특정한 사람들을 대상으로 계속적으로 음식을 공급하는 것을 단체 급식이라고 한다.

(2) 집단 급식의 목적

급식 대상자의 영양 개선을 함으로써 영양을 확보하는데 그 목적이 있다.

(3) 식품 구입

1) 식품의 구입 계획을 위한 기초지식

물가 파악을 위한 자료 정비와 전년도 사용 식품의 단가 일람표 및 현재의 소비자 물가지수, 도매 물가지수, 식품의 도소매 가격, 신문의 물가란, 인근 시설의 구입 가격의 경향 등을 완벽하게 파악 해둔다.

2) 식품의 출회표와 가격 상황
3) 식품의 유통 기구와 가격
4) 폐기율 및 가식부율
5) 사용계획
6) 업자 선정

2. 집단 급식의 조리기술

(1) 국

1) 단체 급식에서는 맑은 국보다는 토장국이 좋다. 국의 건더기는 국물의 약 1/3이 좋고, 1인당 60~100g이 적당하다.

234 제4편 조리이론과 원가계산

2) 끓이는 시간
- 감자, 당근 → 15~20분
- 호박 → 7분
- 무 → 15분
- 미역 → 5분
- 토란 → 10~15분
- 두부 → 2분
- 배추, 콩나물, 국수 → 5~8분

(2) 찌게

1) 건더기가 되는 재료의 분량은 국물의 2/3 정도가 적당하다.
2) 센불로 끓이기 시작하여 한소끔 끓은 후에는 불을 약간 약하게 하여 약 20분간 푹 끓인다.

(3) 조림

1) 조림은 조미료의 양, 물의 양, 불 조절에 의하여 맛의 차이가 난다.
2) 두가지 재료를 같이 조릴 때는 비교적 시간이 오래 걸릴 재료부터 조리다가 다른 재료를 넣는다.
3) 생선은 조미료를 끓이다가 조리는 것이 영양 손실도 적고, 생선살이 부스러지지 않으며, 너무 오랜 시간 조리면 맛도 적어지고, 살이 단단해 진다.

(4) 구이

1) 구이는 외부에서 높은 열로 식품의 표면을 응고시켜 속의 영양분과 맛이 밖으로 나오지 않게 하고, 조미료가 재료에 배어 들어 가서 독특한 냄새와 맛이 나게 하는 조리법이다.
2) 구이에는 직접 불에 굽는 것과, 오븐속에서 구워내는 방법이 있다.
3) 불조절이 중요하며, 석쇠나 오븐을 미리 달군 후 굽도록 한다.
4) 소금을 뿌렸다가 구울 때는 소금을 뿌리고 20~30분간 두었다가 소금이 생선 표면에서 없어진 후 굽도록 한다.

(5) 튀김

1) 단체 급식에서는 조리하는데 소요되는 시간이 국에 비하여 약 3배나 더 걸리므로 생각할 문제이다.
2) 튀김 조리법의 요점은 기름의 종류, 기름의 양, 그리고 온도이며, 또는 튀기는 재료와 방법에 따라서도 많은 차이가 있다.

(6) 나물

1) 날 것으로 이용하는 경우와, 데쳐서 이용하는 경우도 있으나, 조미료의 종류
와 양에 따라 그 맛이 달라진다.

2) 데쳐서 사용할 때는 데친 후 완전히 식혀서 무치도록 하고, 먹기 직전에 무
쳐서 먹어야 향기가 좋고, 그 특유의 맛을 낸다.

밥을 지을때의 평균 열효율

- 밥을 지을때의 평균 열효율 : 전력 50~60%, 가스 45~55%, 장작25~45%,
  연탄 30~40%,
- 조미의 순서 : 설탕 → 소금 → 간장

② 영양소 및 권장량, 식단 작성

1. 영양소

(1) 영양과 영양소

사람이 생존하는데 필요한 물질을 외부로부터 취하고 성장과 조절을 계속하는
데, 이처럼 성장과 생활을 계속영위 할 수 있도록 하는 것을 영양이라 하고 이
에 필요한 물질을 영양소라 한다.

(2) 영양소의 종류

1) 3대영양소 : 당질. 지방. 단백질
2) 5대영양소 : 당질. 지방. 단백질. 무기질. 비타민
3) 7대영양소 : 당질. 지방. 단백질. 무기질. 비타민. 물. 섬유소

집단급식에서 가장 우선적으로 공급되어야 할 영양소 : 단백질

(3) 영양관리

1) 한국인의 식사지침
2) 식이 및 생활양식의 위험인자

- 과량의 지질 섭취 - 암, 고혈압, 당뇨병, 동맥경화, 비만, 심근경색
- 탄수화물과 식이 섬유의 낮은 섭취 - 암, 당뇨병, 동맥경화, 비만, 심근경색
- 낮은 칼슘 섭취 - 암, 고혈압, 골다공증
- 비타민과 무기질 섭취의 저하 - 암, 고혈압, 골다공증, 동맥경화
- 짠 음식과 염장식품섭취증가 - 암, 고혈압
- 과량의 알코올섭취 - 암, 고혈압, 골다공증, 동맥경화, 비만, 심근경색
- 흡연 - 암, 고혈압, 당뇨병, 골다공증, 동맥경화, 심근경색
- 스트레스 - 고혈압, 동맥경화, 심근경색

3) 식사지침

- 다양한 음식을 섭취하라.
- 적정한 체중을 유지하라.
- 단백질을 충분히 섭취하라.
- 지방의 총 열량이20%가 되도록 한다.
- 우유를 충분히 먹도록 하라
- 너무 짜게 먹지 않도록 하라
- 치아 건강을 유지하도록 하라
- 술, 담배, 카페인을 삼가 하라
- 섭취량에 알맞은 적당한 운동을 하라
- 세끼를 제때 먹도록 하라.

2. 영양 권장량

(1) 한국인 표준식의 식품 구성 량

1) 식단 작성에 필요한 섭취 식품 량은 한국인 영양권장량 중 성인남자 20~49세의 체중 64kg인 1일분에 따른 식품 구성 량을 기준으로 한다.
2) 영양권장량은 생리적 필요량에 안전율(10%)이 가산되어 있으므로 권장량보다 식품 섭취가 미달인 경우에도 쉽게 결핍증에 걸리지 않는다. 그러나 조리할 때의 손실은 별도로 고려하여야 한다.
3) 한국인의 영양권장량(1일분) 구분

구분	체중	에너지	단백질	비타민A	비타민B1	비타민B2	나이아신	비타민C	비타민D	칼슘	철
	kg	kcal	g	R.E	mg	mg	mg	mg	㎍	mg	mg
남	64	2500	70	700	1.25	1.50	16.5	55	5	600	10
여	53	2000	60	700	1.00	1.20	13	55	5	600	18

3 식단 작성

1. 식단 작성의 의의와 목적

(1) 식단 작성의 의의

단이란 합리적인 식생활을 위 계획의 지표로서 식단 작성은 영양과 식욕을 고려하여 골고루 배치하는 것이 좋다.

(2) 식단 작성의 목적

식단 작성의 목적은 시간과 노력의 절약, 식품의 절약 및 조절, 기호와 영양의 충족시키며 좋은 식습관이 형성되도록 하여 식품을 위생적으로 조리하는데 그 목적이 있다.

2. 식단 작성의 기초지식

(1) 구성식품

근육, 혈액, 뼈, 모발, 피부, 장기 등과 같은 몸의 조직을 만든다.
  1) 제1군(단백질 식품) : 고기, 생선, 알 및 콩류
    • 쇠고기, 돼지고기, 굴, 두부, 땅콩, 된장, 달걀, 베이컨, 소시지, 치즈, 생선묵 등
  2) 제2군(칼슘 식품) : 우유 및 유제품, 뼈째 먹는 생선
    • 멸치, 뱅어포, 잔새우, 잔생선, 사골, 우유, 분유, 아이스크림, 요구르트 등

(2) 조절식품 : 몸의 생리 기능을 조절하고, 질병을 예방한다.

  1) 제3군(무기질 및 비타민) : 채소 및 과일류
    • 시금치, 당근, 쑥갓, 풋고추, 콩나물, 미역, 파래, 김 등

(3) 열량식품 : 열량식품은 힘과 체온을 낸다.

  1) 제4군(당질 식품) : 곡류 및 감자류
    • 쌀, 보리, 콩, 팥, 옥수수, 밤, 국수류, 떡, 과자, 캔디, 꿀 등
  2) 제5군(지방 식품) : 유지류
    • 참기름, 콩기름, 쇠기름, 쇼트닝, 버터, 마가린, 깨, 실백, 호도 등

단일식단과 복수식단

1. 단일 식단 : 선택의 여지가 없이 고정시켜 놓은 식단으로, 학교 급식, 대학 기숙사 급식, 양로원에서 사용하기 편리한 식단
2. 복수 식단 : 몇 가지의 식단 중 선택할 수 있는 식단으로서, 음식점에서 주로 사용
3. 대치식품 : 영양면에서 주된 영양소가 공통으로 함유된것을 의미한다.

3. 식단 작성의 순서

(1) 영양 기준량의 산출

한국인 영양 권장량을 적용하여 성별, 연령별, 노동 강도를 고려하여 산출한다.

(2) 식품 섭취량의 산출

한국인 영양 권장량을 기준으로 한 식품군별 구성량의 예를 사용하여 식품군별로 식품을 선택하고, 섭취량을 산출한다. 열량 영양소 중 탄수화물 65%, 단백질 15%, 지방 20%를 취하도록 권장한다.

(3) 3식의 배분 결정

3식의 단위 중 주식은 1:1:1, 부식은 1:1:2(3:4:5)로 하여 요리수 계획을 수립한다.

(4) 음식수 및 요리명 결정

식단에 사용할 음식수를 정하고, 식품 섭취량이 모두 들어갈 수 있도록 고려하여 요리명을 결정한다.

식품군별 대표식품과 1인 1회 분량

식품군					
곡류 및 전분류	밥 1공기 (210g)	국수 1대접 (건면 90g)	식빵 2쪽 (100g)	떡 2~3편 (100g)	씨리얼 (30g)
고기, 생선, 계란, 콩류	육류 1접시 (생 60g)	닭 (생 60g)	생선 3토막 (생 70g)	달걀 1개 (50g)	두부 (80g)
채소 및 과일류	시금치나물 1접시 (생 70g)	콩나물 1접시 (생 70g)	배추김치 1접시 (60g)	느타리버섯 1접시 (생 70g)	물미역 1접시 (70g)
	감자 小 1개 (100g)	귤 中 1개 (100g)	토마토 中 1개 (200g)	사과 中 1/2개 (100g)	오렌지쥬스 1/2컵 (100g)
우유 및 유제품	우유 1컵 (200g)	치즈 1.5~2장 (30g)	호상요구르트 1컵 (180g)	액상요구르트 1컵 (180g)	아이스크림 1컵 (100g)
유지 및 당류	식용유 1작은술 (5g)	버터 1작은술 (6g)	마요네즈 1작은술 (6g)	탄산음료 1/2컵 (100g)	설탕 1큰술 (12g)

(5) 식단 작성 주기 결정

10일, 1주일, 5일(학교 급식)로 식단 작성 주기를 결정하고, 그 주기내의 식사 횟수를 결정한다.

(6) 식량 배분 계획

성인 남자 1일분의 식량 구성 량에 평균 성인 환산 치와 날짜를 곱해 계산한다.

(7) 식단표 작성

식단표에 요리 명, 식품 명, 중량을 기입하고, 대치 식품란, 단가를 기입할 수 있도록 하는 것이 좋다.

> 식단작성의 순서
>
> 1. 영양 기준량의 산출 2. 식품 섭취량의 산출
> 3. 3식의 배분 결정 4. 음식수 및 요리명 결정
> 5. 식단 작성 주기 결정 6. 식량 배분 계획
> 7. 식단표 작성

4. 검식과 보존 식

(1) 검식

안전하고 신선한 식단을 만들기 위해 조리 후 검식한 후 배식하는 것이 옳다.

(2) 보존 식

급식으로 제공된 요리 1인분을 식중독 발생에 대비하여 냉장고에 48시간 이상 보존한다.

5. 한국의 전통식 상차림

(1) 반상 차림

우리나라의 전통적인 식사 예법으로, 밥을 주식으로 준비한 식탁을 반상이라 한다.

1) 첩수

반찬의 수를 첩수라고 하며, 첩수에 따라 3첩, 5첩, 7첩, 9첩 반상으로 나눈다.

2) 3첩 반상

밥, 탕, 김치, 종지 1개, 반찬 3가지(생채, 조림 또는 구이, 장아찌)

3) 5첩 반상

밥, 탕, 김치, 종지 2개, 조치, 반찬 5가지(생채, 조림, 마른 찬, 숙채, 전유어)

(2) 기본 식

밥, 국, 김치, 종지(간장, 초장, 초고추장)로서, 첩 수 에서 제외한다.

(3) 상차림

밥은 왼쪽, 국은 오른쪽, 종지는 가운데, 김치는 맨 뒷줄 가운데에 놓는다.

(4) 기타

1) 면상

면류인 국수를 주식으로 준비하는 상으로, 흔히 점심에 이용한다. 면상에는 깍두기, 장아찌, 밑반찬, 젓갈은 사용하지 않는다.

2) 교자상

많은 사람들이 모여 식사할 때 쓰이는 회식용상으로 교자상이라 한다.

3) 주안상

술을 접대할 때 차리는 상을 말한다.

 종지

종지는 반상에 놓인 반찬을 먹을때 필요한 조미료를 담는 것으로 간장, 초간장, 초고추장을 담는다.

 4 식품감별 및 구매 재고관리

1. 식품감별 목적

(1) 부정, 불량 식품을 적발한다.
(2) 위생상 위해한 성분을 검출하여 식중독을 미연에 방지한다.
(3) 불분명한 식품을 이화학적 방법에 의하여 밝힌다.

2. 식품의 감별 방법

(1) 관능검사

1) 색, 맛, 향기, 광택, 촉감 등 외관적 관찰에 의해서 검사하는데 경험이 풍부한 사람이 실시하여야 한다.

2) 주로 많이 사용

(2) 이화학적 방법

1) 검경적 방법 : 식품의 세포나 조직의 모양, 협잡물 미생물 존재를 판정
2) 화학적 방법 : 영양소 분석, 첨가물, 이물질, 유해 성분 검출
3) 물리학적 방법 : 중량, 부피, 크기, 비중, 경도, 점도, 응고온도, 빙점, 융점등 측정
4) 생화학적 방법 : 효소 반응, 효소 활성도, 수소 이온 농도 등의 측정
5) 세균학적 방법 : 균수 검사, 유해 병원균의 유무

3. 주요 식품의 감별법

(1) 쌀

쌀알이 고르고 광택이 있고 투명하여야 하고 앞니로 씹었을 때 경도가 좋은 것이 좋은 쌀이다.

(2) 밀가루

건조가 잘 되고 덩어리, 산취, 산미를 지니지 않은 것이 좋으며, 손으로 물질러 보아 부드러운 것이 좋다.

(3) 수조 육류

1) 각각 육류 특유의 색택을 가지고, 투명감이 있으며, 이상한 냄새가 없어야 한다.
2) 쇠고기(투명한 적색), 돼지고기(연분홍색), 양고기(진한 적색)

(4) 육류가공품

제조연월일에 주의하고, 탄력이 있는 것이 좋으며, 물기가 있거나 끈끈한 것, 이상한 냄새가 있는 것은 좋지 않다.

(5) 난류(달걀의 신선도 판정)

1) 외관법 : 표면이 꺼칠꺼칠하고 광택이 없으며, 혀를 대보아서 둥근부분은 따듯하고 뾰족한 부분은 찬 것이 신선하다.
2) 투시법 : 일광 전등에 비추어 보았을 때 전부 환하게 보이는 것이 신선한 것이다.
3) 비중법 : 약 6%(비중 1.07) 식염수에 담갔을 때 가라앉는 것이 신선한 것이다. 달걀은 오래되면 기공에서 수분이 증발하여 기공은 커져서 비중이 가벼워진다.

4) 흔들어서 소리가 나지 않는 것이 좋다.

5) 내용물의 상태에 의한 판정

(6) 우유

1) 색은 유백색에서 약간 누런색을 띠고, 독특한 향기가 나며, 물 컵 속에 한 방울 떨어 뜨렸을 때 구름과 같이 퍼지면서 강하하는 것이 좋다.

2) 자비법 : 1~2분 끓인 후 같은 양의 물을 가해서 응고물이 나오는 것은 산도 가 높은 오래된 우유이다.

3) 비중의 측정, 요오드 반응에 의해 물이 섞여 있는지의 유무를 검사한다.

4) 알코올 시험법 : 68~70% 알코올을 가하여 응고물의 검사

5) 지방의 측정 : 시유의 규격 성분으로 지방이 3% 이상 함유되어야 한다.

(7) 유제품

1) 버터 : 조직이 양호하고 입안 감촉이 좋으며, 풍미가 양호하고, 산미, 쓴맛, 변질 지방취가 없는 것이 좋다.

2) 치즈 : 건조되지 않으며, 입에 넣었을 때 부드러운 느낌으로 자연히 녹아서 이물질이 남지 않는 것이 좋다.

(8) 어패류

1) 사후 경직 중의 생선은 신선하다.

2) 외형이 확실하며, 손으로 눌러도 탄력이 있고, 피부, 비늘이 밀착되어 있으 며, 눈이 돌출, 투명하고 아가미는 선홍색이고, 살이 뼈에서 쉽게 떨어지지 않고 단단한 것이 신선하다.

3) 살아 있는 근육의 pH는 5.5, 사후 1~2일은 pH 6.0~6.2, 부패가 시작되어 암모니아 냄새를 발하게 되면 pH 8.2~8.4로 오래될수록 알칼리성화 된다.

(9) 통조림 및 병조림

1) 통조림 : 외관이 정상이고, 녹슬었거나 외상에 의하여 변형되었거나, 움푹 들어갔거나, 팽창되었거나 하지 않고 내용 액즙이 스며 나오지 않은 것이 좋다.

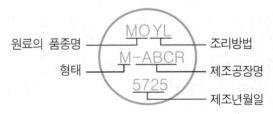

원료의 품종명 ── MO YL ── 조리방법
형태 ── M-ABCR ── 제조공장명
5725 ── 제조년월일

MO : Manclarn Ornge
Y : syrup 절임
L : 밀감의 과육 알갱이가 큼
※ 단, 10월은 O, 11월은 N, 12월 은 D로 표시한다.

2) 병조림 : 뚜껑을 열 때 소리가 나면 밀봉이 잘 된 것이다.

(10) 버섯(독버섯 감별법)

1) 세로로 쪼개지지 않는 것
2) 고약한 냄새가 나는 것
3) 색깔이 짙은 것
4) 줄기 부분이 거친 것
5) 쓴맛 등이 있는 것
6) 은수저로 문질렀을 때 검게 보이는 것 등은 유독하다고 보여져 섭취하지 않도록 한다.

3. 구매

(1) 물가 파악을 위한 자료 정비

1) 전년도 사용 식품의 단가알림표
2) 소비자 물가지수
3) 도매 물가지수
4) 식품의 도소매가격
5) 신문의 물가란, 인근시설의 구입가격의 경향

(2) 식품의 출화표와 가격 상황

(3) 식품의 유통기구와 가격

(4) 패기율 및 가식부율

(5) 사용계획 및 업자선정

4. 식품 구입 시 고려사항

(1) 식품구입 계획시 특히 고려할 점 : 식품의 가격과 출회표
(2) 쇠고기 구입 시 유의사항 : 중량, 부위
(3) 과일 구입 시 유의사항 : 산지, 상자당 개수, 품종
(4) 곡류 및 건어물 등 부패성이 적은 식품 : 1개월분을 한꺼번에 구입하거나 가격이 저렴한 시기에 대량구입
(5) 채소, 어패류는 필요에 따라 수시 구입

5. 식품의 발주

(1) 식품의 총 발주량은 다음과 같이 구할 수 있다.
- 총 발주량＝(정미주량 / 100−폐기 율)×100×인원수

(2) 식품의 검수는 철저히 함.

(3) 재료의 발주는 식단표에 의해 1주~10일 단위로 물건구입신청.

6. 가식부율

(1) 가식부란 먹을 수 있는 부위, 불가식부란 먹을 수 없는 부위를 말한다.

(2) 식품에서 가식 부를 백분율로 나타낸 것을 가식부 율이라 한다. 예를 들어 먹을 수 없는 껍질이 40%라면 가식부 율은 60%가 된다.

(3) 식품에 따른 가식부율

1) 닭 : 87% ·달걀 : 87% ·파 : 85% ·콩나물 : 80%

2) 참외 : 80% ·꽃게 : 39% ·감자 : 94% ·쇠고기 : 100%

3) 두부 : 100%

7. 재고관리

재고 통제라고도 한다. 식 자재, 상품이나 소모품 등 장래 얼마만큼의 양을 확보하여 보관하여 두면 좋은가 미리 결정하여서 이동, 보관, 증감의 기록 등에 의하여 최적으로 유지되도록 관리하는 것을 말한다. 또한 물류체계 전체를 통하여 재고의 배분은 물류시스템의 기본이다. 근래에는 재고관리가 과학적으로 이뤄지게 되고 컴퓨터에 의하여 관리하는 경우가 많다.

 조리장의 설비 및 관리

1. 조리장의 기본 조건

(1) 조리장 설비 3원칙의 고려순서

① 위생성 → ② 능률성 → ③ 경제성

(2) 조리장의 면적 및 형태

1) 면적은 식당넓이의 1/3이 기준, 직사각형 형태의 구조가 효율적.

2) 일반급식소에서의 급식수 1식당 주방면적은 $0.1㎡$ 정도를 사용.

(3) 조리장의 구조

1) 충분한 내구력이 있는 구조일 것
2) 객실 및 객석과는 구획의 구분이 분명할 것
3) 통풍, 채광, 배수 및 청소가 쉬운 구조일 것
4) 바닥과 바닥으로부터 1m 까지의 내벽은 타일 등 내수성자재를 사용할 것
5) 지하층은 환기와 채광이 나쁘므로 지하에 조리 장을 설치하지 않는다.
6) 씽크대와 뒷 선반과의 간격은 최소 1.5m 이상이어야 한다.

(4) 조리장의 설비

1) 창과 출입구 설비
   - 창틀은 철새시나 알루미늄새시가 좋고, 밖으로 내열기식, 위아래열기식이 채광이나 환기에 좋다.
   - 창에 방충망을 설치.
   - 출입문은 자유개폐문 또는 자동문이 좋다,
2) 환기시설
   - 자연 환기법
   - 송풍기(Fan)
   - 후드(Hood : 사방 개방형이 효율적이다)

3) 조명
   - 조명은 50Lux 이상으로 한다.
   - 전등의 위치는 그림자가 생기지 않도록 정한다.
   - 형광등 보다는 백열전구가 좋다.
4) 조리장의 작업대배치순서

> 준비 대 → 개수대 → 조리대 → 가열 대 → 배선 대

5) 급수설비
   - 주방에서 사용하는 급수 량은 조리의 종류, 양, 조리방법에 따라 달라진다.
   - 일반급식소에서의 1인 1식 기준의 사용수량 6~10ℓ 정도이다.
6) 배수설비
   - 씽크대, 배수관(트랩설치 : 악취방지)
7) 작업대
   - 작업대는 일반적으로 평편한 것이 많으나 물이 흐르지 않게 하기 위해서

가장자리가 약간 올라간 것을 사용한다.

- 작업대의 길이, 폭, 높이의 표준은 씽크대와 같다.
- 작업대는 사용목적에 의해서 고정된 것과 이동식인 것이 있다.

8) 냉장고, 냉동고, 창고

- 냉장고는 5℃ 내외의 내부온도를 유지하는 것이 표준이며,-50~-30℃의 온도가 필요할 경우도 있다.
- 냉동식품을 오랫동안 보존하려면 -30℃로 한다.
- 냉장고나 냉동고 등은 각 메이커의 표준 품을 사용하도록 한다.

9) 조리용구

- 박피기(peeler) : 감자, 당근, 무 등의 껍질을 벗기는 기계
- 절단기

제　　목	용　　　　도
Cutter	자르는 기계·
Chopper	다지는 기계
Slicer	고기나 햄 등을 일정한 두께로 얇게 자르는 기계
혼합기 (Mixer)	빵, 케이크 등을 만들 때 원료의 혼합에 쓰이는 기계
가열　조리 기기	국솥, 튀김기, 번철, 오픈, 가스 렌인지, 브로일러 등
기 타	식기 세척기, 소독기, 냉장고, 온장고 등

 집단 급식의 조리기술

1. 국 : 단체 급식에서는 맑은 국보다는 토장국이 좋다. 국의 건더기는 국물의 약 1/3이 좋고, 1인당 60~100g이 적당하다.
2. 찌게 : 건더기가 되는 재료의 분량은 국물의 2/3 정도가 적당하다. 센불로 끓이기 시작하여 한소끔 끓은 후에는 불을 약간 약하게 하여 약 20분간 푹 끓인다.
3. 조림 : 조미료의 양, 물의 양, 불조절에 의하여 맛의 차이가 난다.
4. 구이 : 불조절이 중요하며, 석쇠나 오븐을 미리 달군 후 굽도록 한다.
5. 튀김 : 단체 급식에서는 조리하는데 소요되는 시간이 국에 비하여 약3배나 더 걸리므로 생각할 문제이다.
6. 나물 : 데쳐서 사용할 때는 데친 후 완전히 식혀서 무치도록 하고, 먹기 직전에 무쳐서 먹어야 향기가 좋고, 그 특유의 맛을 낸다.

제3장
➡ 원가계산

 이 장에서는 원가계산의 의의 및 종류 / 원가계산의 종류 / 재료비의 계산 / 감가상각 / 원가계산의 원칙에 대해서 알아본다.

 1 원가계산의 의의

1. 원가계산의 정의

(1) 원가계산의 개념
원가란 기업이 제품을 생산하는데 소요되는 경제적 가치를 화폐 액수로 표시한 것을 말한다.

(2) 원가계산의 목적
1) 가격결정의 목적
   원가는 제품의 가격을 결정할 목적으로 계산한다.
2) 원가 관리의 목적
   원가는 원가의 절감을 위한 원가 관리의 기초자료 제공을 위하여 계산한다.
3) 예산편성의 목적
   원가는 예산의 편성에 따른 기초 자료 제공을 위하여 계산한다.
4) 재무제표 작성의 목적
   원가는 기업의 외부 이해 관계자에게 보고하기위한 재무제표를 작성하는데 기초 자료를 제공하기 위하여 계산한다.

(3) 원가 계산의 기간
1) 원가 계산 기간이란 원가를 계산하여 정규의 보고를 정기적으로 행하는 시간적 단위를 가리킨다.
2) 원가계산은 보통 1개월(경우에 따라 3개월 또는 1년)에 한번 실시한다.

2 원가계산의 종류

1. 원가의 3요소

(1) 재료비

제품의 제조를 위하여 소비되는 물품의 원가로서, 단체 급식 시설에서의 재료비는 급식 재료비를 의미한다. 일정 기간에 소비한 재료의 수량에 단가를 곱하여 소비된 재료의 금액을 계산한다.

(2) 노무비

제품의 제조를 위하여 소비되는 노동의 가치를 말하며, 임금, 급료, 잡급 등으로 구분한다.

(3) 경비

제품의 제조를 위하여 소비되는 재료비, 노무비 이외의 가치를 말하며, 필요에 따라 수도 광열비, 전력비, 보험료, 감가상각비 등과 같이 다수의 비용이 있다.

2. 직접원가, 제조원가, 총원가

			이 익
		판매관리비	
	제조 간접비		
직접 재료비 직접 노무비 직접 경비	직접 원가	제조 원가	총원가
직접원가	제조 원가	총 원 가	판매원가

[원가의 종류]

이것은 각 원가 요소가 어떠한 범위까지 원가 계산에 집계되는가의 관점에서 분류한 것이다.

3. 직접비

원가 요소를 제품에 배분하는 절차로 보아서 분류한 원가 요소이다. 즉, 여러 가지 제품이 생산되는 경우에 한 제품의 제조에 직접적으로 발생하는 원가는 직접비이고, 여러 가지의 제품에 공통적으로 발생하는 원가는 간접비이다.

4. 실제원가, 예정원가, 표준원가

원가 계산의 시점과 방법의 차이로부터 분류한 것이다.

(1) 실제 원가(확정 원가, 현실 원가, 보통 원가)

제품이 제조된 후에 실제로 소비된 원가를 산출한 것이다.

(2) 예정 원가(추정 원가, 견적 원가, 사전 원가)

제품의 제조 이전에 제품 제조에 소비될 것으로 예상되는 원가를 예상하여 산출한 원가를 말한다.

(3) 표준 원가

기업이 이상적으로 제조 활동을 할 경우에 소비될 원가로서, 실제 원가를 통제하는 기능을 가진다.

5. 단체 급식 시설의 원가 요소

단체 급식 시설의 운영 과정에서 발생하는 원가 요소는 다음과 같다.

(1) 급식 재료비

조리식품, 반제품, 급식 원재료 또는 조미료 등의 급식에 소요된 모든 재료에 대한 비용을 말한다.

(2) 노무비

급식 업무에 종사하는 모든 사람들의 노동력의 대가로 지불되는 비용이다. 여기에는 사업주 부담의 보험료나 후생비 등을 포함시키는 경우도 있다.

(3) 시설 사용료

급식 시설의 사용에 대해서 지불하는 비용을 말한다. 청소비 또는 수선비를 포함하는 경우도 있다.

(4) 수도 광열비

1) 전기료
2) 수도료
3) 연료비

(5) 전화 사용료

업무 수행상 사용한 전화료이다.

(6) 소모품비

급식 업무에 소요되는 각종 소모품의 사용에 지불되는 비용을 말한다.

1) 내구 소모품 : 식기, 집기 등

2) 완전 소모품 : 소독저, 세제 등

(7) 기타 경비

1)위생비

2)피복비

3)세척비

4)기타 잡비

(8) 관리비

단체 급식 시설의 규모가 큰 경우에는 그 시설의 직접 경비 이외에도 종업원의 채용이나, 결산서 등의 작성을 위해서는 별도의 간접 경비가 필요한데, 이것을 가리킨다.

3 재료비의 계산

1. 재료비의 개념

(1) 제품의 제조 과정에서 실제로 소비되는 재료의 가치를 화폐 액수로 표시한 금액을 재료비라고 한다.

(2)재료비는 제품 원가의 중요한 요소가 된다.

(3)재료비=재료의 실제 소비량 × 재료의 소비 단가

2. 재료소비량의 계산

(1) 계속기록법

수입, 불출 및 재고량을 계속 기록함으로써 재료 소비량을 파악하는 방법이다.

(2) 재고 조사법

(전기 이월량 + 당기 구입량) - 기말 재고량 = 당기 소비량

(3) 역 계산법

제품 단위당 표준 소비량 × 생산량 = 재료 소비량

3. 재료 소비 가격의 계산

(1) 개별법

재료를 구입 단가별로 가격표를 붙여서 보관하다가 출고할 때 그 가격표에 표시된 구입단가를 재료의 소비 가격으로 하는 방법이다.

(2) 선입 선출법

재고품 중 제일 먼저 들어온 식품부터 불출한 것처럼 기록하는 방식으로, 기말 재고액은 최근에 구입한 식품의 단가가 남게 된다.

(3) 후입선출법

최근에 구입한 식품부터 불출한 것처럼 기록하는 방식으로, 가장 오래 전에 구입한 식품의 단가가 남게 된다.

(4) 이동평균법

식품을 구입할 때마다 재고량과 금액을 합하여 평균 단가를 계산하고, 불출할 때는 이 평균 단가로 기입하는 방식이다.

(5) 총 평균법(단순 평균법)

일정 기간 동안의 구입 단가를 구입 횟수로 나눈 평균 단가를 계산하고, 불출 시 이 단가로 구입하는 방식이다.

 감가상각

1. 감가상각의 개념

기업의 자산은 고정 자산(토지, 건물, 기계 등), 유동 자산(현금, 예금, 원재료 등) 및 기타 자산으로 구분된다. 감가상각이란 고정 자산의 감가를 내용 연수에 일정한 비율로 할당하여 비용으로 계산하는 절차를 말하며, 이때 감가된 비용을 감가상각비라 한다.

2. 감가상각의 계산 요소

(1) 기초가격

취득 원가(구입 가격)에 의한 것이 보통이다.

(2) 내용연수

취득한 고정 자산이 유효하게 사용될 수 있는 추산 기간을 말한다.

(3) 잔존가격

고정 자산이 내용 연수에 도달했을 때 매각하여 얻을 수 있는 추정 가격을 말하는 것으로, 보통 구입 가격의 10%를 잔존 가격으로 계산한다.

3. 감가상각의 계산방법

(1) 정액법

고정자산의 감가총액을 내용년수로 균등하게 할당한다.

(2) 정율법

기초가격에서 감가상각비 합계를 차감한 미상각금액에 대해서 매년 일정률을 곱해서 산출한금액을 상각하는 방법이며, 첫해년도의 상각금액이 많으며 년수가 계속됨에 따라 상각금액은 줄어든다.

감가상각

1. 장표
   - 장부 : 고정성과 집합성이 있다.
   - 전표 : 이동성, 분리성이 있다.
2. 장부의 기능 : 기록, 현상의 표시, 대상의 통제
3. 전표의 기능 : 경영 의사의 전달, 대상의 상징화
4. 단체 급식 시설에서의 장표의 종류
   - 식단표
   - 식품 수불부
   - 급식 일시
   - 식품 사용 일계표
   - 구매 요구서
   - 구매표 등

5 원가계산의 원칙

1. 진실성의 원칙

원가 계산을 할 때는 실제로 발생하는 원가의 진실을 파악하여야 한다는 원칙이다.

2. 발생기준의 원칙

원가의 발생 사실이 있으면 그것을 원가로 인정해야 한다는 원칙이다.

3. 계산 견제성의 원칙

원가의 계산을 할 때는 경제성을 고려해야 한다는 원칙으로 중요선의 원칙이라고도 한다.

4. 확실성의 원칙

원가 계산을 할 때는 가장 확실성이 높은 방법을 선택하여한다는 원칙이다.

5. 정상성의 원칙

원가계산을 할 때는 정상적으로 발생한 원가만을 계산하고, 비정상적으로 발생한 원가는 계산하지 않는다는 원칙이다.

6. 비교성의 원칙

원가계산을 할 때는 원가 계산에 다른 일정 기간의 것과 다른 부분의 것을 비교할 수 있도록 실행되어야 한다는 원칙이다.

7. 상호 관리의 원칙

원가계산을 할 때는 원가계산과 일반회계 간의 유기적 관계를 구성함으로서 상호 관리가 가능하도록 되어져야 한다는 원칙이다.

01
해설 조리의 기본적인 목적은 안전성, 영양성, 기호성, 저장성에 있다.

01 식품조리의 목적에 들지 않는 것은?

㉮ 안전성 ㉯ 영양성

㉰ 기호성 ㉱ 보충성

02 계량스푼에 대한 설명 중 옳지 않은 것은?

㉮ 테이블스푼과 티스푼의 2가지가 있다.

㉯ 액체식품을 잴 때는 가득하게 해서 잰다.

㉰ 가루식품을 잴 때는 꼭꼭 눌러서 잰다.

㉱ 버터와 된장 등을 잴 때는 가득 채워 칼등으로 깎아서 잰다.

03 다음 중 전자오븐에서 사용할 수 없는 용기는?

㉮ 법랑 냄비 ㉯ 유리컵

㉰ 플라스틱 접시 ㉱ 백자공기

04
해설 밥을 지을 때는 쌀의 중량의 1.5배, 부피의 1.2배가 적합하다.

04 밥짓는 기술 중 쌀과 물의 가장 알맞은 배합률은?

㉮ 쌀의 중량의 1.2배, 부피의 1.5배

㉯ 쌀의 중량의 1.4배, 부피의 1.1배

㉰ 쌀의 중량의 1.5배, 부피의 1.2배

㉱ 쌀의 중량의 1.8배, 부피의 1.9배

05 소화가 안 되는 베타(β) 전분을 소화가 잘 되는 알파(α) 전분으로 만드는 것을 전분의 무엇이라고 하는가?

㉮ 노화 ㉯ 호화

㉰ 유화 ㉱ 산화

정답
1 ㉱ 2 ㉰ 3 ㉮ 4 ㉰ 5 ㉯

06 전분의 호정화란?

㉮ 당류를 고온에서 물을 넣고 계속 가열함으로써 생성되는 물질

㉯ 전분에 물을 첨가시켜 가열하면 20~30℃에서 팽창하고 계속 가열하면 팽창하며 길어지는 상태를 말한다.

㉰ 전분에 물을 가하지 않고 160℃ 이상으로 가열하면 여러 단계의 가용성 전분을 거쳐 변하는 물질

㉱ 당이 소화효소에 의해 분해된 물질

5 해설
전분의 호정화란 전분에 물을 가하지 않고 160℃ 이상으로 가열하면 여러 단계의 가용성 전분을 거쳐 변하는 물질을 말한다.

07 밥을 지을 때 식염량은 밥맛과 관계가 있다. 적당한 양은?

㉮ 0.01% ㉯ 0.02%

㉰ 0.03% ㉱ 0.04%

08 쌀로 밥을 지으면 조리 후 몇 배가 되는가?

㉮ 1.2배 ㉯ 1.5배

㉰ 2.0배 ㉱ 2.5배

09 식혜를 만들 때 가장 적합한 당화온도는?

㉮ 30~35℃

㉯ 35~40℃

㉰ 45~50℃

㉱ 55~60℃

9 해설
식혜를 만들 때 가장 적합한 당화온도로는 55~60℃가 가장 적당하다.

10 일반적으로 식품의 맛이 가장 좋은 상태의 수소이온농도는?

㉮ pH 9 ㉯ pH 7.5

㉰ pH 5 ㉱ pH 3

정답
6 ㉰ **7** ㉰ **8** ㉱ **9** ㉱ **10** ㉰

11
11
해설 밀가루반죽을 부풀게 하는 베이킹파우더는 밀가루 1컵에 1ts정도가 적당하다.

11 밀가루반죽을 부풀게 하는 베이킹파우더는 밀가루 1컵에 얼마 정도가 적당한가?

㉮ 1Ts   ㉯ 2ts

㉰ 1ts   ㉱ 2Ts

12 밀가루 반죽에 켜가 생기게 하여 연화작용을 하는 물질은?

㉮ 소금   ㉯ 설탕

㉰ 지방   ㉱ 이스트

13 밀가루의 팽창작용과 관계없는 물질은?

㉮ 이스트   ㉯ 탄산수소나트륨

㉰ 소금   ㉱ 베이킹파우더

14
해설 감자를 조리 할 때 비타민C가 가장 많이 손실된다.

14 감자 조리중 가장 많이 손실되는 비타민은?

㉮ 비타민 A   ㉯ 비타민 B_1

㉰ 비타민 B_2 ㉱ 비타민 C

15 두부를 만들 때 두유에 염화마그네슘(간수)을 넣어 응고시킨다. 이때 응고되는 성분은?

㉮ 소인   ㉯ 글리시닌

㉰ 안티트립신   ㉱ 글리아딘

16
해설 대두에는 안티트립신 성분이 있어 소화액인 트립신의 분리를 저해한다.

16 대두에는 어떤 성분이 있어 소화액인 트립신의 분리를 저해하는가?

㉮ 안티트립신   ㉯ 레닌

㉰ 아비딘   ㉱ 트레오닌

정답
11 ㉰   12 ㉰   13 ㉰   14 ㉱   15 ㉯   16 ㉮

17 콩을 삶으면 물러지는 주된 이유는?

㉮ 글리시닌의 분해　　㉯ 티아민의 분해

㉰ 핵산의 분해　　㉱ 항트립신 성분의 분해

18 건조된 콩을 삶으면 몇 배로 불어나는가?

㉮ 약 2배　　㉯ 약 3배

㉰ 약 4배　　㉱ 약 5배

18 해설
마른 콩을 삶으면 대략 3배정도로 불어난다.

19 야채를 조리하는 목적으로 다음 중 틀린 것은?

㉮ 섬유소를 유연하게 한다.

㉯ 탄수화물과 단백질을 보다 소화하기 쉽도록 하려는데 있다.

㉰ 맛을 내게 하고, 좋지 못한 맛을 제거하게 한다.

㉱ 색깔을 보존하기 위해서 한다.

20 조리시 엽록소의 녹색을 잘 보존하는 방법이 아닌 것은?

㉮ 채소를 데칠 때 알칼리를 첨가한다.

㉯ 채소를 데칠 때 황산구리를 첨가한다.

㉰ 채소를 데친 다음 그 국물 속에 한동안 놓아둔다.

㉱ 채소를 데친 다음 냉수에서 헹구어 낸다.

21 첨가물에 따른 색소의 변화가 틀린 것은?

㉮ 엽록소 ──산──→ 녹황색

㉯ 플라보노이드 ──산──→ 백색

㉰ 안토시안 ──알칼리──→ 적색

㉱ 카로티노이드 ──알칼리──→ 변화없음

21 해설
안토시안 색소는 염기성 용액에서 청색, 산성 용액에서는 선명한 적자색을 띤다.

22 해설 채소를 데칠 때 뚜껑을 닫고 데치면 채소에서 용출되는 유기산에 의해 황변하므로 반드시 뚜껑을 열고 데쳐야 하고, 소다를 사용하여 삶으면 색은 선명해지나 섬유소가 뭉그러지기 쉽다.

22 야채의 선명한 녹색을 유지하고 좋은 질감을 유지시킬 수 있는 가장 좋은 조리방법은?

㉮ 뚜껑을 닫고 삶아낸다.
㉯ 뚜껑을 열고 단시간 삶는다.
㉰ 약간의 식초를 첨가하여 삶는다.
㉱ 약간의 소다를 첨가하여 삶는다.

23 담색채소를 흰색 그대로 유지시킬 수 있는 조리방법은?

㉮ 채소를 물에 담가 두었다가 삶는다.
㉯ 채소를 데쳐낸 직후 소금물에 헹구어 낸다.
㉰ 채소를 삶는 물에 약간의 식초를 떨어뜨린다.
㉱ 묽은 소금물에 채소를 삶아 낸다.

24 나물을 만들 때 식초는 어느 때 넣는 것이 비타민의 손실이 적은가?

㉮ 양념과 식초를 함께 넣는다.
㉯ 식초를 먼저 넣고 양념을 한다.
㉰ 양념한 후 먹기 직전에 식초를 넣는다.
㉱ 식초를 넣어 두었다가 먹기 직전에 양념한다.

25 해설 무를 강판에 갈아 두면 비타민 C가 가장많이 손실된다.

25 무를 강판에 갈아 두었을 때 가장 손실이 큰 비타민은?

㉮ 비타민 A
㉯ 비타민 B
㉰ 비타민 C
㉱ 비타민 E

정답
22 ㉯ **23** ㉰ **24** ㉰ **25** ㉰

26 식용유지로서 갖추어야 할 특성은?

㉮ 융점이 낮은 것이 좋다.

㉯ 유리지방산 함량이 많은 것이 좋다.

㉰ 융점이 높은 것이 좋다.

㉱ 발연점이 낮은 것이 좋다.

27 식품에 기름을 발라서 굽거나 튀기면 어떻게 되는가?

㉮ 맛을 그대로 유지하고 굳어진다.

㉯ 맛을 그대로 유지하고 연해진다.

㉰ 맛을 상실하고 굳어진다.

㉱ 맛을 상실하고 연해진다.

28 지방의 산패를 촉진시키는 요소가 아닌 것은?

㉮ 자외선   ㉯ 수분

㉰ 압력   ㉱ 금속

29 비누화가 되지 않는 지방질은?

㉮ 중성지방   ㉯ 인지질

㉰ 납   ㉱ 지용성색소

30 다음 중 유화제가 아닌 식품은?

㉮ 달걀 노른자

㉯ 젤라틴

㉰ 설탕

㉱ 레시틴

26 해설 식용유지로서 갖추어야 할 특성은 융점이 낮은 것이 좋다.

30 해설 설탕은 유화제가 아닌 식품이다.

정답
26 ㉮ 27 ㉯ 28 ㉰ 29 ㉱ 30 ㉰

31
해설 라운드(round)는 홍두깨살, 우둔살, 대접살 부위이다.

31 라운드(round)는 어느 부위인가?

㉮ 홍두깨살

㉯ 홍두깨살·우둔살

㉰ 홍두깨살·우둔살·대접살

㉱ 쇠악지

32 쇠고기의 용도와 부위의 연결이 잘못된 것은?

㉮ 구이 - 등심, 안심, 갈비

㉯ 장조림 - 우둔육, 대접살, 홍두깨살

㉰ 스튜 - 등심, 안심, 채끝살

㉱ 탕 - 꼬리, 사태, 장정육

33
해설 양고기는 기름의 융점이 높아서 뜨겁게 해서 먹는 것이 좋다.

33 양고기를 뜨겁게 해서 먹는 이유는 무엇인가?

㉮ 양고기의 기름의 융점이 높아서

㉯ 양고기의 기름의 융점이 낮아서

㉰ 양고기의 빛깔 때문에

㉱ 양고기의 영양가 때문에

34 돼지고기의 햄의 부위는 어디인가?

㉮ 볼기살(후육)　　　　㉯ 된살

㉰ 머리　　　　㉱ 갈비

35
해설 돼지고기 편육이나 생선조림에서 냄새를 제거하기 위해 생강은 고기나 생선이 거의 익은 후에 넣는 것이 좋다.

35 돼지고기 편육이나 생선조림에서 냄새를 제거하기 위해 생강을 사용하는데 그 탈취효과가 좋은 방법은?

㉮ 함께 넣어 끓인다.

㉯ 생강을 먼저 끓여낸 후 고기를 넣는다.

㉰ 고기나 생선이 거의 익은 후에 생강을 넣는다.

㉱ 생강즙을 내어 물에 혼합한 후 고기를 넣고 끓여낸다.

정답
31 ㉰　**32** ㉰　**33** ㉮　**34** ㉮　**35** ㉰

36 조리방법에 있어서 조미료의 사용순서가 올바른 것은?

㉮ 소금 - 설탕 - 식초   ㉯ 소금 - 식초 - 설탕

㉰ 설탕 - 소금 - 식초   ㉱ 식초 - 소금 - 설탕

> **36 해설**
> 음식을 조리 할 때 조미료의 사용 순서는 설탕－소금－식초순으로 첨가 한다.

37 지방의 융점이 가장 낮은 식품은 어느 것인가?

㉮ 양고기   ㉯ 닭고기

㉰ 돼지고기   ㉱ 쇠고기

38 다음 중 잘못 짝지어진 것은?

㉮ 간 - 찜, 구이   ㉯ 장정육 - 다진 고기

㉰ 양지육 - 편육, 탕   ㉱ 사태육 - 족편, 조림

39 육류나 어류에 간장이나 레몬즙 등을 넣고 가열하면 어떻게 되는가?

㉮ 고기가 연해진다.

㉯ 고기가 단단해진다.

㉰ 고기가 분해된다.

㉱ 고기가 풀어진다.

40 생선을 조리할 때 비린 냄새를 없애는데 가장 효과적인 것은?

㉮ 콩기름   ㉯ 소금

㉰ 버터   ㉱ 식초

> **40 해설**
> 식초를 첨가하여 생선을 조리하면 비린 냄새를 없애는데 가장 효과적이다.

41 생선의 근육은 대체적으로 무엇으로 이루어져 있는가?

㉮ 칼슘   ㉯ 지방

㉰ 단백질   ㉱ 탄수화물

정답
36 ㉰ 37 ㉯ 38 ㉮ 39 ㉯ 40 ㉱ 41 ㉰

42 해설 생선찌개를 끓일 때 국물이 끓은 후에 생선을 넣는 이유는 살이 부스러지지 않게 하려는 이유 때문이다.

42 생선찌개를 끓일 때 국물이 끓은 후에 생선을 넣는 이유는?

㉮ 비린내를 없애기 위해

㉯ 국물을 더 맛있게 하기 위해

㉰ 살이 덜 단단해지기 때문에

㉱ 살이 부스러지지 않게 하려고

43 어취를 없애는 가장 효과적인 조리법은?

㉮ 생선구이   ㉯ 전유어

㉰ 생선국   ㉱ 생선조림

44 조개류의 독특한 맛을 이루는 성분인 것은?

㉮ 호박산

㉯ 크리아틴

㉰ 글루타민산

㉱ 트리메틸아민옥시드

45 생선이 일년 중에서 가장 맛있는 시기는 언제인가?

㉮ 봄   ㉯ 산란기 직전

㉰ 가을   ㉱ 여름

46 계란을 오래 삶으면(15분 이상) 녹변하는데 성분은?

㉮ 수산화칼륨   ㉯ 황화제일철

㉰ 황화수소   ㉱ 황화제이철

47 해설 계란을 삶을 때 난백은 60~65℃에서 응고 되고, 난황은 65~75℃에서 응고 된다.

47 난백은 몇 ℃에서 응고되는가?

㉮ 45℃   ㉯ 60~65℃

㉰ 50℃   ㉱ 68℃

정답

42 ㉱ **43** ㉯ **44** ㉮ **45** ㉯ **46** ㉯ **47** ㉯

48 난백을 거품낼 때 다음 중 어느 것을 첨가하면 거품이 굳어지는가?

㉮ 설탕 ㉯ 기름

㉯ 소금 ㉰ 버터

48 해설
난백을 거품 낼 때 설탕을 첨가하면 거품이 굳어진다.

49 엔젤케이크, 머랭게, 스폰지케이크 등은 계란의 어떤 성질을 이용하여 만든 것인가?

㉮ 응고성

㉯ 기포성

㉯ 유화성

㉰ 청정제

50 계란프라이를 하려고 프라이팬에 계란을 깨뜨려 놓았다. 가장 신선한 계란은?

㉮ 난황이 터져 나왔다.

㉯ 난황은 둥글고 주위에 농후 난백이 많았다.

㉯ 작은 혈액덩어리가 있었다.

㉰ 물같은 난백이 많아 넓게 퍼졌다.

51 모유와 우유의 성분 중 모유보다 우유에 2배 이상 많이 있는 영양소는?

㉮ 단백질 ㉯ 지방

㉯ 당질 ㉰ 비타민 c

51 해설
단백질은 모유보다 우유에 2배 이상 많이 들어있는 영양소 이다.

52 우유가 모유보다 적게 함유하고 있는 식품은 어느 것인가?

㉮ 지방 ㉯ 단백질

㉯ 젖당 ㉰ 칼슘

정답
48 ㉮ 49 ㉯ 50 ㉯ 51 ㉮ 52 ㉯

53
해설 우유를 끓였을 때 생기는 응고물의 성분은 락토 알부민이다.

53 우유를 끓였을 때 생기는 응고물의 성분은?

㉮ 카제인　　　　　　㉯ 락토알부민
㉰ 레시틴　　　　　　㉱ 아미노산

54 신선한 우유의 적정 산도는?

㉮ 0.1~0.2%　　　　㉯ 0.4~0.5%
㉰ 0.6~0.8%　　　　㉱ 0.9~1.0%

55 우유를 데울 때 가장 좋은 방법은?

㉮ 냄비에 담고 끓기 시작할 때까지 강한 불에서 데운다.
㉯ 이중냄비에 넣고 뚜껑을 열고 젓지 않고 데운다.
㉰ 냄비에 담고 약한 불에 뚜껑을 열고 젓지 않고 데운다.
㉱ 이중냄비에 넣고 저어가며 데운다.

56
해설 냉동식품은 실내온도에서 보관된 제품에 비해 튀기는데 시간이 약 25%더 걸린다.

56 냉동식품은 실내온도에서 보관된 음식물에 비해 튀기는데 시간이 더 걸리는데 약 몇 % 더 걸리는가?

㉮ 10%　　　　　　㉯ 15%
㉰ 25%　　　　　　㉱ 35%

57 식품과 해동법이 잘못 짝지어진 것은?

㉮ 어류·육류 – 냉장고에서 자연해동시킨다.
㉯ 야채류 – 끓는 물에서 2~3분간 끓여 해동과 동시에 조리한다.
㉰ 빵·과자류 – 자연해동시키거나 오븐에 덥힌다.
㉱ 조리냉동식품 – 먹기 1시간 전에 물에서 끓인다.

정답
53 ㉯　**54** ㉮　**55** ㉱　**56** ㉰　**57** ㉱

58 마늘에 있는 성분은?

㉮ 캡사이신 　　　　㉯ 진저롤

㉰ 알리신 　　　　㉱ 시니그린

59 김치의 독특한 맛을 내려면 다음 중 어느 양념이 좋은가?

㉮ 젓갈 　　　　㉯ 마늘

㉰ 고춧가루 　　　　㉱ 소금

60 음식의 맛을 내는 데 가장 기본이 되는 조미료는?

㉮ 소금 　　　　㉯ 식초

㉰ 마늘 　　　　㉱ 화학조미료

60 해설
염류인 소금은 음식의 맛을 내는 데 가장 기본이 되는 조미료 이다.

61 다음 중 방부작용을 갖지 않는 조미료는?

㉮ 설탕 　　　　㉯ 소금

㉰ 생강 　　　　㉱ 식초

62 다음 중 조미료와 맛이 잘못 연결된 것은?

㉮ 감리료 – 단맛 　　　　㉯ 지미료 – 맛난맛

㉰ 함미료 – 짠맛 　　　　㉱ 신미료 – 신맛

63 한천과 젤라틴에 대한 내용으로 틀린 것은?

㉮ 한천은 38~40℃의 온도에서 응고가 빠르다

㉯ 한천을 물에 담가 불리면 콜로이드 용액이 된다.

㉰ 젤라틴은 13℃ 이상의 수온에서 응고가 잘 된다.

㉱ 젤라틴은 130℃ 이상으로 끓이면 콜라겐으로 변한다.

63 해설
한천과 젤라틴은 38~40℃의 온도에서 응고가 빠르고 젤라틴은 130℃ 이상으로 끓이면 콜라겐으로 변하며 한천을 물에 담가 불리면 콜로이드 용액이 된다.

정답
58 ㉰ **59** ㉯ **60** ㉮ **61** ㉰ **62** ㉱ **63** ㉰

64 해설
한천은 양갱 제조시 팥소를 굳히는 작용을 한다.

64 양갱 제조에서 팥소를 굳히는 작용을 하는 재료는?

㉮ 젤라틴　　　　　　　㉯ 갈분

㉰ 한천　　　　　　　　㉱ 밀가루

65 섬유소와 한천에 대한 다음 설명 중 틀리는 것은?

㉮ 체내에서 소화가 되지 않는다.

㉯ 변비를 예방한다.

㉰ 산과 가열할 때 분해되지 않는다.

㉱ 배가 차는 느낌을 준다.

66 다음 중 젤라틴과 관계없는 것은?

㉮ 양갱　　　　　　　　㉯ 족편

㉰ 아이스크림유화제　　㉱ 바바리안크림

67 젤라틴 젤리에 대한 설명이다. 틀린 것은?

㉮ 입안에 들어가면 금방 녹는다.

㉯ 한천 젤리보다 농도가 낮다.

㉰ 설탕의 농도는 20~30%가 알맞다.

㉱ 젤라틴을 떼어낼 때는 온수에 몇 초간 녹여 떼어낸다.

68 해설
사람에게 공급되는 영양소와 재료의 가격이 식단 작성에 있어서 가장 중요하다.

68 식단 작성에 있어 가장 중요한 것은?

㉮ 급식시설 및 노동력

㉯ 배식방법과 잔식 처리방법

㉰ 조리방법과 조리능력

㉱ 영양가와 가격

정답
64 ㉰　**65** ㉰　**66** ㉮　**67** ㉯　**68** ㉱

69 다음 식단 작성의 순서가 바르게 된 것은?

㉮ 영양기준량 산출, 음식수 결정, 식품섭취량 산출, 3식 영양배분 결정

㉯ 음식수 결정, 식품섭취량 산출, 3식 영양배분 결정, 영양기준량 산출

㉰ 3식 영양배분 결정, 영양기준량 산출, 음식수 결정, 식품섭취량, 산출

㉱ 영양기준량 산출, 식품섭취량 산출, 3식 영양배분 결정, 음식수 결정

69 **해설**
식단 작성의 순서는 영양기준량 산출, 식품섭취량 산출, 3식 영양배분 결정, 음식수를 결정한다.

70 식단 작성시 고려해야 할 영양소별 열량 섭취비율은?

㉮ 당질 65%, 지질 20%, 단백질 15%

㉯ 당질 50%, 지질 35%, 단백질 15%

㉰ 당질 80%, 지질 5%, 단백질 15%

㉱ 당질 85%, 지질 10%, 단백질 5%

71 성인 1일 필요한 평균 소금의 양은?

㉮ 10g ㉯ 20g

㉰ 30g ㉱ 40g

71 **해설**
우리나라 성인 한 사람이 1일 필요한 소금의 양은 10g 정도이다.

72 우리나라 5가지 기초식품군을 모두 포함하는 식품들로 묶인 것은?

㉮ 쌀 - 생선 - 콩 - 멸치 - 참기름

㉯ 참기름 - 사과 - 배추 - 달걀 - 빵

㉰ 보리 - 쇠고기 - 우유 - 시금치 - 깨소금

㉱ 깨소금 - 멸치 - 분유 - 쇠고기 - 쌀

정답
69 ㉱ **70** ㉮ **71** ㉮ **72** ㉰

73 다음은 대체 식품끼리 짝지어 놓은 것이다. 틀린 것은?

㉮ 우유 – 버터, 치즈　　㉯ 생선 – 쇠고기, 두부

㉰ 밥 – 국수, 빵　　㉱ 시금치 – 쑥갓, 아욱

74 다음 식품군 중 조절소 역할을 하는 군은?

㉮ 우유 및 유제품　　㉯ 채소 및 과일류

㉰ 곡류 및 감자류　　㉱ 알 및 콩류

75 칼슘 함량이 가장 많은 식품은?

㉮ 미역　　㉯ 우유

㉰ 마가린　　㉱ 시금치

76 성인 남자 1일 필요 열량은?

㉮ 2,000kcal　　㉯ 2,500kcal

㉰ 3,000kcal　　㉱ 3,500kcal

77 열량의 단위인 1kcal란?

㉮ 1g의 물의 온도를 1℃ 높이는데 필요한 열량

㉯ 1g의 물의 온도를 10℃ 높이는데 필요한 열량

㉰ 1kg의 물의 온도를 1℃ 높이는데 필요한 열량

㉱ 1kg의 물의 온도를 10℃ 높이는데 필요한 열량

78 당질 38g, 단백질 20g, 지방 5g, 무기질 2g이 들어 있는 식품의 열량은?

㉮ 270kcal　　㉯ 277kcal

㉰ 285kcal　　㉱ 295kcal

74 해설 식품군 중 조절소 역할을 하는 군은 채소 및 과일류이다.

76 해설 우리나라의 성인 남자가 하루에 필요로하는 열양은 약 2,500kcal정도 된다.

정답
73 ㉮　74 ㉯　75 ㉯　76 ㉯　77 ㉰　78 ㉯

79 우리나라에 있어서 체중 63kg인 성인남자 1인의 1일 단백질 섭취 권장량은?

㉮ 65g   ㉯ 70g

㉰ 75g   ㉱ 80g

79 해설
우리나라에 있어서 체중 63kg인 성인남자 1인의 1일 단백질 섭취 권장량은 75g이다.

80 열량에 대한 성인 환산치 합계가 2.73인 가족의 1일 열량필요량은?(단, 표준성인 1인 1일 열량은 2,500kcal)

㉮ 6,720   ㉯ 6,825

㉰ 7,230   ㉱ 7,683

81 우리나라 성인의 중등활동을 하는 남자 1인 1일의 콩류 섭취 권장량 15g을 두부로서 섭취할 때는 몇 g을 섭취하도록 권장하고 있는가?

㉮ 70g

㉯ 60g

㉰ 50g

㉱ 40g

82 중등 노동을 하는 정상 성인에게 가장 바람직한 3식의 배분비율은?

㉮ 주식 - 1 : 1 : 1, 부식 - 1 : 1 : 2 또는 3 : 4 : 5

㉯ 주식 - 1 : 2 : 1, 부식 - 1 : 2 : 1 또는 3 : 5 : 4

㉰ 주식 - 1 : 1 : 2, 부식 - 1 : 2 : 2 또는 5 : 3 : 4

㉱ 주식 - 1 : 2 : 2, 부식 - 1 : 1 : 1 또는 5 : 4 : 3

82 해설
중등 노동을 하는 정상 성인에게 가장 바람직한 3식의 배분비율은 주식-1 : 1 : 1, 부식-1 : 1 : 2 또는 3 : 4 : 5가 적합하다.

정답
79 ㉰   **80** ㉯   **81** ㉮   **82** ㉮

83
해설

표준식이란 성인 남자가 영양권장량을 기준으로 하여 만든 하루 분의 식단을 말한다.

83 표준식이란?

㉮ 표준이 되는 식품을 사용하여 만든 1일분의 식단

㉯ 성인남자 영양권장량을 기준으로 하여 만든 1일분의 식단

㉰ 표준이 되는 식품을 사용하여 만든 3일분의 식단

㉱ 성인남자 영양권장량을 기준으로 하여 만든 3일분의 식단

84 다음 한국요리에 관한 사항 중 맞지 않는 것은?

㉮ 밥을 주식으로 하는 것을 반상, 면을 주식으로 하는 것을 면상이라고 한다.

㉯ 5첩 반상에는 초간장과 전(전유어)이 나와야 한다.

㉰ 7첩 반상에는 장류가 둘, 조치류가 하나 나온다.

㉱ 교자상은 명절, 잔치, 회식 등에 차리는 상차림이다.

85
해설

반상은 우리의 식사예법에 따른 기본적인 식사상 이다.

85 우리의 식사예법에 따른 식사상은 어느 것인가?

㉮ 뷔페상

㉯ 품요리상

㉰ 반상

㉱ 풍속 음식상

86 반상의 첩수 기준은?

㉮ 김치의 수효

㉯ 찜이나 국의 수효

㉰ 다과의 수효

㉱ 반찬의 수효

정답

83 ㉯ **84** ㉰ **85** ㉰ **86** ㉱

87 오늘 아침식단은 다음 표와 같다. 여기에서 부족한 영양소는 어느 것인가?

> 보리밥 · 콩자반 · 생선구이 · 김치 · 김구이 · 불고기 · 된장찌개

㉮ 당질　　　　　　　㉯ 단백질

㉰ 지질　　　　　　　㉱ 칼슘

88 부적합한 짠 음식을 섭취했을 때 발생할 수 있는 성인병은?

㉮ 비장염, 당뇨병　　　㉯ 구루병, 간장염

㉰ 위암, 대장암　　　　㉱ 고혈압, 심장병

88 해설

음식을 짜게 섭취하면 고혈압과 심장병이 발생할 수 있다.

89 어린이나 임산부가 있는 가정에서 특히 많이 섭취해야 할 영양소는?

㉮ 탄수화물, 지방　　　㉯ 비타민, 철분

㉰ 단백질, 칼슘　　　　㉱ 탄수화물, 단백질

90 노인은 건강유지를 위하여 어떤 기름을 먹어야 하나?

㉮ 튀김기름(면실유)　　㉯ 버터

㉰ 돼지기름　　　　　　㉱ 쇠기름

91 정신 노동자가 많이 필요로 하는 것은?

㉮ 술　　　　　　　　㉯ 홍차

㉰ 커피　　　　　　　㉱ 비타민 B_1

91 해설

정신노동자가 많이 필요로 하는 것은 비타민 B_1 이다.

92 어린이 영양관리에 있어서 양질의 단백질과 칼슘 섭취를 위하여 다음 중 어떤 식품이 적합한가?

㉮ 달걀과 쇠고기　　　㉯ 돼지고기와 우유

㉰ 우유와 달걀　　　　㉱ 대두와 양고기

정답

87 ㉱　88 ㉱　89 ㉰　90 ㉮　91 ㉱　92 ㉰

93
해설 아이를 모유로만 기르면 철분의 영양소가 부족되기 쉽다.

93 어린아이를 모유로만 기르면 인체에 부족되기 쉬운 영양소는?

㉮ 단백질　　　　　　㉯ 칼슘

㉰ 철분　　　　　　　㉱ 비타민 C

94
해설 당뇨병 환자는 단음식을 피해야 하며 특히 과자와 사탕 종류는 피해야 한다.

94 당뇨병 환자가 금하여야 할 식품은?

㉮ 사과, 배추　　　　㉯ 술, 달걀

㉰ 과자, 사탕　　　　㉱ 쇠고기, 우유

95 식이요법의 연결이 틀린 것은?

㉮ 비만증 - 저지방　　㉯ 당뇨병 - 저단백

㉰ 고혈압 - 저나트륨　㉱ 결핵 - 고열량

96
해설 조리 장은 음식점 면적의 대략 1/3 넓이가 알맞다.

96 조리장은 음식점 면적의 대략 얼마의 넓이가 알맞은가?

㉮ 1/2　　　　　　　㉯ 1/3

㉰ 1/4　　　　　　　㉱ 1/5

97 다음은 식품위생법 시행규칙상에서 조리장의 시설기준을 설명한 것이다. 틀린 것은?

㉮ 바닥과 바닥으로부터 1m까지의 내벽은 밝은 색의 타일, 콘크리트 내수성 자재로 해야 한다.

㉯ 비상시에 출입문과 통로가 불편이 없어야 한다.

㉰ 종업원 전용의 수세시설이 있어야 한다.

㉱ 동일인이 건물내에 2종 이상의 식품 접객업소를 경영하는 경우에는 하나의 조리장을 사용할 수 없다.

정답
93 ㉰ **94** ㉰ **95** ㉯ **96** ㉯ **97** ㉱

98 일반 급식소에서 급식수1식(給食數一食)당의 주방면적은 얼마로 하는 것이 좋은가?

㉮ 0.1㎡ 정도 ㉯ 1.0㎡ 정도

㉰ 5㎡ 정도 ㉱ 50㎡ 정도

99 조리장의 배수가 잘 되게 하기 위한 바닥의 구배로 적당한 것은?

㉮ 바닥길이의 1/20

㉯ 바닥길이의 1/30

㉰ 바닥길이의 1/40

㉱ 바닥길이의 1/50

99 해설
조리장의 배수가 잘 되게 하기 위해서는 바닥길이의 1/50정도가 바닥 구배로 적당하다.

100 다음 조리장의 바닥 재질로서 좋지 못한 것은?

㉮ 모르타르 ㉯ 콘크리트

㉰ 목재 ㉱ 타일

101 다음 중 환기시설이 아닌 것은?

㉮ 트랩(trap) ㉯ 회전창

㉰ 팬(fan) ㉱ 후드(hood)

102 취식자 1인당 취식면적을 1.0㎡, 식기 회수공간을 취사면적의 10%로 할 때 1회 200인을 수용하는 식당의 면적은 얼마나 되는가?

㉮ 200㎡ ㉯ 220㎡

㉰ 400㎡ ㉱ 440㎡

정답
98 ㉮ **99** ㉱ **100** ㉰ **101** ㉮ **102** ㉯

103
해설 작업대의 배치순서로는 준비대－개수대－조리대－가열대－배선대순이 적합하다.

103 작업대의 배치순서가 알맞는 것은?

㉮ 준비대 - 개수대 - 가열대 - 배선대

㉯ 준비대 - 가열대 - 배선대

㉰ 준비대 - 개수대 - 조리대 - 가열대 - 배선대

㉱ 개수대 - 조리대 - 배선대 - 준비대

104 조리장내에 위생 해충의 침입을 막기 위하여 방충망을 설치할 경우 방충용 철망의 크기는?

㉮ 10메쉬(mesh) 정도   ㉯ 20메쉬(mesh) 정도

㉰ 30메쉬(mesh) 정도   ㉱ 40메쉬(mesh) 정도

105 가열조리의 목적과 거리가 먼 것은?

㉮ 영양소의 손실을 줄일 수 있다.

㉯ 소화와 흡수를 용이하게 할 수 있다.

㉰ 위생적으로 완전한 식품을 조리할 수 있다.

㉱ 먹기 좋도록 할 수 있다.

106
해설 튀김 요리시 튀김 기름의 온도를 측정은 할 때는 기름의 중간 부분 좋다.

106 튀김요리시 튀김 기름의 온도를 측정하려 한다. 온도계를 꽂는 위치는 어디가 좋은가?

㉮ 기름의 표면 부분   ㉯ 기름의 중간 부분

㉰ 기름의 맨 밑부분   ㉱ 튀김용기에 닿는 부분

107 저민 쇠고기(fillet of beef)의 석쇠구이를 하려고 한다. 어떤 방법으로 굽는 것이 좋은가?

㉮ 그릴(grill)

㉯ 오븐 로스트(oven roast)

㉰ 샐러맨더(salamander)

㉱ 디프 플라이(deep fry)

정답
103 ㉰ **104** ㉰ **105** ㉮ **106** ㉯ **107** ㉮

108 다음 중 습열(濕熱)조리에 속하는 것은?

㉮ 볶기 ㉯ 굽기

㉰ 튀기기 ㉱ 끓이기

108 해설
끓이기의 조리방법은 습열조리에 속한다.

109 튀김두부는 몇 차에 걸쳐서 튀기는 것이 좋은가?

㉮ 1차 ㉯ 2차

㉰ 3차 ㉱ 4차

110 다음 중 조리용 기기 사용이 잘못된 것은?

㉮ 필러(peeler) : 감자, 당근의 껍질 벗기기

㉯ 슬라이서(slicer) : 쇠고기를 갈아낸다.

㉰ 세기기 : 조리 용기의 세척

㉱ 믹서 : 재료의 혼합

111 찜의 장점 중 틀린 것은?

㉮ 찌는 도중에 조미를 할 수 있다.

㉯ 모양이 흐트러지지 않는다.

㉰ 식품이 탈 우려가 없다.

㉱ 수용성 물질의 용출이 끓이는 조작에 비하여 적다.

111 해설
찜 요리의 장점은 모양이 흐트러지지 않고 탈 우려가 없으며 수용성 물질의 용출이 끓이는 조작에 비하여 적다.

112 끓이기 조리에서의 장·단점은 다음과 같다. 틀린 것은?

㉮ 다량의 음식을 한꺼번에 취급할 수 있는 것이 장점이다.

㉯ 장점은 조미를 자유자재로 할 수 있고 영양의 손실을 방지할 수 있다.

㉰ 단점은 하부의 식품은 그 모양이 망가진다.

㉱ 장점은 국물의 분량조절의 용이성에 있다.

정답
108 ㉱ **109** ㉯ **110** ㉯ **111** ㉮ **112** ㉱

113 다음 구이방법 중 간접구이의 형태인 것은?

㉮ 브로일(broil)　　　　㉯ 바베큐(barbecue)

㉰ 베이킹(baking)　　　　㉱ 석쇠구이

114
해설　튀김요리를 할 때에는 약 160~180℃에서 요리하는것이 이상 적이다.

114 튀김에 적당한 기름의 온도는?

㉮ 120~140℃　　　　㉯ 140~160℃

㉰ 160~180℃　　　　㉱ 180~200℃

115 다량의 기름으로 튀김(deep fat frying)할 때, 재료의 양이 50g이라면 기름의 양은 약 몇 g이 적당한가?

㉮ 약 100~200g　　　　㉯ 약 300~500g

㉰ 약 500~700g　　　　㉱ 약 600~1,000g

116 생선조림의 방법으로 옳지 않은 것은?

㉮ 생강과 약간의 술을 넣으면 비린내를 감소시킬 수 있다.

㉯ 양념을 한 찬물에 생선을 넣고 약한 불에서 오래 조린다.

㉰ 처음 가열할 때는 수분간 뚜껑을 열어두는 것이 좋다.

㉱ 선도가 약간 저하된 생선은 조미를 비교적 강하게 한다.

117
해설　수프 스톡(soup stock)이란 육수를 말한다.

117 수프 스톡(.soup stock)이란?

㉮ 육수

㉯ 수프를 만드는 재료

㉰ 수프를 만드는 기구

㉱ 수프를 담는 용기

정답
113 ㉰　**114** ㉰　**115** ㉱　**116** ㉯　**117** ㉮

118 비타민 C의 손실을 막기 위해 좋은 조리방법은?

㉮ 끓이기   ㉯ 무침

㉰ 구이   ㉱ 튀김

118 해설
튀기는 음식 조리방법은 비타민 C의 손실을 막는데 도움이 된다.

119 전유어를 하기에 적당하지 못한 생선은?

㉮ 동태   ㉯ 대구

㉰ 고등어   ㉱ 민어

120 다음은 영양 조리방법을 설명한 것이다. 옳은 것은?

㉮ 된장은 국이 끓기 전에 풀어서 푹 끓인다.

㉯ 시금치는 맑은 장국으로 끓여야 한다.

㉰ 콩나물은 소금으로 간을 맞춘다.

㉱ 감자국은 무국보다 시간이 단축된다.

121 식사 후 설거지를 할 때 어떤 순서로 씻으면 좋은가?

a. 수저   b. 접시   c. 유리컵   d. 냄비

㉮ a, b, c, d   ㉯ a, c, b, d

㉰ b, c, a, d   ㉱ c, b, a, d

122 집단급식의 목적이라 할 수 없는 것은?

㉮ 급식하는 사람에게 영양급식을 몸에 익히도록 한다.

㉯ 국민 체위의 향상을 도모한다.

㉰ 정책적인 식량 수급계획 방향을 제시한다.

㉱ 급식하는 사람의 영양개선과 식생활 개선을 도모한다.

122 해설
정책적인 식량 수급계획 방향을 제시하는 것은 집단 급식의 목적이라 볼 수 없다.

정답
118 ㉱   **119** ㉰   **120** ㉰   **121** ㉱   **122** ㉰

123
해설
식품 재료의 구입
계획 작성시 식품
의 가격과 출회표
를 우선적으로 고
려해야 한다.

123 식품의 구입계획 작성시 특히 고려해야 할 사항은?

㉮ 식품의 폐기율과 대치식품

㉯ 식품의 가격과 출회표

㉰ 식품의 특색과 생산지

㉱ 식품의 포장상태

124 집단급식의 특징이 아닌 것은?

㉮ 대량 염가의 식품 구입

㉯ 표준화되고 규칙적인 식단

㉰ 신속하고 효율적인 조리

㉱ 개별적인 기호의 참작

125 집단급식의 조리에 관한 다음 설명 중 부적합한 것은?

㉮ 집단급식에서는 맑은 국보다 토장국이 좋다.

㉯ 국의 국물과 건더기 비율은 2/3 : 1/3이 좋다.

㉰ 찌개의 국물과 건더기 비율은 1/3 : 2/3가 좋다.

㉱ 집단급식에서는 육류찌개보다 생선찌개가 좋다.

126 집단급식에서 부식을 결정할 때 우선적으로 고려하여야 할 영양소는?

㉮ 탄수화물   ㉯ 단백질

㉰ 비타민   ㉱ 칼슘

127
해설
쇠고기 구입 할때
에는 중량과 쇠고
기부위를 유의해
서 구입한다.

127 쇠고기 구입시 가장 유의해야 할 사항은?

㉮ 중량, 부위   ㉯ 색깔, 부위

㉰ 중량, 부피   ㉱ 색깔, 부피

정답

123 ㉯ **124** ㉱ **125** ㉱ **126** ㉯ **127** ㉮

128 학교 급식의 식단작성에 있어서 가장 중요한 것은?

㉮ 편식 교정   ㉯ 충분한 영양섭취

㉰ 사회성 함양   ㉱ 식사에 대한 바른 이해

128
해설
학교 급식의 식단 작성에 있어서 충분한 영양 섭취를 가장 중요하다.

129 다음 중 폐기율이 가장 높은 식품은?

㉮ 쇠고기   ㉯ 달걀

㉰ 생선   ㉱ 곡류

130 다음의 설명 중 잘못 기술된 것은?

㉮ 일정한도 내에서 일시구입을 원칙으로 하는 식품은 곡류 및 가공품이다.

㉯ 고추는 참외보다 가식부율이 높다.

㉰ 밀감은 참외보다 가식부율이 높기 때문에 가능하면 밀감을 택하는 것이 좋다.

㉱ 폐기율은 생선이 쇠고기나 계란보다 높다.

131 다음 칼의(a)부분의 용도로 옳은 것은?

㉮ 채소를 자를 때

㉯ 생선을 저밀 때

㉰ 생선을 토막칠 때

㉱ 생선비늘을 긁을 때

131
해설
칼의(a)부분은 생선비늘을 긁을 때 사용한다.

132 조리장을 신축할 때 고려해야 할 사항으로 올바른 순서는?

a. 위생	b. 경제	c. 능률

㉮ a, b c   ㉯ b, a, c

㉰ a, c, b   ㉱ b, c, a

정답

128 ㉯ **129** ㉰ **130** ㉰ **131** ㉱ **132** ㉰

133
해설
시금치를 삶을 때 휘발성 유기산을 휘발시키기 위하여 솥뚜껑을 닫지 않는다.

133 시금치를 삶을 때 솥뚜껑을 닫지 않는 이유는?

㉮ 휘발성 유기산을 휘발시킨다.

㉯ 무기산을 휘발시킨다.

㉰ 비타민 A의 산화를 막는다.

㉱ 무기산의 산화를 막는다.

134 다음 중 원가의 개념에 포함시킬 수 없는 것은?

㉮ 제품제조에 관한 것이어야 한다.

㉯ 제품의 생산 및 판매를 위하여 소비된 경제가치이어야 한다.

㉰ 서비스의 제공을 위하여 소비된 경제가치이어야 한다.

㉱ 기업의 경제활동을 위하여 소비된다.

135 원가계산의 목적을 설명한 것으로 타당하지 않은 것은?

㉮ 가격결정 목적   ㉯ 회계감사 목적

㉰ 원가관리 목적   ㉱ 예산편성 목적

136
해설
원가의 3요소는 재료비, 노무비, 경비 등이다.

136 원가의 3요소에 속하지 않는 것은?

㉮ 재료비   ㉯ 노무비

㉰ 경비   ㉱ 시설사용료

137 다음 중 노무비에 속하지 않는 것은?

㉮ 임금

㉯ 급료

㉰ 상여금, 수당

㉱ 여비, 교통비

정답

133 ㉮ 134 ㉱ 135 ㉯ 136 ㉱ 137 ㉱

138 다음 중 제조원가에 해당되는 것은 어느 것인가?

㉮ 직접재료비＋직접노무비

㉯ 직접재료비＋직접노무비＋직접경비＋제조간접비

㉰ 직접재료비＋직접노무비＋경비

㉱ 제조변동비＋제조경비

> **138 해설**
> 제조원가는 직접재료비, 직접노무비, 직접경비, 제조 간접비 등이다.

139 직접비의 합계액을 무엇이라 하는가?

㉮ 제조원가　　　㉯ 총원가

㉰ 직접원가　　　㉱ 이익

140 제품의 제조를 위하여 노동력을 소비함으로써 발생하는 원가를 무엇이라고 하는가?

㉮ 직접비　　　㉯ 노무비

㉰ 경비　　　　㉱ 재료비

> **140 해설**
> 노무비라함은 제품의 제조를 위하여 노동력을 소비함으로써 발생하는 원가를 말한다.

141 다음 중 이익이 포함된 것은?

㉮ 직접원가　　　㉯ 제조원가

㉰ 총원가　　　　㉱ 판매가격

142 실제원가와 같은 말이 아닌 것은?

㉮ 확정원가

㉯ 현실원가

㉰ 사전원가

㉱ 보통원가

143
해설
원거계산의 일반
절차는 요소별 원
가계산→부문별
원가계산→제품별
원가계산을 한다.

143 다음 중 원가계산의 일반절차로 맞는 것은?

㉮ 요소별 원가계산 → 부문별 원가계산 → 제품별 원가
계산

㉯ 요소별 원가계산 → 제품별 원가계산 → 부문별 원가
계산

㉰ 부문별 원가계산 → 요소별 원가계산 → 제품별 원가
계산

㉱ 제품별 원가계산 → 부문별 원가계산 → 요소별 원가
계산

144 어떤 음식을 만드는데 직접재료비 1,250원, 직접노무비
250원, 직접경비 70원이 들었다. 이 음식의 직접원가는?

㉮ 1,230원 ㉯ 1,480원

㉰ 1,570원 ㉱ 1,740원

145 재료 소비가격의 계산방법으로 잘못된 것은?

㉮ 후입선출법 ㉯ 개별법

㉰ 이동평균법 ㉱ 역계산법

146 당기의 재료 소비량을 파악하기 위한 계산법은?

㉮ (전기 재료이월량 + 당기 재료구입량) - 기말 재고량

㉯ 전기 재료이월량 + 당기 재료구입량

㉰ (당기 재료구입량 - 전기 재료이월량) + 기말 재고량

㉱ 당기 재료구입량 - 전기 재료이월량

147
해설
외주가공비는 직
접경비에 속한
다.

147 다음 중 직접경비인 것은?

㉮ 보험료 ㉯ 감가상각비

㉰ 수리비 ㉱ 외주가공비

정답

143 ㉮ **144** ㉰ **145** ㉱ **146** ㉮ **147** ㉱

148 효과적인 원가의 관리를 목적으로 하는 계산방법은?

㉮ 예정원가계산

㉯ 사전원가계산

㉰ 표준원가계산

㉱ 확정원가계산

149 다음 중 변동비에 해당하는 것은?

㉮ 감가상각비   ㉯ 연료비

㉰ 보험료   ㉱ 조명비

149 해설

연료비는 변동비에 해당한다.

150 (전기이월량 + 당기구입량) – 기말재고량 = 당기소비량의 방법으로 재료소비량을 계산하는 방법을 무엇이라 부르는가?

㉮ 재고조사법   ㉯ 계속기록법

㉰ 역계산법   ㉱ 단순평균법

151 다음 자료에 대하여 제조원가를 구하면?

직접재료비 ₩ 180,000	직접경비 ₩ 5,000
간접재료비 ₩ 60,000	간접경비 ₩ 120,000
직접노무비 ₩ 130,000	판매관리비 ₩ 150,000
간접노무비 ₩ 30,000	

㉮ ₩ 434,000   ㉯ ₩ 525,000

㉰ ₩ 587,000   ㉱ ₩ 659,000

152 감가상각의 3대 요소에 속하지 않는 것은?

㉮ 기초가격   ㉯ 내용년수

㉰ 잔존가격   ㉱ 고정금액

152 해설

감가상각의 3대 요소 기초가격, 내용년수, 잔존가격을 말한다.

정답

148 ㉰   149 ㉯   150 ㉮   151 ㉯   152 ㉱

153 원가를 조업도에 따라 분류하면 고정비와 변동비로 구분할 수 있는데, 다음 중 고정비에 해당되는 것은 어느 것인가?

㉮ 감가상각비   ㉯ 광열비
㉰ 연료비   ㉱ 수도비

154 고정자산이 아닌 것은?

㉮ 현금   ㉯ 토지
㉰ 건물   ㉱ 기계

155 해설 보험료, 수선비 등은 간접경비에 속하는 경비이다.

155 보험료, 수선비 등은 다음 중 어디에 속하는가?

㉮ 직접노무비   ㉯ 간접노무비
㉰ 직접경비   ㉱ 간접경비

156 다음은 재료의 소비액을 계산하는 산식(算式)이다. 옳은 것은 어느 것인가?

㉮ 재료소비량 × 재료소비단가
㉯ 재료소비량 × 재료구입단가
㉰ 재료구입량 × 재료소비단가
㉱ 재료구입량 × 재료구입단가

157 원가계산 원칙 중 각 요소별로 유기적 관계를 구성하여 상호 관리견제가 가능한 원칙은?

㉮ 진실성의 원칙   ㉯ 발생기준의 원칙
㉰ 비교성의 원칙   ㉱ 상호관리의 원칙

158 해설 개별 원가계산은 주문 음식 원가 계산 방법으로 가장 적당하다.

158 다음 중 주문 음식 원가계산 방법으로 적당한 것은?

㉮ 표준 원가계산   ㉯ 종합 원가계산
㉰ 개별 원가계산   ㉱ 공정별 원가계산

정답

153 ㉮   **154** ㉮   **155** ㉱   **156** ㉮   **157** ㉱   **158** ㉰

159 단체급식에 있어서 간접재료비에 속하는 것은?

㉮ 쇠고기   ㉯ 쌀

㉰ 조미료   ㉱ 야채

159 해설
조미료는 단체급식에 있어서 간접재료비에 속하는 재료이다.

160 다음 감가상각비를 정액법으로 계산하면 감가상각액은 얼마인가?

기초가격=₩ 40,000	사용년수=4년

㉮ 7,000   ㉯ 8,000

㉰ 9,000   ㉱ 10,000

161 다음 중 영양의 범위에 속하지 않는 것은?

㉮ 음식물의 구매   ㉯ 음식물의 섭취

㉰ 음식물의 소화   ㉱ 음식물의 배설

162 녹말의 가수분해 과정으로 맞는 것은?

㉮ 녹말 → 덱스트린 → 엿당 → 포도당

㉯ 녹말 → 엿당 → 포도당 → 덱스트린

㉰ 녹말 → 포도당 → 덱스트린 → 엿당

㉱ 녹말 → 엿당 → 덱스트린 → 포도당

163 다음 중 인체구성의 성분이 되는 영양소는?

㉮ 물   ㉯ 지방

㉰ 비타민   ㉱ 탄수화물

163 해설
물은 인체구성의 성분이 되는 중요한 영양소이다.

164 단당류가 아닌 것은?

㉮ 포도당(glucose)   ㉯ 맥아당(maltose)

㉰ 과당(fructose)   ㉱ 갈락토오스(galactose)

정답
159 ㉰   160 ㉯   161 ㉮   162 ㉮   163 ㉮   164 ㉯

165 다음 중 당류의 가수분해 생성물로 맞는 것은?

㉮ 자당 → 포도당 + 갈락토오스

㉯ 맥아당 → 포도당 + 포도당

㉰ 유당 → 과당 + 갈락토오스

㉱ 전분 → 직접 단당류가 된다.

166
해설
아미노카보닐 반
응이란 환원당과
아미노산 물질이
서로 결합하여 갈
색화 하는 것이
다.

166 아미노카보닐 반응이란 어떤 물질이 서로 결합하여 갈색화하는 것인가?

㉮ 아미노산과 지방　　　㉯ 환원당과 아미노산

㉰ 환원당과 지방　　　　㉱ 아미노산과 무기질

167 영양소의 체내 흡수율이 큰 순서로 배열된 것은?

㉮ 지방 > 단백질 > 탄수화물

㉯ 탄수화물 > 단백질 > 지방

㉰ 탄수화물 > 지방 > 단백질

㉱ 단백질 > 탄수화물 > 지방

168 탄수화물의 체내기능이 잘못 설명된 것은?

㉮ 포도당 - 혈당의 유지

㉯ 유당 - 정장작용

㉰ 덱스트린 - 해독작용

㉱ 섬유소 - 배설작용

169
해설
지방은 지방산과
글리세린의 성분
으로 되어있다.

169 지방의 성분은?

㉮ 지방산과 무기질　　　㉯ 지방산과 글리세린

㉰ 지방산과 포도당　　　㉱ 아미노산과 글리세린

정답

165 ㉯　166 ㉯　167 ㉰　168 ㉰　169 ㉯

---

170 체내에서 지질의 주된 기능은?

㉮ 조혈 작용
㉯ 골격 형성
㉰ 혈당량 조절
㉱ 에너지 발생

171 다음 중 필수지방산은?

㉮ 리놀렌산
㉯ 올레산
㉰ 스테아린산
㉱ 팔미트산

172 다음 중 포화지방산은 어느 것인가?

㉮ 낙산
㉯ 올레산
㉰ 리놀레산
㉱ 아라키돈산

173 단백질 부족시 일어나는 현상이 아닌 것은 어느 것인가?

㉮ 발육이 나빠진다.
㉯ 병원균에 대한 저항력이 약해진다.
㉰ 빈혈현상이 온다.
㉱ 소화불량을 일으킨다.

174 단백질이 하는 일이 아닌 것은?

㉮ 에너지를 발생한다.
㉯ 각기병을 치유한다.
㉰ 체내 생리작용을 조절한다.
㉱ 근육조직을 형성한다.

175 구성 영양소도 되고 조절 영양소도 되는 것은?

㉮ 단백질
㉯ 탄수화물
㉰ 지방
㉱ 비타민

---

170 해설 체내에서 지질의 주된 기능은 에너지 발생시킨다.

173 해설 인체에 단백질이 부족하면 빈혈과 병원체의 저항력이 떨어지고 신체의 발육부진에 원인이 된다.

175 해설 단백질은 구성 영양소도 되고 조절 영양소이다.

정답
170 ㉱ 171 ㉮ 172 ㉮ 173 ㉱ 174 ㉯ 175 ㉮

176
해설 탄수화물은 단백질의 절약 작용을 하는 영양소이다.

176 단백질의 절약 작용을 하는 영양소는?
- ㉮ 지방
- ㉯ 칼슘
- ㉰ 탄수화물
- ㉱ 철분

177 다음 식품의 주된 단백질이 잘못 연결된 것은?
- ㉮ 육류의 근육 섬유 – 미오신, 액틴
- ㉯ 알류 – 오브알부민, 오브비텔린
- ㉰ 우유 – 락토알부민, 카제인
- ㉱ 흰콩 – 콜라겐, 글로블린

178
해설 완전 단백질이란 필수아미노산을 필요한 비율로 골고루 함유하고 있는 것을 말한다.

178 완전 단백질이란?
- ㉮ 발견된 모든 아미노산을 골고루 함유하고 있는 것
- ㉯ 어느 아미노산이나 1가지를 많이 함유하고 있는 것
- ㉰ 필수 아미노산 중 몇 가지만 다량으로 함유하고 있는 것
- ㉱ 필수아미노산을 필요한 비율로 골고루 함유하고 있는 것

179
해설 트립토판 아미노산은 나이아신의 전구체인 아미노산이다.

179 나이아신의 전구체인 아미노산은?
- ㉮ 글리신
- ㉯ 트레오닌
- ㉰ 발린
- ㉱ 트립토판

180 필수아미노산이 아닌 것은?
- ㉮ 리신
- ㉯ 발린
- ㉰ 호르데인
- ㉱ 메티오닌

정답
176 ㉰ **177** ㉱ **178** ㉱ **179** ㉱ **180** ㉰

181 다음 중 복합 단백질의 설명이 잘못된 것은?

㉮ 단백질 + 인 → 카제인

㉯ 단백질 + 당 → 알부민

㉰ 단백질 + 색소 → 헤모글로빈

㉱ 단백질 + 지방 → 리포프로틴

182 다음 무기질 중 조혈과 관계가 없는 것은?

㉮ F ㉯ Fe

㉰ Cu ㉱ Co

183 철분이 들어 있지 않는 단백질은?

㉮ 헤모글로빈 ㉯ 헤모시아닌

㉰ 미오글로빈 ㉱ 시토크롬

183 해설
헤모시아닌의 단백질은 철분이 들어 있지 않다.

184 혈액응고에 필요하고 심장고동을 정기적으로 해주는 것은?

㉮ 비타민 C ㉯ Ca

㉰ I ㉱ P

185 뇌신경과 골의 주성분이 되는 무기질은?

㉮ 칼슘 ㉯ 요오드

㉰ 인 ㉱ 칼륨

185 해설
인(P)은 뇌신경과 골의 주성분이 되는 무기질이다.

186 비타민과 그 결핍증이 옳게 짝지어진 것은?

㉮ 타아민 - 괴혈병

㉯ 나이아신 - 펠라그라병

㉰ 리보플라빈 - 야맹증

㉱ 아스코르브산 - 구각염

정답
181 ㉯ 182 ㉮ 183 ㉯ 184 ㉯ 185 ㉰ 186 ㉯

187 생리식염수는 몇 % 농도를 말하는가?

㉮ 0.7% ㉯ 0.6%

㉰ 0.8% ㉱ 0.9%

188 다음 무기질 중 체내에서 알칼리성을 나타내는 것은?

㉮ Na ㉯ S

㉰ P ㉱ Cl

189 체내에서 장내 세균에 의해 생성되는 비타민은?

㉮ 비타민 B₁ ㉯ 비타민 C

㉰ 비타민 E ㉱ 비타민 K

190 광선에 의해 분해가 빠른 비타민은?

㉮ Vit A ㉯ Vit B₁

㉰ Vit B₂ ㉱ Vit D

191 비타민의 특성 또는 기능인 것은?

㉮ 많은 양이 필요하다.

㉯ 인체내에서 조절 물질로 사용된다.

㉰ 에너지로 사용된다.

㉱ 일반적으로 체내에서 합성된다.

192 비타민 A의 전구체인 카로틴의 함량이 가장 많은 식품은?

㉮ 당근, 양배추

㉯ 오이, 감자

㉰ 콩나물, 시금치

㉱ 우유, 치즈

189 해설 비타민K는 체내에서 장내 세균에 의해 생성된다.

192 해설 당근, 양배추는 비타민A의 전구체인 카로틴의 함량이 가장 많은 식품이다.

정답

187 ㉱ 188 ㉮ 189 ㉱ 190 ㉰ 191 ㉯ 192 ㉮

193 요오드(I)와 관계 있으며 부족시 바세도우씨 병을 유발하는 호르몬은?

㉮ 갑상선 호르몬

㉯ 뇌하수체 호르몬

㉰ 부신피질 호르몬

㉱ 부신수질 호르몬

194 비타민 A가 우리 몸 안에서 가장 많이 들어 있는 곳은?

㉮ 혈액   ㉯ 간

㉰ 근육   ㉱ 뼈

195 비타민 C의 특징이 아닌 것은?

㉮ 비타민 중에서 가장 불안정하다.

㉯ 각종 대사작용에 효소로서 작용한다.

㉰ 칼슘과 철의 흡수를 돕고, 모세관 벽을 튼튼히 한다.

㉱ 신선한 채소와 과일류에 가장 많이 함유되어 있다.

196 분만 수주일 전에 출혈 방지작용을 위하여 어떤 영양소를 공급해야 하나?

㉮ Vit C   ㉯ Vit D

㉰ Vit E   ㉱ Vit K

197 쌀과 같은 당질을 많이 섭취하는 한국인에게 강조해야 할 비타민은?

㉮ 비타민 A   ㉯ 비타민 B₁

㉰ 비타민 B₆   ㉱ 비타민 D

정답
193 ㉮ **194** ㉯ **195** ㉯ **196** ㉱ **197** ㉯

198
해설

물은우리 인체내
에서 영양소 및
노폐물의 운반하
는 중요한 역활
을 한다.

198 물의 체내 기능은?

㉮ 영양소 및 노폐물의 운반

㉯ 에너지 공급

㉰ 뼈, 이를 구성

㉱ 소화효소를 분비

199 물은 체중의 몇 %를 차지하는가?

㉮ 50%   ㉯ 60%

㉰ 65%   ㉱ 70%

200 지방의 소화 흡수를 돕는 성분은?

㉮ 아밀라아제   ㉯ 담즙산염

㉰ 지방산   ㉱ 올레인산

201 당질을 소화시키는데 관계되는 효소는?

㉮ 리파아제   ㉯ 레닌

㉰ 아밀라아제   ㉱ 펩신

202
해설

지방의 영양소는
위에 머무르는 시
간이 길다.

202 다음 영양소 중 위에 머무르는 시간이 가장 긴 것은?

㉮ 탄수화물   ㉯ 단백질

㉰ 지방   ㉱ 물

203 다음 중 소화효소가 아닌 것은?

㉮ 레닌   ㉯ 트립신

㉰ 에렙신   ㉱ 수크라아제

정답
198 ㉮ **199** ㉰ **200** ㉯ **201** ㉰ **202** ㉰ **203** ㉮

204 단백질의 소화효소는?

㉮ 리파아제

㉯ 아밀라아제

㉰ 트립신

㉱ 락타아제

204
해설

트립신은 단백질의 소화효소이다.

205 우유는 100g중에 당질이 5g, 단백질 3.5g, 지방 3.7g 함유되어 있다. 몇 킬로칼로리를 내는가?

㉮ 50.3kcal

㉯ 74.3kcal

㉰ 67.3kcal

㉱ 82.3kcal

206 다음 표를 보고 김씨 가족의 하루에 필요한 열량을 계산하시오.

가족	나이	성인 환산치
김씨	47세	1.00
부인	43세	0.80
아들	17세	1.04
딸	14세	0.80

㉮ 9,100kcal

㉯ 10,800kcal

㉰ 8,052kcal

㉱ 8,800kcal

207 꽁치 160g의 단백질량을 바르게 계산한 것은?(단, 단백질량은 꽁치 100g당 24.9g)

㉮ 28.7g

㉯ 34.6g

㉰ 39.8g

㉱ 43.2g

208 고등어 50g을 쇠고기로 대치할 때 필요한 쇠고기 양은?(단, 식품분석표상의 고등어 단백질은 18g이고, 쇠고기의 단백질 함량은 20.1g이다)

㉮ 44.7g   ㉯ 52.1g

㉱ 63.2g   ㉰ 68.8g

209 중등활동을 하는 여성의 열량권장량은 2,000kcal이다. 이 중 15%를 단백질에서 섭취하고자 할 때 단백질 몇 g을 섭취하면 되겠는가?

㉮ 48g   ㉯ 63g

㉱ 75g   ㉰ 83g

210 수면시의 열량은 기초대사량에 비해서 어떻게 되는가?

㉮ 10% 증가   ㉯ 10% 감소

㉱ 무변화   ㉰ 성별에 따라 다름

210 **해설** 수면시의 열량은 기초 대사량에 비해서 10% 감소한다.

정답
208 ㉮   **209** ㉱   **210** ㉯

V. 식품위생법규

식품위생법규

식품위생법규 예상문제

제1장
→ 식품위생법규

 이 장에서는 식품위생법의 목적과 용어정의 / 식품 및 식품첨가물 / 기구와 용기 포장 / 식품등의 공전 / 검사와 영업에 대해서 알아본다.

1. 총칙

식품위생법의 목적

① 식품으로 인한 위상의 위해 사고 방지
② 식품영양의 질적 향상 도모
③ 국민 보건 증진

용어의 정의

① 식품 : 모든 음식물 다만, 의약으로서 섭취하는 것은 제외
② 식품첨가물 : 식품을 제조·가공 또는 보존함에 있어 식품에 첨가·혼합·침윤 기타의 방법으로 사용되는 물질
③ 화학적 합성품 : 화학적 수단에 의하여 원소 또는 화합물에 분해반응외의 화학반응을 일으켜 얻은 물질
④ 표시 : 식품, 식품첨가물, 기구 또는 용기·포장에 기재하는 문자·숫자 또는 도형
⑤ 식품위생 : 식품, 식품첨가물, 기구 또는 용기·포장을 대상으로 함
⑥ 단체급식소(집단급식소) : 영리를 목적으로 하지 아니하고 계속적으로 특정 다수인에게 음식물을 공급하는 기숙사·학교·병원 기타 후생기관 등의 급식 시설로서 대통령령이 정하는 것을 말한다(단체급식소의 범위 - 급식소는 상시 1회 50인 이상에게 식사를 제공하는 급식소).

2. 식품 및 식품첨가물

식품에 관한 모든 기준과 규격을 정하는 사람

보건복지부장관
수출을 목적으로 하는 식품과 식품첨가물의 기준과 규격은 수입자가 요구하는

기준과 규격에 맞추어야 한다.

표시기재에 있어서 제조시간까지 표시하는 식품

도시락

3. 기구와 용기 · 포장

유독 기구 등의 판매, 사용금지

기구 용기 · 포장의 기준과 규격

4. 포장

허위표시, 과대광고, 과대포장의 범위

① 과대포장 : 내용물이 2/3에 미달되는 경우
② 질병치료에 효능이 있다는 내용
③ 제품중에 함유된 성분과 다른 내용의 표시
④ 식품학, 영양학으로 공인된 사항외의 표시

화학적 합성품 심사에서 가장 중요한 것

인체에 대한 안전성

보건복지가족부장관이 정한 제품검사 제품

인삼제품류, 건강 보조식품, 타르색소, 타르색소제제, 보존료, 보존료제제

허위표시, 과대광고, 과대포장의 범위

지방식품의약품안전청, 국립검역소, 시도보건환경연구원, 국립보건원, 국립수
산물검사소

5. 식품등의 공전

보건복지가족부장관은 식품 · 식품 첨가물의 기준 규격, 기구 및 용기 · 포장의
기준 규격과 식품 등의 표시 기준을 수록한 식품 · 식품 첨가물 등의 공전을
작성 · 보급해야 한다.

6. 검사

식품위생감시원의 직무

① 식품 등의 위생적 취급기준의 이행지도
② 수입 · 판매 또는 사용 등이 금지된 식품 등의 취급여부에 관한 단속

③ 표시기준 또는 과대광고 금지의 위반여부에 관한 단속
④ 출입·검사 및 검사에 필요한 식품 등의 수거
⑤ 시설기준의 적합여부의 확인·검사
⑥ 영업자 및 종업원의 건강진단 및 위생교육의 이행여부의 확인·지도
⑦ 행정처분의 이행여부 확인

식품위생 관리인의 직무

① 원료검사 및 제품의 자가 품질검사
② 사용하는 기구, 용기와 포장의 기준 및 규격검사
③ 표시기준 및 광고의 적합여부 확인
④ 기준 및 규격에 적합하지 아니한 제품에 대한처리
⑤ 생산 및 품질관리일지의 작성, 비치
⑥ 종업원의 건강관리 및 위생교육

유흥업소 종사자의 범위

① 유흥접개원
② 댄서
③ 가수 및 악기를 다루는 자
④ 무용을 하는 자
⑤ 만남 및 곡예를 하는 자
⑥ 유흥 사회 자

7. 영업

영업허가를 받아야 할 업종

식품조사 처리업, 식품첨가물 제조업, 단란주점, 유흥주점

영업신고를 해야 할 업종

① 식품 운반업
② 식품 소분 및 판매업
③ 용기, 포장류 제조업

영업에 종사하지 못하는 질병의 종류

① 제1군전염병
② 제3군전염병 중 결핵(비전염성인 경우를 제외한다)
③ 피부병 기타 화농성질환

④ 후천성면역결핍증(AIDS)

⑤ B형 간염

위생교육 대상 자

① 영업의 영업 자

② 식품위생 관리인

③ 영양사와 조리사를 제외한 종업원

위생교육시간

① 식품접객업을 신규로 하는 자 : 6시간

② 식품위생관리인이 되고자 하는 자 : 12시간

③ 종업원 : 매월 1시간

식품의 자진 회수제도

판매의 목적으로 식품 등을 제조·가공·소분·수입 또는 판매한 영업자는 당해 식품 등으로 인한 위생상의 위해가 발생하였거나 발생할 우려가 잇다고 인정하는 때에는 그 사실을 국민에게 알리고 유통중인 당해 식품등을 회수하도록 노력하는 제도

위해요소 중점관리 기준(HACCP)

식품의 원료관리 제조, 가공 및 유통의 전과정에서 위해한 물질이 당해식품에 혼되거나 당해식품이 오염되는 것을 방지하기 위하여 각 과정을 중점적으로 관리하는 기준을 식품별로 정하여 이를 고시 할 수있다.

8. 조리사와 영양사

조리사를 두어야 할 영업

① 집단 급식소

② 복어를 조리, 판매하는 영업

조리사 또는 영양사의 결격사유

① 정신질환자

② 전염병환자

③ 마약 기타 약물중독자

④ 조리사 또는 영양사 면허의 취소처분을 받고 그 취소된 날부터 1년이 지나지 아니한 자

영양사, 조리사의 보수교육

① 영양사는 매년 10시간
② 조리사는 매년 5시간

9. 식품위생 심의위원회

식품위생심의 위원회의 기능

① 기능 : 자문역할
② 구성 : 위원장 1인과 부위원장 2인을 포함한 60인
③ 임기 : 2년

식품위생 단체

① 동업자 조합
② 식품공업협회
③ 한국식품위생 연구원

2년이하의 징역 또는 1천만원 이하의 벌금에 해당하는 경우

① 식품위생 관리인을 두지 않았을 때
② 식품위생 관리인의 업무를 방해하였거나 업무상 필요한 요청을 거부한 자
③ 조리사를 두지 않은 운영 자

무상 수거대상 식품

① 검사에 필요한 식품 등을 수거 할 때
② 유통중인 부정, 불량식품 등을 수거 할 때
③ 부정, 불량식품 등을 압류 또는 수거, 폐기하여야 할 때
④ 수입식품 등을 검사 할 목적으로 수거 할 때

제5편
식품위생법규 예상문제

▶▶ 조리기능사필기시험대비서

01 해설 우리나라에서는 1962. 1. 20일에 처음으로 식품위생법이 공포되었다

01 우리 나라에서 처음으로 식품위생법이 공포된 때는?

㉮ 1962. 1. 20

㉯ 1962. 3. 30

㉰ 1962. 6. 12

㉱ 1962. 10. 10

02 식품위생법의 목적과 거리가 가장 먼 것은?

㉮ 국민보건의 증진에 이바지

㉯ 공공복리의 증진에 기여

㉰ 식품영양의 질적 향상을 도모

㉱ 식품으로 인한 위생상의 위해 방지

03 해설 식품이란 의약품을 제외한 모든 음식물을 말한다.

03 식품위생법상 식품의 정의는?

㉮ 모든 음식물을 말한다.

㉯ 의약품을 제외한 모든 음식물을 말한다.

㉰ 모든 음식물과 첨가물을 말한다.

㉱ 모든 음식물과 화학적 합성품을 말한다.

04 식품위생법상 사용되는 용어의 정의 중 '식품첨가물'에 해당되지 않는 것은?

㉮ 식품에 첨사의 방법으로 사용되는 물질

㉯ 식품에 혼합의 방법으로 사용되는 물질

㉰ 식품에 침윤의 방법으로 사용되는 물질

㉱ 식품에 용기의 방법으로 사용되는 물질

정답
1 ㉮ **2** ㉯ **3** ㉯ **4** ㉱

05 식품위생법상의 용어설명이다. 옳지 않은 것은?

㉮ 식품첨가물이란 식품에 첨가. 혼합. 침윤 기타 방법으로 사용되는 물질이다.

㉯ 화학적 합성품이란 화학적 수단에 의한 원소 또는 화합물에 분해반응 외의 화학반응으로 얻는 물질이다.

㉰ 식품위생이란 식품. 첨가물. 기구. 용기. 포장을 대상으로 하는 음식에 관한 위생이다.

㉱ 집단급식소란 영리를 목적으로 계속적으로 특정다수인에게 음식을 공급하는 급식시설이다.

> **05 해설**
> 식품위생법에서는 집단급식소란 영리를 목적으로 하지 아니한다고 정의하고 있다.

06 식품위생법에서 말하는 기구가 아닌 것은?

㉮ 조리기구　　㉯ 냉장고
㉰ 진열장　　㉱ 탈곡기

07 식품위생법에서 식품 또는 식품첨가물을 채취, 제조, 가공, 수입, 조리, 저장, 운반을 하는 업을 무엇이라 하는가?

㉮ 사업　　㉯ 영업
㉰ 기업　　㉱ 상업

> **07 해설**
> 영업이라 함은 식품위생법에서 식품 또는 식품첨가물을 채취, 제조, 가공, 수입, 조리, 저장, 운반을 하는 업을 말한다.

08 식품위생법에서 금지하고 있는 사항이 아닌 것은?

㉮ 판매를 위한 유독 물질 함유 용기의 진열
㉯ 진열을 위한 유독 물질 함유 기구의 견본제조
㉰ 판매를 위한 유독 물질 함유 용기의 수입
㉱ 사용을 위한 유독 물질 함유 기구의 견본제조

정답
5 ㉱　6 ㉱　7 ㉯　8 ㉯

09 식품위생법상 사용되는 용어의 정의 중 '식품위생'이라 함은 ( )을 대상으로 하는 음식에 관한 위생이다. 다음 중 ( )안에 들어갈 수 없는 것은?

㉮ 식품　　　　　　　㉯ 식품첨가물
㉰ 용기　　　　　　　㉱ 사람

10 해설 보건복지가족부장관은 판매를 목적으로 하는 식품, 첨가물, 기구, 용기, 포장의 기준과 규격을 정한다.

10 판매를 목적으로 하는 식품, 첨가물, 기구, 용기, 포장의 기준과 규격을 정하는 사람은?

㉮ 국립보건원장　　　㉯ 대통령
㉰ 보건복지가족부장관　　㉱ 시장, 군수

11 다음 중 식품 또는 식품첨가물로서 판매할 수 있는 것은?

㉮ 부패 또는 변질되었거나 미숙한 것
㉯ 유독 또는 유해물질이 부착된 것
㉰ 규격과 기준이 정하여진 식품
㉱ 주요성분 또는 영양성분의 전부나 일부를 제거한 식품

12 동물의 몸 부위를 식용에 사용하지 못하는 질병과 상처가 아닌 것은?

㉮ 염증과 외상
㉯ 종양과 심한 기형증
㉰ 위축부 및 기생충증
㉱ 광견병 및 우폐역

13 해설 식품위생법상 기구. 용기 및 포장의 기준이란 제조방법을 말한다.

13 식품위생법상 기구. 용기 및 포장의 기준이란?

㉮ 모양　　　　　　　㉯ 크기와 색채
㉰ 용도　　　　　　　㉱ 제조방법

정답

9 ㉱　10 ㉰　11 ㉰　12 ㉱　13 ㉱

14 식품첨가물 공전 작성은 누가 하는가?

㉮ 국립보건원장 　　　 ㉯ 보건복지부장관

㉰ 보건연구소장 　　　 ㉱ 서울특별시장

14 해설

보건복지부장관
은 식품첨가물 공
전 작성은 보건복
지부장관이 한다.

15 표시라 함은 식품. 첨가물. 기구 또는 용기와 포장에 명시된 다음 어느 것인가?

㉮ 문자, 숫자, 도형을 말한다.

㉯ 문구 또는 표시를 말한다.

㉰ 문구 또는 도형을 말한다.

㉱ 문자 또는 표시를 말한다.

16 식품위생법규상 "허위표시의 범위"에 해당되지 않는 것은?

㉮ 허가 받은 사항이나 신고한 사항과 다른 내용의 표시

㉯ 질병의 치료에 효력이 있다는 내용의 표시

㉰ 의약품으로 혼동할 우려가 있는 내용의 표시

㉱ 제조년월일 또는 유통기한을 표시함에 있어서 사실과 같은 내용의 표시

17 용기 또는 포장의 표시 사항 및 기준과 거리가 먼 것은?

㉮ 다른 제조업소의 표시가 있는 것도 사용할 수 있다.

㉯ 외국어를 한글과 병기할 때 용기 또는 포장의 다른 면에 외국어를 동일하게 표시할 수 있다.

㉰ 표시 항목은 보기 쉬운 곳에 알아보기 쉽도록 표시하여야 한다.

㉱ 다시 포장함으로써 본래의 표시가 투시되지 않을 때는 포장한 것에 다시 표시하여야 한다.

정답
14 ㉯ **15** ㉮ **16** ㉱ **17** ㉮

18 화학적 합성품의 심사에서 가장 중점을 도는 사항은?

㉮ 안전성

㉯ 함량

㉰ 효력

㉱ 영양

19 식품위생법상 과대광고의 범위에 들지 않는 것은?

㉮ 문헌인용광고

㉯ 질병치료 효능표시 광고

㉰ 감사장 이용 광고

㉱ 경품판매 내용 광고

20 식품 등의 공전(公典)이란 무엇인가?

㉮ 식품 등의 기준과 규격을 수록한 것

㉯ 식품 등의 제조공법을 수록한 것

㉰ 식품 등의 검사방법을 수록한 것

㉱ 외국의 식품 등의 공전을 번역. 수록한 것

21 다음 중 식품위생법상 식품. 첨가물. 기구. 용기 및 포장의 제품에 관하여 검사를 행할 수 없는 기관은?

㉮ 국립보건원

㉯ 시. 도 보건소

㉰ 국립검역소

㉱ 시. 도 보건환경연구소

20 해설 식품 등의 공전은 보건복지가족부장관이 작성. 보급하며, 식품 등의 기준. 규격을 수록하고 있다.

21 해설 식품위생검사기관은 국립보건원, 국립검역소, 시. 도 보건환경 연구소, 국립수산물검사소(수산물 검사에 한함)로 지정되어 있다.

정답

18 ㉮ **19** ㉮ **19** ㉮ **20** ㉮ **21** ㉯

22 다음 설 명중 틀린 것은?

㉮ 판매를 목적으로 하는 식품의 제조기준은 보건복지부 장관이 정한다.

㉯ 자가품질기준은 자가검사기관의 검정을 거쳐 인정한다.

㉰ 수출을 목적으로 하는 식품은 수입자가 요구하는 기준에 의한다.

㉱ 기준과 규격이 정하여진 식품은 그 기준에 맞는 방법에 의하여 제조되어야 한다.

23 인삼제품과 건강보조식품의 제조업자 및 식품 등 수입판매업자의 경우, 식품검사를 위한 보관용 검체를 얼마 동안 보관하여야 하는가?

㉮ 1월 이상   ㉯ 3월 이상

㉰ 6월 이상   ㉱ 1년 이상

24 식품위생법상 제품검사 합격증지로 용기, 포장을 봉합하기 곤란한 경우 합격표시는 어떻게 하는가?

㉮ 합격인 을 찍는다.

㉯ 합격증지를 생략한다.

㉰ 관계서류에 합격증지를 붙인다.

㉱ 제품용기 또는 포장의 붙이기 편리한 곳에 붙인다.

25 식품위생법상 표시기준에 있어서 제조시간까지 표시하도록 되어 있는 식품은?

㉮ 통조림   ㉯ 빵류

㉰ 도시락   ㉱ 즉석식품류

25 해설
제조년월일의 표시대상은 도시락 및 첨가물에 한하면, 도시락의 경우에는 제조시간까지 표시하여야 한다.

정답
22 ㉯ **23** ㉮ **24** ㉱ **25** ㉰

26
해설 3년 이상 식품위생 행정사무에 종사한 경험이 있는 자라야 한다.

26 식품위생법상 소속 공무원 중에서 식품위생감시원으로 임명 받을 수 없는 자는?

㉮ 위생사

㉯ 식품제조가공기사

㉰ 2년 이상 식품위생 행정사무의 종사자

㉱ 외국에서 위생시험사의 면허를 받은 자

27
해설 관계공무원의 직무 기타 식품위생에 관한 지도 등을 행하게 하기 위하여 보건복지가족부.서울특별시.광역시.도 또는 시. 군. 구에 식품위생감시원을 둔다.

27 식품위생법상 식품위생감시원을 둘 수 없는 곳은?

㉮ 시, 군, 구   ㉯ 서울특별시, 도

㉰ 보건복지가족부   ㉱ 국립보건원

28 다음은 식품위생법 시행규칙상에서 조리장의 시설기준을 설명한 것이다. 틀린 것은?

㉮ 바닥과 바닥으로부터 1m까지의 내벽은 밝은 색의 타일, 콘크리트 등 내수성자재로 해야 한다.

㉯ 비상시에 출입문과 통로가 불편이 없어야 한다.

㉰ 종업원 전용의 수세시설이 있어야 한다.

㉱ 동일인이 건물 내에 2종 이상의 식품접객업소를 경영하는 경우에는 하나의 조리 장을 사용할 수 없다.

29
해설 다항은 식품위생관리인의 직무이다.

29 다음 중 식품위생감시원의 직무사항이 아닌 것은?

㉮ 식품. 첨가물, 기구 및 용기. 포장의 위생적 취급기준의 이행 지도

㉯ 표시기준 또는 과대광고 금지의 위반여부에 관한 단속

㉰ 식품종사자의 지도. 감독 및 제품과 시설의 위생관리

㉱ 영업자 및 종업원의 건강진단 및 위생교육의 이행여부의 확인. 지도

정답
26 ㉰ **27** ㉱ **28** ㉰ **29** ㉱

30 식품접객영업의 시설기준 중 휴게음식점 영업에 속하지 않는 것은?

㉮ 과자점 영업 ㉯ 다방 영업

㉰ 출장조리.판매업 ㉱ 일반조리.판매업

30 해설
출장 조리. 판매업은 일반음식점 영업에 속한다.

31 유흥주점과 학교와의 거리기준은?(단, 절대정화구역 이후부터)

㉮ 100m ㉯ 150m

㉰ 200m ㉱ 300m

32 식품접객업소 중 조명시설이 잘못 짝지어진 것은?

㉮ 조리장 - 50럭스 이상

㉯ 객석 - 30럭스 이상

㉰ 유흥주점의 객석 - 10럭스 이상

㉱ 일반음식점 - 촉광 조절장치는 자유로이 설치

33 식품위생법령상 식품접객업에 속하지 않는 것은?

㉮ 휴게음식점 영업

㉯ 일반음식점 영업

㉰ 식품자동판매기 영업

㉱ 단란주점 영업

34 식품위생법상 보건복지부장관의 허가대상 업종은?

㉮ 식용유지제조업 ㉯ 두부류제조업

㉰ 식품조사처리업 ㉱ 장류제조업

34 해설
식품접객업은 휴게음식점, 일반음식점, 단란주점, 유흥주점 영업이며, 식품자동판매기 영업은 식품판매업에 속한다.

정답
30 ㉰ 31 ㉯ 32 ㉱ 33 ㉰ 34 ㉰

35 재정경제부장관과 협의를 하여 시설기준을 정할 수 있는 영업은?

㉮ 식품 등 수입판매업

㉯ 식육제품제조업

㉰ 주류제조업

㉱ 식품가공업

36
해설 유흥종사자의 범위 : 유흥접객원,. 댄서, 가수 및 악기를 다루는 자, 무용을 하는 자, 만담 및 곡예를 하는 자, 유흥사회자

36 식품위생법상의 유흥종사자의 범위에 들지 않는 자는?

㉮ 유흥접객원

㉯ 지배인

㉰ 댄서

㉱ 가수 및 악기를 다루는 자

---

37 보건복지가족부장관이 식품위생법상 영업의 허가를 행하지 않는 것은?

㉮ 식용유지제조업

㉯ 첨가물제조업

㉰ 청량음료 또는 과채류 등 음료제조업

㉱ 인스턴트 면류 제조업

38
해설 영업허가를 받아야 할 영업 : 식품제조. 가공업, 첨가물제조업, 식품운반업, 식품보존업, 식품접객업, 식품조리판매업이다.

38 식품위생법령에 의한 영업허가를 받아야 할 영업이 아닌 것은?

㉮ 일반음식점

㉯ 과자류제조업

㉰ 절임식품제조업

㉱ 식품판매업

정답

35 ㉰ **36** ㉯ **37** ㉮ **38** ㉱

39 영업허가에 대한 설명 중 맞지 않는 것은?

㉮ 누구든지 영업허가 신청을 하면 무조건 허가를 해준다.

㉯ 영업의 종류별. 영업소별로 보건복지가족부장관, 시. 도지사, 시장. 군수 또는 구청장의 허가를 받는다.

㉯ 허가 받은 사항을 변경하고자 하는 때는 허가관청에 허가 또는 신고를 하여야 한다.

㉯ 보건복지가족부장관, 시. 도지사, 시장. 군수 또는 구청장은 영업허가시에 필요한 조건을 붙일 수 있다.

40 일반음식점의 허가관청은?

㉮ 시장. 군수 또는 구청장

㉯ 보건복지가족부장관

㉯ 행정안전부장관

㉯ 보건국장

40 해설
시장. 군수 또는 구청장은 일반음식점의 허가할 수 있다.

41 영업의 종류에서 신고대상인 업종은?

㉮ 두부류제조업

㉯ 용기.포장류제조업

㉯ 휴게실 영업

㉯ 유흥주점 영업

42 조건부 영업허가를 받았을 경우 부득이한 사정이 인정될 연장 횟수와 기간은?

㉮ 1회, 3월　　　㉯ 1회, 6월

㉯ 2회, 9월　　　㉯ 2회, 12월

42 해설
조건부 영업허가를 받았을 경우 부득이한 사정이 있어 인정되는 연장 횟수는 1회에 한하여 6월을 넘지 아니하는 범위로 하고 있다.

정답
39 ㉮　40 ㉮　41 ㉯　42 ㉯

43
해설 조건부 영업허가를 받은 자가 허가를 받은 날로부터 9개월 이내에 규정의 시설을 갖추어야 한다.

43 조건부 영업허가를 받은 자가 허가를 받은 날로부터 몇 개월 이내에 규정의 시설을 갖추어야 하는가?

㉮ 3월   ㉯ 6월

㉰ 9월   ㉱ 12월

44 다음 중 조건부 영업허가의 대상업종이 아닌 업소는?

㉮ 식품 제조. 가공업   ㉯ 유흥주점 영업

㉰ 첨가물제조업   ㉱ 용기.포장류제조업

45 식품위생법상 영업허가의 제한되는 사항이 아닌 것은?

㉮ 영업허가가 취소된 후 6개월이 경과하지 아니한 경우 같은 장소에서 같은 종류의 영업을 하고자 할 때

㉯ 영업허가가 취소된 후 2년이 경과하지 아니한 자가 같은 종류의 영업을 하고자 하는 때

㉰ 영업의 허가를 받고자 하는 자가 신체부자유자일 때

㉱ 공익상 그 허가를 제한할 필요가 현저하다고 인정되어 보건복지부에서 지정하는 영업

46 영업자의 지위를 승계 받은 자가 허가관청에 신고하여야 할 기간은?

㉮ 1월 이내   ㉯ 2월 이내

㉰ 3월 이내   ㉱ 4월 이내

47
해설 일반음식점은 음식류를 조리하여 판매고 식사와 함께 부수적으로 음주행위를 할 수 있다.

47 음식류를 조리. 판매하는 영업으로서 식사와 함께 부수적으로 음주행위가 허용되는 식품접객업은?

㉮ 일반음식점   ㉯ 단란주점

㉰ 휴게음식점   ㉱ 유흥주점

정답
43 ㉰   **44** ㉰   **45** ㉯   **46** ㉮   **47** ㉮

48 식품위생법상 "영업자의 지위"를 승계할 수 없는 것은?

㉮ 민사소송에 의한 경매

㉯ 국세징수법에 의한 압류재산의 매각

㉰ 파산 법에 의한 환가(換價)

㉱ 상법에 의한 환가(換價)

48 해설

영업자의 지위승계는 가나다항 외에 관세법 또는 지방세법에 의한 압류재산의 매각 기타 이에 준 하는 절차에 따라 영업시설의 전부를 인수한 자에게 할 수 있다.

49 영업 자와 종업원이 정기건강진단을 받아야 하는 기간은?

㉮ 1월마다 1회   ㉯ 3월마다 1회

㉰ 6월마다 1회   ㉱ 1년마다 1회

50 식품외생법상의 규정에 의하여 건강진단을 받지 않아도 되는 자는?

㉮ 식품가공 종사자

㉯ 완전포장식품 운반인

㉰ 식품조리사

㉱ 식품판매인

51 영업에 종사하지 못하는 질병이 아닌 것은?

㉮ 전염병의 결핵   ㉯ 페디스토마증

㉰ 활동성 B형 간염   ㉱ 소화기계 전염병

51 해설

영업에 종사하지 못하는 질병 : 제1종 전염병 중 소화기계 전염병, 제3종 전염병 중 결핵, 피부병 기타 화농성 질환, B형 간염, 후천성 면역 결핍증

52 식품위생법상 위생관리인이 되고자 하는 자는 영업허가 또는 선임신고 이전에 몇 시간의 위생교육을 받아야 하는가?

㉮ 4시간   ㉯ 8시간

㉰ 12시간   ㉱ 20시간

정답

47 ㉮ 48 ㉱ 49 ㉰ 50 ㉯ 51 ㉯ 52 ㉰

53
해설 영양사와 조리사는 위생교육 대상자에서 제외된다.

53 다음 중 위생교육 대상자가 아닌 것은?

㉮ 식품제조. 가공업자　　㉯ 식품위생관리인

㉰ 식품접객 종업원　　㉱ 영양사

54 식품접객업의 영업자에 대한 위생교육은?

㉮ 1년마다 4시간　　㉯ 2년마다 4시간

㉰ 3년마다 4시간　　㉱ 4년마다 4시간

55 식품 제조회사에서 종업원에 대한 위생교육을 실시하는 사람은?

㉮ 구청이 지정한 전문기관의 장

㉯ 식품위생관리인

㉰ 식품외생감시원

㉱ 한의사

56
해설 조리사는 1종 식품위생관리인이 될 수 없다.

56 다음 중 1종 식품위생관리인의 자격이 없는 자는?

㉮ 의사, 약사 및 수의사

㉯ 위생사 및 위생시험사

㉰ 식품제조 가공기사

㉱ 조리사

57 식품위생법상 2종 식품위생관리인이 될 수 없는 자는?

㉮ 식품가공기능사

㉯ 2년 이상 식품행정에 종사한 자

㉰ 고등기술학교에서 화학공업학 졸업자

㉱ 고등기술학교에서 식품공업학 졸업자

정답

53 ㉱　**54** ㉰　**55** ㉰　**56** ㉱　**57** ㉱

58 식품위생법상 식품위생관리인의 직무가 아닌 것은?

㉮ 원료검사 및 제품의 출하 전 검사

㉯ 사용하는 기구. 용기외 포장의 기준 및 규격심사

㉰ 종업원의 건강관리 및 위생교육

㉱ 식품. 첨가물, 기구 또는 용기. 포장의 압류. 폐기

58 해설
라항은 식품위생 감시원의 직무이다.

59 식품위생관리인을 두지 않아도 되는 업소는?

㉮ 주류제조업

㉯ 첨가물제조업

㉰ 식육제품 제조. 가공업

㉱ 과자류제조업

59 해설
식품위생관리인을 두어야 할 업종에 주류 제조업은 제외된다.

60 다음 영업의 종류 중 식품위생관리인을 두지 않아도 무방한 업소는?

㉮ 당류제조업　　㉯ 두부류제조업

㉰ 일반음식점　　㉱ 면류제조업

61 식품접객 영업자의 준수사항과 거리가 먼 것은?

㉮ 주류를 취급하는 식품접객 영업 자는 미성년자에게 주류를 제공하여도 무방하다.

㉯ 간판에 업종명과 허가 받은 상호를 표시하여야 한다.

㉰ 손님에게 입장료를 명목으로 금품을 징수하여서는 안된다.

㉱ 검사를 받지 않은 축산물은 이를 음식물의 조리에 사용할 수 없다.

정답
58 ㉱　59 ㉯　60 ㉮　61 ㉮

62 해설 식품접객 영업자는 식품위생법상 가격표 게시, 영업허가증 게시, 영업시간을 준수하여야한다.

62 식품접객 영업자가 식품위생법상 지켜야 할 사항에 들지 않는 것은?

㉮ 가격표 게시

㉯ 영업허가증 게시

㉰ 영업시간 준수

㉱ 기준 조리방법 준수

63 다음은 식품위생법규상 식품접객 영업자의 준수사항에 대한 설명이다. 틀린 것은?

㉮ 영업의 종류와 규모에 관계없이 업소에서는 종업원에게 위생복을 착용시켜야 한다.

㉯ 손님이 보기 쉬운 곳에 가격표를 붙여야 하며, 표시된 가격을 준수하여야 한다.

㉰ 등록 공연자의 공연이나 선량한 미풍양속을 해치지 않는 내용의 공연은 해도 된다.

㉱ 종업원에게 월 2회 이상 휴일을 주어야 한다.

64 작업장에는 유해가스. 악취. 매연 등의 배기를 위한 환기시설로서 창구가 있어야 한다. 바닥면적의 몇 % 이상의 창구시설이 필요한가?

㉮ 5 % 이상 ㉯ 10 % 이상

㉰ 15 % 이상 ㉱ 20 % 이상

65 해설 식품위생관리인은 제조, 가공 등의 업무를 지도. 감독할 의무가 있다.

65 제조, 가공 등의 업무를 지도. 감독할 의무가 있는 자는?

㉮ 관계공무원

㉯ 식품위생지도원

㉰ 식품위생감시원

㉱ 식품위생관리인

정답

62 ㉱ **63** ㉮ **64** ㉮ **65** ㉱

66 다음 중 화학적 합성품인 식품첨가물 제조업의 식품위생관리인이 될 수 없는 것은?

㉮ 식품가공학전공 및 졸업자

㉯ 식품화학전공 및 졸업자

㉰ 약학전공 및 졸업자

㉱ 한의학전공 및 졸업자

67 조리사의 결격사유가 될 수 없는 것은?

㉮ 정신질환자 ㉯ 지체부자유자

㉰ 전염병 환자 ㉱ 마약 기타 약물중독자

67 해설

조리사의 결격사유로는 정신질환자, 전염병자, 마약 기타 약물중독자는 조리사가 될 수 없다.

68 식품위생법령상 조리사를 두지 않아도 되는 업소는?

㉮ 식품접객업

㉯ 집단급식소

㉰ 복어를 조리하는 음식점

㉱ 과자류 제조업

69 조리사를 두어야 할 식품접객업 중 객실 면적의 한계는?

㉮ 200㎡ 이상 ㉯ 66㎡ 이상

㉰ 50㎡ 이상 ㉱ 33㎡ 이상

70 조리사 또는 영양사가 아닌 자가 그 명칭을 사용한 경우의 벌칙은?

㉮ 1년 이하의 징역 또는 500만원 이하의 벌금

㉯ 2년 이하의 징역 또는 1,000만원 이하의 벌금

㉰ 3년 이하의 징역 또는 700만원 이하의 벌금

㉱ 4년 이하의 징역 또는 900만원 이하의 벌금

70 해설

조리사 또는 영양사가 아닌 자가 그 명칭을 사용한 경우에는 1년 이하의 징역 또는 500만 원 이하의 벌금의 벌칙이 가해진다.

정답

66 ㉱ **67** ㉯ **68** ㉱ **69** ㉯ **70** ㉮

조리기능사

운전면허 실출문제집

120쪽 정가 10,000원

120쪽 정가 10,000원

136쪽 정가 10,000원

운전면허 실출문제

- 운전면허 1종 실출문제(대형/특수/레커 공용)
- 운전면허 2종 실출문제
- 운전면허 2종 소형/원동기 실출문제

크로바 요리분야 납품도서

1. 세계음식문화여행(유럽편)

양향자 지음
정가 13,000원
ISBN 9788991935099
쪽수 224쪽
크기 188*257mm

2. 세계음식문화여행(아시아편)

양향자 지음
정가 13,000원
ISBN 9788991935105
쪽수 262쪽
크기 188*257mm

3. 세계음식문화여행(아프리카 오세아니아편)

양향자 지음
정가 12,000원
ISBN 9788991935129
쪽수 152쪽
크기 188*257mm

4. 세계음식문화여행(아메리카편)

양향자 지음
정가 12,000원
ISBN 9788991935112
쪽수 128쪽
크기 188*257mm

5. 한 번에 합격하는 한식조리기능사 필기&실기

양향자, 이재화, 최숙현 지음
정가 23,000원
ISBN 9788991935556
쪽수 556쪽
크기 211*280mm

6. 북한요리 따라하기

양향자 지음
정가 13,000원
ISBN 9788991935099
쪽수 224쪽
크기 188*257mm

별책부록

과년도 출제문제

과년도 기출문제 01

01 사카린나트륨과 관련된 다음 설명 중 옳은 것은?

가. 사용량 제한 없이 쓸 수 있다.

나. 모든 식품에 사용될 수 있다.

다. 모든 식품에 사용 가능하나 사용량 제한은 있다.

라. 허용 식품과 사용량에 대한 제한이 있다.

02 일반음식점의 영업신고는 누구에게 하는가?

가. 동사무소장

나. 관할 시장, 군수, 구청장

다. 관할 지방식품의약품안전청장

라. 관할 보건소장

02 해설 일반음식점, 휴게음식점은 시, 군, 구청장에게 신고해야 한다.

03 식품위생법상 식품의 정의는?

가. 의약으로서 섭취하는 것을 제외한 모든 음식물을 말한다.

나. 모든 음식물을 말한다.

다. 모든 음식물과 식품첨가물을 말한다.

라. 모든 음식물과 화학적 합성품을 말한다.

04 판매가 금지되는 동물의 질병을 결정하는 기관은?

가. 보건소

나. 관할 시청

다. 보건복지가족부

라. 관할 경찰서

04 해설 보건복지가족부는 판매가 금지되는 동물의 질병을 결정하는 기관이다.

05
해설 식중독 환자 발견시 의사→보건소장,지소장→도지사→보건복지가족부 장관 순으로 신고해야 한다.

05 식중독 환자를 진단한 의사, 한의사는 누구에게 보고하여야 하는가?

가. 보건복지가족부장관　　나. 국립보건원장

다. 식품의약품안전청장　　라. 보건소장

06 원유에 오염된 병원성 미생물을 사멸시키기 위하여 130~150℃의 고온 기압 하에서 우유를 0.5~5초간 살균하는 방법은?

가. 저온살균법

나. 고압증기멸균법

다. 고온단시간살균법

라. 초고온순간살균법

07 우리나라에서 식품첨가물로 허용된 표백제가 아닌 것은?

가. 무수아황산　　　　나. 차아황산나트륨

다. 롱갈릿　　　　　　라. 과산화수소

08
해설 보툴리누스균에 들어있는 뉴로톡식(독소)는 신경 증상을 일으킨다.

08 사시, 동공확대, 언어장해 등의 특유의 신경마비증상을 나타내며 비교적 높은 치사율을 보이는 식중독 원인균은?

가. 클로스트리디움 보툴리늄균

나. 포도상구균

다. 병원성 대장균

라. 셀레우스균

09 식품위생행정을 주로 담당하고 있는 부처는?

가. 행정안전부

나. 식품의약품안전청

다. 지식경제부

라. 교육과학기술부

10 중온균(mesophilic bacteria)의 최적온도는?

가. 10~12℃   나. 25~40℃

다. 55~60℃   라. 65~75℃

11 방사능 강하물 중에서 식품의 오염과 관련하여 위생상 문제가 되는 것은?

가. Sr - 90, Cs - 137

나. C - 14, Na - 24

다. S - 35, Ca - 45

라. Sr - 89, Zn - 65

12 유해보존료에 속하지 않는 것은?

가. 붕산

나. 소르빈산

다. 불소화합물

라. 포름알데히드

13 섭조개 속에 들어 있으며 특히 신경계통의 마비증상을 일으키는 독성분은?

가. 무스카린   나. 시큐톡신

다. 베네루핀   라. 삭시톡신

14 목화씨로 조제한 면실유를 식용한 후 식중독이 발생했다면 그 원인 물질은?

가. 솔라닌(solanine)

나. 리신(ricin)

다. 아미그달린(amygdalin)

라. 고시폴(gossypol)

12 해설
소르빈산은 방부제에 들어있는 인공보존료이다. 육제품(소세지, 스팸), 절임식품(김치,고추장),케첩에 사용된다.

13 해설
섭조개, 대합(검은조개에 들어있는 삭시톡신은 신체마비, 호흡곤란을 일으키는 물질이다.

15
해설 세균성 식중독 독
소형에는 포도상
구균, 보툴리누스
균 등이 있다.

15 다음 세균성 식중독 중 독소형은?

　가. 살모넬라 식중독

　나. 장염비브리오 식중독

　다. 알레르기성 식중독

　라. 포도상구균 식중독

16 축육의 결합조직을 장시간 물에 넣어 가열했을때의 변화
는?

　가. 콜라겐이 젤라틴으로 된다.

　나. 액틴이 젤라틴으로 된다.

　다. 미오신이 젤라틴으로 된다.

　라. 엘라스틴이 젤라틴으로 된다.

17
해설 밀감에는 비타민
C가 다량 함량되
어 있다.

17 과실 중 밀감이 쉽게 갈변되지 않는 가장 중요한 이유는?

　가. 비타민 A의 함량이 많으므로

　나. Cu^{++}나 Fe^{++}가 많으므로

　다. 섬유소 함량이 많으므로

　라. 비타민 C의 함량이 많으므로

18 조개류에 들어 있으며 독특한 국물 맛을 나타내는 유기산
은?

　가. 젖산

　나. 초산

　다. 호박산

　라. 피트산

19 요오드가(iodine value)가 높은 지방은 어느 지방산의 함량이 높겠는가?

　가. 라우린산(lauric acid)

　나. 팔미틴산(palmitic acid)

　다. 리놀렌산(linolenic acid)

　라. 스테아르산(stearic acid)

20 필수 아미노산이 아닌 것은?

　가. 메티오닌(methionine)

　나. 트레오닌(threonine)

　다. 글루타민산(glutamic acid)

　라. 라이신(lysine)

21 마말레이드(marmalade)에 대하여 바르게 설명한 것은?

　가. 과일즙에 설탕을 넣고 가열, 농축한 후 냉각시킨 것이다.

　나. 과일의 과육을 전부 이용하여 점성을 띠게 농축한 것이다.

　다. 과일즙에 설탕, 과일의 껍질, 과육의 얇은 조각이 섞여 가열, 농축된 것이다.

　라. 과일을 설탕시럽과 같이 가열하여 과일이 연하고 투명한 상태로 된 것이다.

19 해설
요오드가는 불포화도를 나타낸 값으로 리놀렌산, 아라키도닉산이 포함된다.

20 해설
필수아미노산에는 이소루신, 리신, 루신, 트립토판, 트레오닌 발린 페이닐알라딘, 메티오닌 등이다.

해설 플라보노이드 색
소는 산성(식초)
에 안정하고 알
칼리(소금)에 약
하다. 흰색을 유
지하려면 식초물
이나 레몬즙에 담
가둔다.

23
해설 마가린과 쇼트닝
은 경화유다.

25
해설 현미는 왕겨층을
벗겨낸 것을 말
한다.

22 다음 설명이 잘못 된 것은?

가. 무 초절이쌈을 할 때 얇게 썬 무를 식소다 물에 담가두면 무의 색소성분이 알칼리에 의해 더욱 희게 유지된다.

나. 양파 썬 것의 강한 향을 없애기 위해 식초를 뿌려 효소작용을 억제시켰다.

다. 사골의 핏물을 우려내기 위해 찬물에 담가 혈색소인 수용성 헤모글로빈을 용출시켰다.

라. 모양을 내어 썬 양송이에 레몬즙을 뿌려 색이 변하는 것을 산을 이용해 억제시켰다.

23 유지를 구성하고 있는 불포화 지방산의 이중결합에 수소등을 첨가하여 녹는 점이 높은 포화 지방산의 형태로 변화시킨 고체지방을 이용한 유지제품은?

가. 마가린　　　　　나. 돼지기름
다. 버터　　　　　　라. 쇠기름

24 지용성 비타민의 결핍증이 틀린 것은?

가. 비타민A – 안구 건조증, 안염, 각막 연화증
나. 비타민D – 골연화증, 유아발육 부족
다. 비타민K – 불임증, 근육 위축증
라. 비타민F – 피부염, 성장정지

25 현미란 무엇을 벗겨낸 것인가?

가. 과피와 종피
나. 겨층
다. 겨층과 배아
라. 왕겨층

26 딸기속에 많이 들어 있는 유기산은?

　　가. 사과산　　　　　　나. 호박산

　　다. 구연산　　　　　　라. 주석산

27 천연 산화 방지제가 아닌 것은?

　　가. 세사몰(sesamol)

　　나. 티아민(thiamin)

　　다. 토코페롤(tocopherol)

　　라. 고시폴(gossypol)

> **27 해설**
> 티아민은 수용성 비타민으로 부족 시 각기병을 유발시킨다.

28 금속을 함유하는 색소끼리 짝을 이룬 것은?

　　가. 안토시아닌, 플라보노이드

　　나. 카로티노이드, 미오글로빈

　　다. 클로로필, 안토시아닌

　　라. 미오글로빈, 클로로필

> **28 해설**
> 미오글로빈, 클로로필은 녹색 채소에 많이 들어있는 색소로 Mg(마그네슘)이 함유되어 있다.

29 다음 중 당 알콜로 충치 예방에 가장 적당한 것은?

　　가. 맥아당

　　나. 글리코겐

　　다. 펙틴

　　라. 소르비톨

30 아밀로펙틴만으로 구성된 것은?

　　가. 고구마 전분

　　나. 멥쌀 전분

　　다. 보리 전분

　　라. 찹쌀 전분

31 달걀 흰자의 거품형성과 관련된 내용으로 맞는 것은?

가. 거품형성에는 수동교반기가 전동교반기보다 효과가
　　더 크다.

나. 교반시간이 길어질수록 거품의 용적과 안정성이 유
　　지 된다.

다. 달걀흰자는 실온에서보다 냉장온도에서 보관한 것
　　이 더 교반하기 쉽다.

라. 지나치게 오래 교반하면 거품은 작아지지만 가만히
　　두면 굵은 거품을 형성하게 된다.

32
해설 국, 찌개, 조림,
밥은 센불후 끓
으면 약불로 조
리한다.
새우튀김은 온도
를 계속 유지해
야 한다.

32 다음의 조리방법 중 센 불로 가열한 후 약한 불로 세기를
조절하는 것과 관계가 없는 것은?

가. 생선조림

나. 된장찌개

다. 밥

라. 새우튀김

33 튀김 음식을 할 때 두꺼운 용기를 사용하는 가장 큰 이유
는?

가. 기름의 비중이 작아 물위에 쉽게 뜨므로

나. 기름의 비중이 커서 물위에 쉽게 뜨므로

다. 기름의 비열이 작아 온도가 쉽게 변화되므로

라. 기름의 비열이 커서 온도가 쉽게 변화되므로

34
해설 흡수량 20~30%
이고 침수시간은
30~50분이 적
당하다.

34 쌀의 호화를 돕기 위해 밥을 짓기 전에 침수시키는데 이
때 최대 수분 흡수량은?

가. 5~10%　　　　　　　나. 20~30%

다. 55~65%　　　　　　라. 75~85%

35 김치 저장 중 김치조직의 연부현상이 나타났다. 그 이유에 대한 설명으로 가장 거리가 먼 것은?

가. 조직을 구성하고 있는 펙틴질이 분해되기 때문에

나. 미생물이 펙틴분해효소를 생성하기 때문에

다. 용기에 꼭 눌러 담지 않아 내부에 공기가 존재하여 호기성 미생물이 성장번식하기 때문에

라. 김치가 국물에 잠겨 수분을 흡수하기 때문에

35 해설
연부현상이란 김치저장 시에 호기성균에 의해 김치 조직이 물러지는 현상을 말한다.

36 오월 단오날(음력 5월 5일)의 절식은?

가. 준치만두   나. 오곡밥

다. 진달래 화채   라. 토란탕

37 과일에 물을 넣어 가열했을 때 일어나는 현상이 아닌 것은?

가. 세포막은 투과성을 잃는다.

나. 섬유소는 연화된다.

다. 삶아진 과일은 더 투명해진다.

라. 가열하는 동안 과일은 가라앉는다.

38 다음 설명 중 이것은 어떤 조미료를 말하는가?

- 수란을 뜰 때 끓는 물에 이것을 넣고 달걀을 넣으면 난백의 응고를 돕는다.
- 작은 생선을 사용할 때 이것을 소량 가하면 뼈까지 부드러워진다.
- 기름기 많은 재료에 이것을 사용하면 맛이 부드럽고 산뜻해진다.
- 생강에 이것을 넣고 절이면 예쁜 적색이 된다.]

가. 설탕   나. 후추

다. 식초   라. 소금

38 해설
식초는 단백질을 응고시켜주는 작용이 있고, 생선의 비린내를 없애준다.

39 다음 제품의 원가 구성 중에서 제조원가는 얼마 인가?

> • 이 익 : 20,000원 • 직접재료비 : 10,000원
> • 제조간접비 : 15,000원 • 직접노무비 : 23,000원
> • 판매관리비 : 17,000원 • 직접경비 : 15,000원]

가. 40,000원 나. 63,000원

다. 80,000원 라. 100,000원

40 재고 관리시 주의점이 아닌 것은?

가. 재고 회전율치 계산은 주로 한 달에 1회 산출한다.

나. 재고 회전율이 표준치보다 낮으면 재고가 과잉임을
나타내는 것이다.

다. 재고 회전율이 표준치보다 높으면 생산지연 등이 발
생할수 있다.

라. 재고 회전율이 표준치보다 높으면 생산비용이 낮아
진다.

41 젓갈제조 방법 중 큰 생선이나 지방이 많은 생선을 서서히
절이고자 할때 생선을 일단 얼렸다가 절이는 방법을 무엇
이라 하는가?

가. 습염법

나. 혼합법

다. 냉염법

라. 냉동염법

41
해설 냉동염법은 얼렸
다가 절이는 방
법을 말한다.

42 가열조리 중 건열조리에 속하는 조리법은?

가. 찜 나. 구이

다. 삶기 라. 조림

42
해설 건열조리법은 물
을 사용하지 않
고 조리하는 것
을 말한다.

43 단체급식의 목적으로 적당하지 않은 것은?

가. 국가의 식량정책 방향을 제시한다.

나. 피급식자에게 영양지식을 제공한다.

다. 피급식자의 올바른 식습관을 유도한다.

라. 피급식자의 건강유지 및 증진을 도모한다.

44 어패류의 조리원리가 바르게 설명된 것은?

가. 홍어회가 물기가 없고 오돌오돌한 것은 생선 단백질이 식초에 의해 응고되기 때문이다.

나. 어묵이 탄력성 젤을 만드는 주체는 전분이 열에 의해 응고되기 때문이다.

다. 달구어진 석쇠에 생선을 구우면 생선 단백질이 갑자기 응고되어 모양이 잘 유지되지 않는다.

라. 빵가루 등을 씌운 냉동 가공품은 자연 해동시켜 튀기는 것이 모양이 잘 유지된다.

44 해설
홍어를 조리 할 때 홍어회가 물기가 없고 오돌오돌한 것은 생선 단백질이 식초에 의해 응고되기 때문이다.

45 냉동식품을 해동하는 방법으로 틀린 것은?

가. 7℃이하의 냉장온도에서 자연해동시킨다.

나. 전자레인지오븐에서 해동한다.

다. 35℃이상의 온수에 담가 2시간 정도 녹인다.

라. 직접 가열 조리하면서 해동한다.

45 해설
냉동식품을 해동 할 때 전자렌지나 미지근한 물을 사용하거나 냉장고에서 서서히 해동시킨다.

46 다량으로 전, 부침등을 조리할 때 사용되는 기기로서 열원은 가스 이며 불판 밑에 버너가 있는 가열기기는?

가. 그리들

나. 살라만다

다. 만능 조리기

라. 가스레인지오븐

47 직접원가에 속하지 않는 것은?

가. 직접 재료비　　　　　나. 직접 노무비

다. 직접 경비　　　　　　라. 일반 관리비

48
해설 침에 들어있는 프티알린은 전분을 맥아당으로 변화시킨다.

48 침(타액)에 들어 있는 소화효소의 작용은?

가. 전분을 맥아당으로 변화시킨다.

나. 단백질을 펩톤으로 분해시킨다.

다. 설탕을 포도당과 과당으로 분해시킨다.

라. 카제인을 응고시킨다.

49 육류, 생선류, 알류 및 콩류에 함유된 주된 영양소는?

가. 단백질　　　　　　　나. 탄수화물

다. 지방　　　　　　　　라. 비타민

50 조리실의 후드(hood)는 어떤 모양이 가장 배출효율이 좋은가?

가. 1방형　　　　　　　　나. 2방형

다. 3방형　　　　　　　　라. 4방형

51
해설 군집독은 다수인이 밀집한 실내 공기가 물리, 화학적 조성의 변화로 불쾌감, 두통, 권태, 현기증 등을 일으킨다.

51 다수인이 밀집한 실내 공기가 물리, 화학적 조성의 변화로 불쾌감, 두통, 권태, 현기증 등을 일으키는 것은?

가. 자연독

나. 진균독

다. 산소중독

라. 군집독

01

52 집단감염이 잘 되며, 항문 주위나 회음부에 소양증이 생기는 기생충은?

　가. 회충　　　　　　　나. 편충

　다. 요충　　　　　　　라. 흡충

52 해설
요충은 집단적으로 감염되며 항문소양증을 유발시킨다.

53 음식물 쓰레기에 관한 설명 중 부적합한 것은?

　가. 유기물 함량이 높다.

　나. 수분과 염분의 함량이 높다.

　다. 소각시 발열량이 가장 크다.

　라. 도시 생활쓰레기 중 많은 양을 차지한다.

54 세계보건기구(WHO)가 정의한 건강의 내용이 아닌 것은?

　가. 육체적으로 완전한 상태

　나. 정신적으로 완전한 상태

　다. 영양적으로 완전한 상태

　라. 사회적 안녕의 완전한 상태

52 해설
요충은 집단적으로 감염되며 항문소양증을 유발시킨다.

55 햇볕을 쪼였을 때 구루병 예방 효과와 가장 관계 깊은 것은?

　가. 적외선　　　　　　나. 자외선

　다. 마이크로파　　　　라. 가시광선

55 해설
자외선을 받으면 우리 몸에 비타민 D가 형성되어 구루병과 곱사병을 예방할 수 있다.

56 전염병의 예방대책에 속하지 않은 것은?

　가. 병원소의 제거

　나. 환자의 격리

　다. 식품의 저온보존

　라. 전염력의 감소

57 해설 승홍은 비금속기구 소독에 사용되며 금속에 쓰일 경우에는 부식된다.

57 손, 피부 등에 주로 사용되며 금속부식성이 강하여 관리가 요망되는 소독약은?

가. 석탄산   나. 승홍

다. 크레졸   라. 알콜

58 해설 제1군 전염병은 장티푸스, 콜레라, 파라티푸스, 이질 O157, 페스트 등이 있다.

58 제 1군 전염병에 속하는 것은?

가. 홍역   나. 백일해

다. 장티푸스   라. 일본뇌염

59 리켓치아에 의해서 발생되는 전염병은?

가. 세균성이질   나. 파라티푸스

다. 발진티푸스   라. 디프테리아

60 해설 열경련은 고열환경에 따른 파해이다.

60 작업장의 부적당한 조명과 가장 관계가 적은 것은?

가. 가성근시   나. 열경련

다. 안정피로   라. 재해발생의 원인

출제문제 정답

01	라	02	나	03	가	04	다	05	라	06	라	07	다	08	가	09	나	10	나
11	가	12	나	13	라	14	라	15	라	16	가	17	다	18	다	19	다	20	다
21	다	22	가	23	가	24	다	25	라	26	다	27	나	28	라	29	라	30	라
31	라	32	다	33	다	34	나	35	라	36	다	37	다	38	다	39	나	40	라
41	라	42	나	43	다	44	가	45	다	46	가	47	다	48	가	49	가	50	라
51	라	52	다	53	다	54	다	55	나	56	다	57	나	58	다	59	다	60	나

한식·양식·일식·중식·복어 조리기능사

과년도 기출문제 02

01 식품접객업 중 주로 주류를 조리·판매하는 영업으로서 유흥종사자를 두지 않고 손님이 노래를 부르는 행위가 허용 되는 영업은?

가. 휴게음식점영업

나. 일반음식점영업

다. 단란주점영업

라. 유흥주점영업

01 해설
단란주점 영업은 주류를 조리, 판매 하는 영업으로서 손님이 노래를 부르는 행위가 허용되는 영업장이다.

02 조리사가 타인에게 면허를 대여하여 사용하게 한 때 1차 위반시행정처분기준은?

가. 업무정지 1월

나. 업무정지 2월

다. 업무정지 3월

라. 면허취소

03 식품위생감시원의 직무가 아닌 것은?

가. 수입·판매 또는 사용등이 금지된 식품 등의 취급 여부에 관한단속

나. 영업자의 법령이행여부에 관한 확인·지도

다. 위생사의 위생교육에 관한 사항

라. 식품등의 압류·폐기 등에 관한 사항

04 식품위생법으로 정의한 "식품" 이란?

가. 모든 음식물

나. 의약품을 제외한 모든 음식물

다. 담배 등의 기호품과 모든 음식물

라. 포장·용기와 모든 음식물

04 해설
식품의 정의 : 모든 음식을 말한다. 다만, 의약으로 섭취하는 것을 제외한다.

05
해설 표백제란 식품의 본래의 색을 없 애거나, 퇴색을 방지하기 위한첨 가물로 과산화 수 소, 차황산 나트 륨, 아황산 칼륨 이 이에 해당된 다.

06
해설 아플라 톡신은 된장, 간장, 고추 장 등의 아스퍼 질러스 플라버스 가 번식하여 아플 라 톡신의 독소 를 생성하여 신체 에 이상을 일으 킨다.

08
해설 이타이이타이병 을 유발하고 카 드뮴 섭취시 칼 슘(Ca)과 인(P) 의 대사이상을 초 래하여 골연화증, 보행곤란을 유발 한다.

05 다음 중 표백제가 아닌 것은?

가. 과산화수소

나. 취소산칼륨

다. 차아황산나트륨

라. 아황산나트륨

06 곰팡이독(mycotoxin)과 관계 깊은 것은?

가. 엔테로톡신(enterotoxin)

나. 라이신(lysine)

다. 아플라톡신(aflatoxin)

라. 테트로도톡신(tetrodotoxin)

07 일반적으로 식품의 세균성 식중독 방지와 가장 관계 깊은 처리방법은?

가. 마스크 사용

나. 예방접종

다. 냉장과 냉동

라. 방사능물질 오염방지

08 특히 칼슘(Ca)과 인(P)의 대사이상을 초래하여 골연화증 (骨軟化症)을 유발하는 유해금속은?

가. 철

나. 카드뮴

다. 수은

라. 주석

09 단백질의 부패 생성물이 아닌 것은?

　가. 암모니아

　나. 아민류

　다. 글리세린

　라. 황화수소

10 살모넬라균(Salmonella)의 특성이 잘못된 것은?

　가. 생육 최적온도는 37℃이다.

　나. 최적 pH는 7~8이다.

　다. 주모성 편모가 있다.

　라. 그람(Gram) 양성균이다.

11 식품의 신맛을 부여하기 위하여 사용되는 첨가물은?

　가. 산미료

　나. 향미료

　다. 조미료

　라. 강화제

12 햄이나 소시지 등의 진공포장된 식품이 주된 원인식품이며, 시력저하, 운동장애, 언어장애 등의 신경증상을 일으키는식중독은?

　가. 포도상구균 식중독

　나. 클로스트리디움 보툴리눔 식중독

　다. 살모넬라 식중독

　라. 장염비브리오 식중독

13 세균이 자라는데 필수적인 인자와 가장 거리가 먼 것은?

가. 온도

나. 수분

다. 영양소

라. 압력

14 해설 식품 첨가물 중 유해한 착색료는 아우라민, 로다민 B, 파라니트로아닐린 등이 있다.

14 식품 첨가물 중 유해한 착색료는?

가. 아우라민(auramine)

나. 둘신(dulcin)

다. 롱가릿(rongalite)

라. 붕산(boricacid)

15 은행, 살구씨 등에 함유된 물질로 청산중독을 유발할 수 있는것은?

가. 리신(ricin)

나. 솔라닌(solanine)

다. 아미그달린(amygdalin)

라. 고시폴(gossypol)

16 해설 HLB값이란 에멀전화제(유화)와 관련이 있다.

16 HLB값과 관령이 가장 깊은 것은?

가. 에멀전화제

나. 시유 신선도

다. 맥주의 쓴맛

라. 꿀의 단맛

17 단팥죽을 만들 때 약간의 소금을 넣었더니 맛이 더 달게 느껴졌다. 이 현상을 무엇이라고 하는가?

　가. 맛의 상쇄

　나. 맛의 대비

　다. 맛의 변조

　라. 맛의 억제

18 결합수에 관한 특성 중 맞는 것은?

　가. 식품조직을 압착하여도 제거되지 않는다.

　나. 끓는점과 녹는점이 매우 높다.

　다. 미생물의 번식과 발아에 이용된다.

　라. 보통의 물보다 밀도가 작다.

결합수의 특성
① 물질을 녹일
　수 있다
② 미생물 생육이
　불가능 하다
③ 쉽게 건조 되
　지 않는다

18 해설

19 귤의 경우 갈변현상이 심하게 나타나지 않는 이유는?

　가. 비타민 C의 함량이 높기 때문에

　나. 갈변효소가 존재하지 않기 때문에

　다. 비타민 A의 함량이 높기 때문에

　라. 갈변의 원인 물질이 없기 때문에

귤은 비타민 C가 많이 함유하고 있기 때문에 갈변 현상이 적게 나타난다.

19 해설

20 다음중 수중 유적형(oil in water; O/W)식품끼리 짝지어 진것은?

　가. 우유, 마요네즈

　나. 우유, 마가린

　다. 마요네즈, 버터

　라. 마가린, 버터

21
해설 식이 섬유에는 키틴, 펙틴, 셀룰로오스가 해당 된다.

21 식이섬유(dietary fiber)에 해당되지 않는 것은?

　가. 전분(starch)

　나. 키틴(chitin)

　다. 펙틴(pectin)

　라. 셀룰로오스(cellulose)

22 발효식품이 아닌 것은?

　가. 두유　　　　　　　나. 김치

　다. 된장　　　　　　　라. 버터

23
해설 스타키오스는 인체 내에서 소화가 잘 안되며 장내 가스발생인자로 대두에 존재한다.

23 인체 내에서 소화가 잘 안 되며, 장내 가스발생인자로 잘 알려진대두에 존재하는 소당류는?

　가. 스타키오스(stachyose)

　나. 과당(fructose)

　다. 포도당(glucose)

　라. 유당(lactose)

24 일반적으로 포테이토칩, 양파링 등 스낵류에 질소충전 포장을 실시할 때 얻어지는 효과로 가장 거리가 먼 것은?

　가. 유지의 산화 방지

　나. 조직의 파손 방지

　다. 세균의 발육 억제

　라. 제품의 투명성 유지

25
해설 두부는 두류의 가공품으로 단백질인 글리시닌이 무기염류에 의하여 응고 되는 성질을 이용 한 것이다.

25 무기염류에 의한 단백질 변성을 이용한 식품은?

　가. 곰탕　　　　　　　나. 버터

　다. 두부　　　　　　　라. 요구르트

26 다음설명에 해당하는 성분은?

> ㄱ. 연잎, 포도열매, 벌집 등의 표면을 덮고 있는 보호물질이다.
> ㄴ. 과도한 수분의 증발 및 미생물의 침입을 방지한다.
> ㄷ. 영양적 가치는 없으나 광택제로 사용한다.]

가. 레시틴　　　　　　　　나. 왁스
다. 배당체　　　　　　　　라. 콜라겐

27 생육의 환원형 미오글로빈은 신선한 고기의 표면이 공기와 접촉하면 분자상의 산소와 결합하여 옥시미오글로빈으로 된다.이 옥시미오글로빈의 색은?

가. 적자색　　　　　　　　나. 선명한 적색
다. 회갈색　　　　　　　　라. 분홍색

28 어육가공품의 원료인 수리미(surimi)를 이용한 대표적인 가공품과 가장 거리가 먼 것은?

가. 살라미(salami)　　　　나. 게맛살
다. 새우맛살　　　　　　　라. 가마보코(kamaboko)

29 칼슘(calcium)이 가장 풍부한 식품은?

가. 우유, 멸치　　　　　　나. 호박, 고추
다. 감자, 쇠고기　　　　　라. 사과, 미역

30 다음의 당류 중 환원당은?

가. 맥아당(maltose)
나. 설탕(sucrose)
다. 트레할로오스(trehalose)
라. 라피노오스(raffinose)

31 신체를 구성하는 전 무기질의 1/4 정도를 차지하며 골격과 치아 조직을 구성하는 무기질은?

가. 구리　　　　　　　　나. 철
다. 인　　　　　　　　　라. 마그네슘

31 해설 인(P)은 신체를 구성하는 전 무기질의 1/4 정도를 차지하며 골격과 치아 조직을 구성하는 무기질이다.

32 급식소에서 재고관리의 의의가 아닌 것은?

가. 물품부족으로 인한 급식생산 계획의 차질을 미연에 방지할수있다.
나. 도난과 부주의로 인한 식품재료의 손실을 최소화 할 수 있다.
다. 재로도자산인만큼가능한많이보유하고있어유사시에 대비하도록한다.
라. 급식생산에 요구되는 식품재료와 일치하는 최소한의 재고량이 유지되도록 한다.

33 필수지방산에 속하는 것은?

가. 리놀렌산
나. 올레산
다. 스테아르산
라. 팔미트산

33 해설 필수지방산(비타민 F)은 식물성 기름에 많이 함유하고 있다.(샐러드유, 대두유, 옥수수유 등) 리놀레인산, 리놀레닌산, 아라키돈닌산으로 영양학상 주목되고 있다.

34 두류에 대한 설명으로 적합하지 않은 것은?

가. 콩을 익히면 단백질 소화율과 이용율이 더 높아진다.
나. 1%소금물에 담갔다가 그 용액에 삶으면 연화가 잘 된다.
다. 콩에는 거품의 원인이 되는 사포닌이 들어 있다.
라. 콩의 주요 단백질은 글루텐이다.

35 마늘의 매운 맛과 향을 내는 것으로 비타민 B₁ 의 흡수를 도와 주는 성분은?

　가. 알리신(allicin)

　나. 알라닌(alanine)

　다. 헤스페리딘(hesperidine)

　라. 아스타신(astacin)

36 생선을 조리할 때 생선의 냄새를 없애는 데 도움이 되는 재료로서 가장 거리가 먼 것은?

　가. 식초

　나. 우유

　다. 설탕

　라. 된장

37 어패류의 조리법에 대한 설명 중 옳은 것은?

　가. 조개류는 높은 온도에서 조리하여 단백질을 급격히 응고시킨다.

　나. 바닷가재는 껍질이 두꺼우므로 찬물에 넣어 오래 끓여야 한다.

　다. 작은 생새우는 강한 불에서 연한 갈색이 될 때까지 삶은 후 배쪽에 위치한 모래정맥을 제거한다.

　라. 생선숙회는 신선한 생선편을 끓는 물에 살짝 데치거나 끓는 물을 생선에 끼얹어 회로 이용한다.

38

급식조리용 기기 중에서 고운, 고압에 의해 빠른 시간 내에 다량의 음식을 끓이고 데치고 볶아낼 수 있는 조리기기는?

가. 전기오븐　　　　　　나. 스팀솥

다. 스팀오븐　　　　　　라. 전기솥

39 식단작성이 필요한 이유가 될 수 없는 것은?

가. 가족들이 좋아하는 음식만을 계속 만들어 제공할 수 있다.

나. 가족에 알맞은 영양을 제공할 수 있다.

다. 가정경제에 알맞은 식품선택을 할 수 있다.

라. 식단계획은 좋은 식습관을 형성한다.

40 다음 당류 중 단맛이 가장 강한 당은?

가. 과당

나. 설탕

다. 포도당

라. 맥아당

41 손익 분기점에 대한 설명으로 틀린 것은?

가. 총비용과 총수익이 일치하는 지점

나. 손해액과 이익액이 일치하는 지점

다. 이익도 손실도 발생하지 않는 지점

라. 판매총액이 모든 원가와 비용만을 만족시킨 지점

42 고기의 질감을 연하게 하는 단백질 분해효소와 가장 거리가 먼것은?

가. 파파인(papain)

나. 브로멜린(bromelain)

다. 펩신(pepsin)

라. 글리코겐(glycogen)

43 냉동식품에 대한 설명으로 잘못된 것은?

가. 어육류는 다듬은 후, 채소류는 데쳐서 냉동하는 것이 좋다.

나. 어육류는 냉동이나 해동시에 질감 변화가 나타나지 않는다.

다. 급속 냉동을 해야 식품 중의 물이 작은 크기의 얼음 결정을 형성하여 조직의 파괴가 적게 된다.

라. 얼음 결정의 성장은 빙점 이하에서는 온도가 높을수록 빠르므로 −18℃ 부근에서 저장하는 것이 바람직하다.

44 단체급식의 특징을 설명한 것 중 옳은 것은?

가. 불특정 다수인을 대상으로 급식한다.

나. 영리를 목적으로 하는 상업시설을 포함한다.

다. 특정 다수인에게 계속적으로 식사를 제공하는 것이다.

라. 대중 음식점의 급식 시설을 뜻한다.

43 해설
냉동식품 중 어육류는 냉동시에는 미생물번식 등을 억제할 수 있으나, 근육세포가 파괴돼 육질과 수분 보유력이 떨어지고 지방이 산화되며 해동시 육즙이 빠져나와 영양분이 손실된다.

44 해설
단체급식이라 함은 비영리 급식 시설로 특정 다수(1회 50인 이상)에게 계속적으로 식사를 제공한다.

부록

45
해설 침채류에 사용되는 소금은 정제염<제염<호염이 좋다.
가정에서 배추를 절이거나 젓갈을 담글 때 호염을 가장 많이 이용한다.

45 소금의 종류 중 불순물이 가장 많이 함유되어 있고 가정에서 배추를 절이거나 젓갈을 담글 때 주로 사용하는 것은?

가. 호렴
나. 재제염
다. 식탁염
라. 정제염

46 전분의 변화와 그 예의 연결이 옳은 것은?

가. 호정화 – 팝콘
나. 호화 – 식은 밥
다. 당화 – 떡
라. 노화 – 식혜

47
해설 쌀에서 섭취한 전분이 체내에서 에너지를 발생하기 위해서는 비타민 B₁이 반드시 필요하다.

47 쌀에서 섭취한 전분이 체내에서 에너지를 발생하기 위해서 반드시 필요한 것은?

가. 비타민 A
나. 비타민 B_1
다. 비타민 C
라. 비타민 D

48 튀김옷에 대한 설명으로 잘못된 것은?

가. 글루텐의 함량이 많은 강력분을 사용하면 튀김 내부에서 수분이 증발되지 못하므로 바삭하게 튀겨지지 않는다.
나. 달걀을 넣으면 달걀 단백질이 열 응고됨으로서 수분을 방출하므로 튀김이 바삭하게 튀겨진다.
다. 식소다를 소량 넣으면 가열 중 이산화탄소를 발생함과 동시에 수분도 방출되어 튀김이 바삭해진다.
라. 튀김옷에 사용하는 물의 온도는 30℃ 전후로 해야 튀김옷의 점도를 높여 내용물을 감싸고 바삭해진다.

30 별책부록

49 표준원가계산의 목적이 아닌 것은?

가. 효과적인 원가관리에 공헌할 수 있다.

나. 노무비를 합리적으로 절감할 수 있다.

다. 제조기술을 향상시킬 수 있다.

라. 경영기법상 실제원가통제 및 예산편성을 할 수 있다.

50 다음의 식단에서 부족한 영양소는?

〈보리밥, 시금치된장국, 달걀부침, 콩나물 무침, 배추김치〉

가. 탄수화물

나. 단백질

다. 단백질

라. 칼슘

51 인공능동면역에 의하여 면역력이 강하게 형성되는 전염병은?

가. 이질   나. 말라리아

다. 폴리오   라. 디프테리아

51
해설
인공 능동면역: 결핵, DPT, 폴리오(소아마비)가 가장 강하다. 면역이 형성되지 않는 질병: 이질, 매독, 말라리아등 이다.

52 미나마타(Minamata)병의 원인은?

가. 수질오염-수은

나. 수질오염 – 카드뮴

다. 방사능오염 – 구리

라. 방사능오염 – 아연

53 회충증의 전파경로는?

가. 분변   나. 소변

다. 타액   라. 혈액

53
해설
회충증은 분변으로 탈출된 회충 수정란, 오염된 야채, 불결한 손, 파리의매개로 음식물 오염, 경구 침입이 있다.

54 다음 중 가열하지 않고 기구를 소독할 수 있는 방법은?

가. 화염멸균법   나. 간헐멸균법

다. 자외선멸균법   라. 저온살균법

55
해설 실내 자연 환기
의 근본은 기온
의 차이 이다.

55 실내 자연환기의 근본 원인이 되는 것은?

가. 기온의 차이

나. 채광의 차이

다. 동력의 차이

라. 도명의 차이

56 회충의 생활사 중 부화 후 성충이 되기까지 거치는 장기가 아닌것은?

가. 심장   나. 폐

다. 식도   라. 신장

57
해설 BOD(생화학적
산소요구량)의
측정: 20ppm 이
하/높을 경우:
오염된 물이다.
DO(용존산소량)
의측정 4~5 ppm
이상/낮을 경우:
오염된 물이다.

57 일반적으로 생물화학적 산소요구량(BOD)과 용존산소량(DO)은 어떤 관계가 있는가?

가. BOD가 높으면 DO도 높다.

나. BOD가 높으면 DO는 낮다.

다. BOD와 DO는 항상 같다.

라. BOD와 DO는 무관하다.

58
해설 공중 보건 사업
을 적용하는 최
초의 대상은 개
인이 아닌 지역
사회의 인간집단
이며 더 나아가
서 국민 전체를
대상으로 한다.

58 공중보건사업의 최소단위가 되는 것은?

가. 가족

나. 국가

다. 개인

라. 지역사회

02

59 포자형성균의 멸균에 가장 적절한 것은?

가. 알콜

나. 염소액

다. 역성비누

라. 고압증기

60 경태반 전염이 되는 질병은?

가. 이질

나. 홍역

다. 매독

라. 결핵

60 해설
경태반(태아에게 전달되는 전염병) 전염은 매독이다.

출제문제 정답

01	다	02	나	03	다	04	나	05	나	06	다	07	다	08	나	09	다	10	라
11	가	12	나	13	라	14	가	15	다	16	가	17	나	18	가	19	가	20	가
21	가	22	가	23	가	24	라	25	다	26	나	27	나	28	가	29	다	30	가
31	다	32	다	33	다	34	라	35	가	36	다	37	라	38	나	39	가	40	가
41	나	42	라	43	나	44	다	45	다	46	가	47	나	48	라	49	다	50	라
51	다	52	가	53	가	54	다	55	가	56	라	57	나	58	라	59	라	60	다

과년도 기출문제 03

01
해설 식품위생 행정기구를 담당하는 곳은 보건복지가족부이다.

01 우리나라 식품위생행정을 담당하고 있는 기관은?

가. 환경부

나. 노동부

다. 보건복지가족부

라. 행정안전부

02
해설 문헌이용 광고나 현란한 포장이용 광고는 과대광고가 아니다.

02 식품위생법규상 허위표시·과대광고 범위에 속하지 않는 것은?

가. 질병의 치료에 효능이 있다는 내용의 표시·광고

나. 제품의 성분과 다른 내용의 표시·광고

다. 공인된 제조방법에 대한 내용

라. 외국어의 사용 등으로 외국제품으로 혼동할 우려가 있는 표시·광고

03 조리사 또는 영양사 면허의 최소처분을 받고 그 취소된 날부터 얼마의 기간이 경과되어야 면허를 받을 자격이 있는가?

가. 1개월 　　　　　나. 3개월

다. 6개월 　　　　　라. 1년

04
해설 식품, 식품첨가물, 기구, 용기, 포장 등은 식품위생 대상이다.

04 식품위생법상 식품위생의 대상이 되지 않는 것은?

가. 식품 및 식품첨가물

나. 의약품

다. 식품, 용기 및 포장

라. 식품, 기구

05 위생관리상태 등이 우수한 식품접객업소를 선정하여 모범
업소로 지정할 수 있는 자는?

　가. 보건복지가족부장관

　나. 식품의약품안전청장

　다. 시·도지사

　라. 시장·군수·구청장

5 해설
일반음식점,휴게
음식점은 시, 군,
구청장에게 단란,
유흥주점은 시장,
군수, 구청장이
지정할 수 있다.

06 화학물질에 의한 식중독의 증상 중 틀린 것은?

　가. 유기인제농약 – 신경독

　나. 메탄올 – 시각장애 및 실명

　다. 둘신(dulcin) – 혈액독

　라. 붕산 – 체중 과다

07 일반적으로 미생물이 관계하여 일어나는 현상은?

　가. 유지의 자동산화(autoxidation)

　나. 생선의 부패(puterifaction)

　다. 과일의 호흡작용(후숙)

　라. 육류의 강직해제

08 다음 중 독소형 식중독인 것은?

　가. 살모넬라 식중독

　나. 포도상구균 식중독

　다. 장염비브리오 식중독

　라. 병원성 대장균 식중독

8 해설
독소형 식중독에
는 포도상구균,
보틀리누스균 등
이 있다.

09 화학적 식중독에 대한 설명으로 틀린것은?

가. 체내흡수가 빠르다.

나. 중독량에 달하면 급성 증상이 나타난다.

다. 체내분포가 느려 사망율이 낮다.

라. 소량의 원인물질 흡수로도 만성중독이 일어난다.

10 식품과 해당 독성분의 연결이잘못된 것은?

가. 복어 – 테트로도톡신(tetrodotoxin)

나. 목화씨 – 고시폴(gossypol)

다. 감자 – 솔라닌(solanine)

라. 독버섯 – 베네루핀(venerupin)

10
해설 독버섯의 독성분은 무스카린이다.

11 세균성 식중독을 예방하는 방법과 가장 거리가 먼 것은?

가. 조리장의 청결유지

나. 조리기구의 소독

다. 유독한 부위의 제거

라. 신선한 재료의 사용

11
해설 유독부위제거하면 자연독 식중독을 예방할 수 있다.

12 식품위생행정의 목적과 가장 거리가 먼 것은?

가. 식품위생상의 위해방지

나. 식품영양의 질적 향상도모

다. 식품의 안전성 확보

라. 식품의 판매촉진

03

13 식용유 제조시 사용되는 식품첨가물 중 n - hexane(핵산)의 용도는?

가. 추출제 나. 유화제

다. 향신료 라. 보존료

14 다음식품첨가물 중 유지의 산화방지제는?

가. 소르빈산칼륨

나. 차아염소산나트륨

다. 몰식자산프로필

라. 아질산나트륨

15 세균성 식중독이 병원성소화기계 전염병과 다른 점을 나열한 사항 중 잘못된 것은?(세균성 식중독 : 소화기계 전염병)

가. 식품:원인물질 축적체 : 식품:병원균 운반체

나. 2차 감염이 빈번함 : 2차 감염이 없음

다. 식품위생법으로 관리 : 전염병예방법으로 관리

라. 비교적 짧은 잠복기 : 비교적 긴 잠복기

16 전분의 노화에 영향을 미치는 인자의 설명 중 틀린 것은?

가. 노화가 가장 잘 일어나는 온도는0~5℃ 이다.

나. 수분함량 10% 이하인 경우 노화가 잘 일어나지 않는다.

다. 다량의 수소 이온은 노화를 저지한다.

라. 아밀로오스의 함량이 많은 전분일수록 노화가 빨리 일어난다.

17 불건성유에 속하는 것은?

가. 참기름

나. 땅콩기름

다. 콩기름

라. 옥수수기름

18 안토시아닌 색소의 특징을 가장 올바르게 설명한 것은?

가. 당류에 의해 퇴색이 촉진된다.

나. 연속된 이소프렌(isoprene)구조에 의해 색을 낸다.

다. 황색과 오렌지색을 많이 낸다.

라. 알칼리에서 플라빌리움(flavylium)

19 과일의 숙성에 대한 설명으로 잘못된 것은?

가. 과일류의 호흡에 따른 변화를 되도록 촉진시켜 빠른 시간 내에 과일을 숙성시키는 방법으로 가스저장법(CA)이 이용된다.

나. 과일류 중 일부는 수확 후에 호흡작용이 특이하게 상승되는 현상을 보인다.

다. 호흡상승현상을 보이는 과일류는 적당한 방법으로 호흡작용을 조절하여 저장기간을 조절하면서 후숙시킬수 있다.

라. 호흡 상승현상을 보이지 않는 과일류는 수확하여 저장하여도 품질이 향상되지 않으므로 적당한 시기에 수확하여 곧 식용 또는 가공하여야 된다.

20 지방의 성질 중 틀린 것은?

가. 불포화 지방산을 많이 함유하고 있는 지방은 요오드 값이 높다.

나. 검화란 지방이 산에 의해 분해되는 것이다.

다. 일반적으로 어류의 지방은 불포화 지방산의 함량이 커서 상온에서 액체상태로 존재한다.

라. 복합지질은 친수기와 친유기가 있어 지방을 유화시키려는 성질이 있다

21 냉동시켰던 쇠고기를 해동하니 드립(drip)이 많이 발생 했다. 다음 중 가장 관계 깊은 것은?

가. 단백질 변성　　　나. 탄수화물의 호화

다. 지방의 산패　　　라. 무기질의 분해

21 해설
드립은 단백질을 변성시킨다.

22 영양 결핍 증상과 원인이 되는 영양소의 연결이 잘못된 것은?

가. 빈혈 – 엽산

나. 구순구각염–비타민 B_{12}

다. 야맹증 –비타민A

라. 괴혈병–비타민C

22 해설
구각염과 설염은 비타민 B_2이다.

23 오이의 녹색 꼭지부분에 함유된 쓴맛 성분은?

가. 이포메아마론(ipomeamarone)

나. 카페인(caffeine)

다. 테오브로민(theobromine)

라. 큐커바이타신(cucurbitacin)

23 해설
오이의 녹색 꼭지부분에는 큐커바이타신이 함유되어 있다.

24 훈연(smoking)시 발생하는 연기성분을 나열한 것 중 틀린 것은?

　가. 페놀(phenol)

　나. 포름알데히드(formaldehyde)

　다. 개미산(formic acid)

　라. 사포닌(saponin)

25 4월에서 5월 상순에 날카로운 가시가 있는 나뭇가지로부터 따낸 어린순으로, 다른 종류에는 독활이라 불리우는 것이 있으며, 쓴맛과 떫은맛을 제거한 후 회나 전으로 이용하는 식품은?

　가. 죽순　　　　　　　나. 아스파라거스

　다. 샐러리　　　　　　라. 두릅

26
해설 후추의 냄새성분은 캐비신, 피페린이다.

26 식품의 냄새성분과 소재식품의 연결이 잘못된 것은?

　가. 미르신(myrcene) - 미나리

　나. 멘톨(mentol) - 박하

　다. 푸르푸릴알콜(furfuryl alcohol) - 커피

　라. 케틸메르캡탄(methyl mercaptan) - 후추

27 무화과에서 얻는 육류의 연화효소는?

　가. 피신

　나. 브로멜린

　다. 파파인

　라. 레닌

28
해설 젤리화의 3요소는 팩틴, 당분, 산이다.

28 과실의 젤리화 3요소와 관계없는 것은?

　가. 젤라틴　　　　　　나. 당

　다. 펙틴　　　　　　　라. 산

29 밀가루를 물로 반죽하여 면을 만들 때 반죽의 점성에 관계하는 주성분은?

　가. 글로불린(globulin)

　나. 글루텐(gluten)

　다. 아밀로펙틴(amylopectin)

　라. 덱스트린(dextrin)

29 해설

글루텐은 밀가루를 물로 반죽하여 면을 만들 때 반죽의 점성을 좋게 한다.

30 변형된 단백질분자가 집합하여 질서정연한 망상구조를 형성하는 단백질의 중요한 기능성과 관계가 가장 먼 식품은?

　가. 두부

　나. 어묵

　다. 빵 반죽

　라. 북어

31 조리 작업의 위치선정 조건으로 가장 거리가 먼 것은?

　가. 보온을 위해 지하인 곳

　나. 통풍이 잘 되고 밝고 청결한 곳

　다. 음식의 운반과 배선이 편리한 곳

　라. 재료의 반입과 오물의 반출이 쉬운곳

32 우유를 가열할 때 용기 바닥이나 옆에 눌어 붙는 것은 주로 어떤 성분인가?

　가 카제인(casein)

　나. 유청(whey)단백질

　다. 레시틴(lecithin)

　라. 유당(lactose)

32 해설

우유를 가열할 때 용기 바닥이나 옆에 눌어붙는 것은 유청단백질 성분 때문이다.

33 인덕션(induction)조리기기에 대한 내용으로 틀린 것은?

가. 조리기기 상부의 표면은 매끈한 세라믹 물질로 만들어져 있다.

나. 자기전류가 유도 코일에 의하여 발생되어 상부에 놓인 조리기구와 자기 마찰에 의한 가열이 되어지는 것이다.

다. 상부에 놓이는 조리기구는 금속성 철을 함유한 것이어야 한다.

라. 사열속도가 빠른 반면 열의 세기를 조절할 수 없는 단점이 있다.

34 해설 단체급식 식품구매 단자 최소 정점은 1개월에 2회 정도이다.

34 단체급식에서 식품을 구매하고자 할 때 식품단가는 최소한 어느 정도 점검 해야 하는가?

가. 1개월에 2회   나. 2개월에 1회

다. 3개월에 1회   라. 4개월에 2회

35 칼슘(ca)의 기능이 아닌 것은?

가. 골격, 치아의 구성

나. 혈액의 응고작용

다. 헤모글로빈의 생성

라. 신경의 전달

36 해설 담수어가 해수어보다 쉽게 부패되며, 적색의 어류가 백색어류에 비해 쉽게 부패된다.

36 어류의 부패속도에 대하여 가장 올바르게 설명한 것은?

가. 해수어가 담수어보다 쉽게 부패한다.

나. 얼음물에 보관하는 것보다 냉장고에 보관하는 것이 더 쉽게 부패한다.

다. 토막을 친 것이 통째로 보관하는 것보다 쉽게 부패한다.

라. 어류는 비늘이 있어서 미생물의 침투가 육류에 비해 늦다.

37 분리된 마요네즈를 재생시키는 방법으로 가장 적합한 것은?

가. 새로운 난황에 분리된 것을 조금씩 넣으며 한 방향으로 저어준다.

나. 기름을 더 넣어 한 방향으로 빠르게 저어준다.

다. 레몬즙을 넣은 후 기름과 식초를 넣어 저어준다.

라. 분리된 마요네즈를 양쪽 방향으로 빠르게 저어준다.

38 섣달 그믐날의 절식은?

가. 육개장

나. 편수

다. 무시루떡

라. 골동반(비빔밥)

39 커피를 끓이는 방법에 대한 설명 중 가장 옳은 것은?

가. 알칼리도가 높은 물로 끓이면 커피 중의 산이 중화되어 커피의 맛이 감퇴된다.

나. 탄닌은 쓴맛을 주는 성분으로 커피를 끓여도 유출되지 않는다.

다. 원두 커피는 냉수에 넣고 오래 끓이면 모든 성분이 잘 우러나와 맛과 향이 증진된다.

라. 굵게 분쇄된 원두 커피는 여과법으로 준비하는 경우 맛과 향이 최대한 우러나온다.

40 해리된 수소이온이 내는 맛과 가장 관계 깊은 것은?

가. 신맛

나. 단맛

다. 매운맛

라. 짠맛

37 해설
분리된 마요네즈를 재생시킬 때는 새로운 난황에 분리된 것을 조금씩 넣으며 한 방향으로 저어준다.

39 해설
커피는 알칼리도가 높은 물로 끓이면 커피 중의 산이 중화되어 커피의 맛이 감퇴된다.

41
해설 국수는 찬물에 넣어 빨리 비벼씻어야 면에 탄력이 있고 붇지 않는다.

41 국수를 삶는 방법으로 가장 부적당한 것은?

가. 끓는 물에 넣는 국수의 양이 많아서는 안된다.

나. 국수 무게의 6~7배 정도의 물에서 삶는다.

다. 국수를 넣은 후 물이 다시 끓기 시작하면 찬물을 넣는다.

라. 국수가 다 익으면 많은 양의 냉수에서 천천히 식힌다.

42 냉동저장 채소로 가장 적합하지 않은 것은?

가. 완두콩

나. 브로컬리

다. 컬리플라워

라. 샐러리

43 다음자료에 의해서 총원가를 산출하면 얼마인가?

직접재료비	₩150,000	간접재료비	₩50,000
직접노무비	₩100,000	간접노무비	₩20,000
직접경비	₩5,000	간접경비	₩100,000
판매및일반관리비	₩10,000		

가. ₩435,000

나. ₩365,000

다. ₩265,000

라. ₩180,000

44
해설 선입선출법은 재료소비 가격 계산법이다.

44 재료 소비량을 결정하는 방법이 아닌 것은?

가. 계속기록법

나. 재고조사법

다. 선입선출법

라. 역계산법

45 밥짓기에 대한 설명으로 가장 잘못된 것은?

가. 쌀을 미리 물에 불리는 것은 가열시 열전도를 좋게
    하여 주기 위함이다.

나. 밥물은 쌀 중량의 2.5배, 부피의 1.5배 정도 되도록
    붓는다.

다. 쌀전분이 완전히 a화 되려면 98℃ 이상에서 20분
    정도 걸린다.

라. 밥맛을 좋게 하기 위하여 0.03% 정도의 소금을 넣
    을 수 있다.

46 다음 각 영양소와 그 소화효소의 연결이 옳은 것은?

가. 무기질-트립신(trypsin)

나. 지방-아밀라아제(amylase)

다. 단백질-리파아제(lipase)

라. 당질-프티알린(ptyalin)

47 조미료의 침투속도를 고려한 사용순서로 옳은 것은?

가. 소금→설탕→식초

나. 설탕→소금→식초

다. 소금→식초→설탕

라. 설탕→식초→소금

48 단체급식소의 식단(메뉴)으로 특정다수가 지속적으로 한
    곳의 급식장소에서 제공하기에 적합하지 않은 식단은?

가. 고정메뉴(fixed menu)

나. 순환메뉴(cycle menu)

다. 변동메뉴(changing menu)

라. 선택식 메뉴(selective menu)

45 해설
밥을 지을때에는
쌀의 중량의 1.5
배, 쌀의 부피의
1.2배 되도록 물
을 붓는다.

47 해설
조미료의 사용 순
서로는 설탕→소
금→식초 순이다.

49
해설 클로로필(채소의 녹색) 색소는 오랜 시간 가열하면 색이 변하게 된다.

49 다음 보기의 조리과정은 공통적으로 어떠한 목적을 달성하기 위하여 수행하는 것인가?

> 팬에서 오이를 볶은 후 즉시 접시에 펼쳐 놓는다. −시금치를 데칠 때 뚜껑을 열고 데친다. −쑥을 데친 후 즉시 찬물에 담근다.

가. 비타민 A의 손실을 최소화하기 위함이다.
나. 비타민 C의 손실을 최소화하기 위함이다.
다. 클로로필의 변색을 최소화하기 위함이다.
라. 안토시아닌의 변색을 최소화하기 위함이다.

50 식품과 유지의 특성이 잘못 짝지어진 것은?

가. 버터크림−크림성
나. 쿠키−점성
다. 마요네즈−유화성
라. 튀김−열매체

51
해설 일본뇌염은 모기에 의해 전염된다.

51 호흡기 전염병에 속하지 않는 것은?

가. 홍역
나. 일본뇌염
다. 디프테리아
라. 백일해

52 불쾌지수 측정에 필요한 요소는?

가. 건구온도, 습구온도
나. 기온, 풍속
다. 기습, 풍속
라. 기습, 기동

03

53 바이러스와 포자형성균을 소독하는데 가장 좋은 소독법은?

　가. 일광소독

　나. 알콜소독

　다. 건열멸균

　라. 고압증기멸균

53 해설
고압증기멸균은 121℃에서 15~20분간 살균한다.

54 채소를 통하여 매개되는 기생충과 가장 거리가 먼 것은?

　가. 편충　　　　　나. 십이지장충

　다. 동양모양선충　　라. 선모충

55 진개(쓰레기)처리법과 가장 거리가 먼 것은?

　가. 위생적 매립법

　나. 소각법

　다. 비료화법

　라. 활성슬러지법

56 경구전염병으로 주로 신경계에 증상을 일으키는 것은?

　가. 폴리오

　나. 장티푸스

　다. 콜레라

　라. 세균성이질

56 해설
폴리오(소아마비)는 경구전염병으로 주로 신경계에 증상을 일으킨다.

57 윈슬로(winslow)의 공중보건학에 대한 정의를 설명한 내용 중 틀린 것은?

　가. 모든 인류의 질병치료

　나. 지역사회 주민의 질병예방

　다. 모든인간의 수명연장

　라. 지역사회 주민의 육체적, 정신적 효율의 증진

58 곤충을 매개로 간접전파되는 전염병과 가장 거리가 먼 것은?

　가. 재귀열

　나. 말라리아

　다. 인플루엔자

　라. 쯔쯔가무시증

59 일반적으로 개달물(介達物) 전파가 가장 잘 되는 것은?

　가. 공수병　　　　　　나. 일본뇌염

　다. 트라코마　　　　　라. 황열

60 감각온도의 3요소에 속하지 않는 것은?

　가. 기온　　　　　　　나. 기습

　다. 기류　　　　　　　라. 기압

> 59
> 해설　트리코마(눈병)는 일반적으로 개달물(介達物) 전파가 가장 잘된다.

출제문제 정답

01	다	02	다	03	라	04	다	05	라	06	라	07	나	08	나	09	다	10	라
11	다	12	라	13	가	14	다	15	나	16	다	17	나	18	가	19	가	20	나
21	가	22	나	23	라	24	라	25	라	26	라	27	가	28	가	29	나	30	라
31	가	32	나	33	라	34	가	35	다	36	다	37	가	38	라	39	가	40	가
41	라	42	라	43	가	44	다	45	나	46	다	47	나	48	가	49	다	50	나
51	나	52	가	53	라	54	라	55	라	56	가	57	가	58	다	59	다	60	라

과년도 기출문제 04

01 식품공전에 의한 조리용 칼, 도마, 식기류의 미생물 규격은?(단, 사용중의 것은 제외한다.)

가. 살모넬라 음성, 대장균 양성

나. 살모넬라 음성, 대장균 음성

다. 황색포도상구균 음성, 대장균 음성

라. 황색포도상구균 음성, 대장균 양성

02 질병에 걸린 경우 동물의 몸 전부를 사용하지 못하는 질병은?

가. 리스테리아병

나. 염증

다. 종양

라. 기생충증

02 해설
리스테리아병에 걸린 경우 동물의 몸 전부를 사용하지 못하는 질병이다.

03 식품위생법상의 식품이 아닌것은?

가. 비타민 C약제

나. 식용얼음

다. 유산균 음료

라. 채종유

03 해설
의약품을 제외한 모든 음식물이 이에 속한다.

04 식품공전에 따른 우유의 세균수에 관한 규격은?

가. 1㎖당 10,000 이하이어야 한다.

나. 1㎖당 20,000 이하이어야 한다.

다. 1㎖당 100,000 이하이어야 한다.

라. 1㎖당 1,000 이하이어야 한다.

05 식품을 구입하였는데 포장에 아래와 같은 표시가 있었다.
어떤 종류의 식품 표시인가?

가. 방사선조사식품

나. 녹색신고식품

다. 자진회수식품

라. 유기농법제조식품

06
해설 테트로도톡신은
복어의 난소에
가장 많이 들어
있으며 치사량은
2mg이다.

06 다음중 치사율이 가장 높은 독소는?

가. 삭시톡신(Saxitoxin)

나. 베네루핀(Venerupin)

다. 테트로도톡신(Tetrodotoxin)

라. 엔테로톡신(Enterotoxin)

07
해설 메틸알코올의
치사량은 30~
100ml이며, 실명
의 원인물질로
알려져 있다.

07 화학물질에 의한 식중독으로 일반 중독증상과 시신경의 염
증으로 실명의 원인이 되는물질은?

가. 납

나. 수은

다. 메틸알코올

라. 청산

08
해설 신선도를 검사하
기 위해서 생균
수 검사를 하며
10^7~10^8마리일
경우 초기 부패
로 판정한다.

08 식품의 부패를 한정하는 기준으로 생균수를 측정하는 방법
중 일반적으로 식품1g 중 균수가 약 얼마 이상일 때 초기
부패로 판정하는가?

가. 10^2 개

나. 10^5개 ($10\times10\times10\times10\times10$)

다. 10^7개 ($10\times10\times10\times10\times10\times10\times10$)

라. 10^{15}개($10\times10\times10\times10\times10\times10\times10\times10\times10\times10\times10\times10\times10\times10\times10$)

09 진균독(곰팡이독,mycotoxin)과 그 독성을 나타낸 것 중 잘못 짝지워진 것은?

　가. 아플라톡신(Aflatoxin)−간장독

　나. 시트리닌(Citrinin)−신장독

　다. 스포리데스민(Sporidesmin)−광과민성 피부염물질

　라. 지아라레논(Zearalenone)−세균성 무백혈구증

10 다음 중 현재 사용이 허가 된 감미료는?

　가. 글루타민산나트륨(MSG)

　나. 에틸렌글리콜(Ethylene glycol)

　다. 사이클라민산나트륨(Sodium cyclamate)

　라. 삭카린나트륨(Saccharin sodium)

11 식중독에 대한 설명 중 잘못된 것은?

　가. 오염된음식물에 의하여 일어난다.

　나. 세균의 독소에 의하여 일어난다.

　다. 장티푸스균, 콜레라균 등에 의하여 일어난다.

　라. 급성위장장애를 일으킨다.

12 감자의 싹과 녹색부위에서 생성되는 독성 물질은?

　가. 솔라닌(Solanine)

　나. 리신(Ricin)

　다. 시큐톡신(Cicutoxin)

　라. 아미그달린(Amygdalin)

13 다음 중 위생지표세균에 속하는 것은?

　가. 리조푸스균　　　　나. 캔디다균

　다. 대장균　　　　　　라. 페니실리움균

10 해설
삭카린나트륨은 현재 사용이 허가 된 감미료이다.

12 해설
파마자−리신
독미나리−시큐톡신
톡보리−테무린
겨자−아미그달린

부록

14
해설 클리스트리디움
보툴리늄은 세균
성 식중독으로
80℃에서 15분
가열하면 사멸된
다.
뉴로톡신은 신경
독 편성혐기성이
며 원인식품 통
조림 소세지이다.

15
해설 포도상구균의 잠
복기는 식후3시
간이면 발병하며,
원인식은 김밥,
도시락 등이다.

16
해설 액토미오신은 전
체단백의 70%를
차지하고 소금에
녹는성질이 있어
어묵형성에 이용
된다.

14 밀폐된 포장식품 중에서 식중독이 발생했다면 주로 어떤 균에 의해서인가?

가. 살모넬라균(Salmonella)

나. 대장균(E. coli)

다. 아리조나균(Arizona)

라. 클로스트리디움 보툴리늄(Cl. botulinum)

15 식사후 식중독이 발생했다면 평균적으로 가장 빨리 식중독을 유발시킬 수 있는 원인균은?

가. 살모넬라균

나. 리스테리아

다. 포도상구균

라. 장구균

16 육류의 사후 강직의 원인 물질은?

가. 액토미오신(actomyosin)

나. 젤라틴(gelatin)

다. 엘라스틴(elastin)

라. 콜라겐(collagen)

17 하루 동안에 섭취한 음식 중에 단백질70g, 지질35g, 당질 400g이 있었다면 이때 얻을 수 있는 열량은?

가. 1995kcal

나. 2095kcal

다. 2195kcal

라. 2295kcal

18 다음 가공 장류 중 삶은 콩에 코지(koji) 를 이용하여 만든 장류가 아닌것은?

가. 간장　　　　　　　　나. 된장

다. 청국장　　　　　　　라. 고추장

19 식품의 수분활성도 (Aw)란?

가. 식품의 수증기압과 그 온도에서의 물의수증기압의 비

나. 자유수와 결합수의 비

다. 식품의 단위시간당 수분증발량

라. 식품의 상대습도와 주위의 온도와의 비

20 지방의 산패를 촉진시키는 요인과 거리가 먼 것은?

가. 효소　　　　　　　　나. 자외선

다. 금속　　　　　　　　라. 토코페롤

21 잼 또는 젤리를 만들 때 가장 적당한 당분의 양은?

가. 20~25%　　　　　　나. 40~45%

다. 60~65%　　　　　　라. 80~85%

22 마이야르(Maillard)반응에 영향을 주는 인자가 아닌것은?

가. 수분　　　　　　　　나. 온도

다. 당의종류　　　　　　라. 효소

23 비타민에 관한 설명 중 잘못된 것은?

가. 카로틴은 프로비타민A이다.

나. 비타민E는 토코페롤이라고도 한다.

다. 비타민 B_{12}는 코발트(Co)를 함유한다.

라. 비타민 C가 결핍되면 각기병이 발생한다.

24

24
해설 섬유는 셀룰로오
즈라고도 하며 소
화운동을 촉진시
킨다. 또한 콜레
스테롤을 저하시
켜 동맥경화 예
방에 아주 효과
적이다.

24 다음 설명 중 잘못된 것은?

가. 식품의 셀룰로오스는 인체에 중요한 열량영양소이다.

나. 덱스트린은 전분의 중간분해산물이다.

다. 아밀로덱스트린은 전분의 가수분해로 생성되는 덱
스트린이다.

라. 헤미셀룰로오스는 식이섬유소로 이용된다.

25
해설 탄수화물을 많이
먹으면 간이나 근
육속에 글리코겐
으로 변하여 저
장된다.

25 육류의 글리코겐(glycogen)함량이 적을때는?

가. 심한 운동으로 피로가 심할 때

나. 사료를 충분히 섭취하였을 때

다. 운동을 하지 않고 휴식을 하였을때

라. 적온에 방치하여 두었을때

26 어물의 탄력과 가장 관계 깊은 것은?

가. 수용성 단백질-미오겐

나. 염용성 단백질-미오신

다. 결합 단백질-콜라겐

라. 색소단백질-미오글로빈

27 단당류에 속하는 것은?

가. 맥아당 나. 포도당

다. 설탕 라. 유당

28
해설 튀김을 할 때에
는 발연점이 높
은 식물성기름을
사용해야 한다.

28 유지의 발연점과 관련된 설명 중 옳은 것은?

가. 발연점이 높은 유지가 조리에 유리하다.

나. 가열 횟수가 많으면 발연점이 높아진다.

다. 정제도가 높으면 발연점이 낮아진다.

라. 유리 지방산의 양이 많으면 발연점이 높아진다.

29 사과를 깎아 방치했을 때 나타나는 갈변현상과 관계없는 것은?

가. 산화효소　　　　나. 산소

다. 페놀류　　　　　라. 섬유소

30 난황에 함유되어 있는 색소는?

가. 클로로필

나. 안토시아닌

다. 카로티노이드

라. 플라보노이드

30 해설 카로티노이드는 산이나 알칼리에 의하여 변화를 받지 않으나 광선에 민감한 색소이다.

31 생선의 어취 제거 방법으로 옳지 않은 것은?

가. 미지근한 물에 담갔다가 그 물과 함께 조리

나. 조리 전 우유에 담갔다가 꺼내어 조리

다. 식초나 레몬즙 첨가

라. 고추나 겨자 사용

31 해설 흐르는 물로 씻거나, 된장파무식초·과즙·간장·생강·겨자를 첨가한다. 또는 냄비의 뚜껑을 열어 비린 휘발성 물질을 휘발시킨다.

32 꽁치 50g의 단백질 량은?(단, 꽁치 100g당 단백질량은 24.9g)

가. 12.45g

나. 19.19g

다. 25.95g

라. 49.18g

33 높은 열량을 공급하고, 수용성 영양소의 손실이 가장 적은 조리방법은?

가. 삶기　　　　나. 끓이기

다. 찌기　　　　라. 튀기기

34
34 해설 곡류·건어물등 부패성이 적은 식품은 1개월분을 한꺼번에 구입한다.

34 단체급식의 식품구입에 대한 설명으로 잘못된 것은?

　가. 폐기율을 고려한다.

　나. 값이 싼 대체식품을 구입한다.

　다. 곡류나 공산품은 1년 단위로 구입하도록 한다.

　라. 제철식품을 구입하도록 한다.

35 마요네즈의 저장 중 분리되는 경우가 아닌것은?

　가. 얼렸을 경우

　나. 고온에 저장할 경우

　다. 뚜껑을 열어 건조시킬 경우

　라. 실온에 저장할 경우

36 해설 단체급식은 특정 다수인을 대상으로 계속적으로 식사를 제공하며 비영리를 추구하는 것을 말한다.

36 단체급식에서 생길 수 있는 문제점으로 틀린 것은?

　가. 심리면에서 가정식에 대한 향수를 느낄 수 있다.

　나. 비용면에서 물가 상승으로 인한 부식비 부족으로 재료비가 충분치 못하다.

　다. 대량조리 중 불청결로 위생상의 사고위험이 있다.

　라. 불특정인을 대상으로 하므로 영양관리가 안 된다.

37 일반적으로 채소의 조리시 가장 손실되기 쉬운 성분은?

　가. 비타민A　　　　　　나. 비타민E

　다. 비타민C　　　　　　라. 비타민B_6

38 총원가에서 판매비와 일반관리비를 제외한 원가는?

　가. 직접원가

　나. 제조원가

　다. 제조간접비

　라. 직접재료비

04

39 조리장의 관리에 대한 설명 중 부적당한 것은?

가. 충분한 내구력이 있는 구조일 것

나. 배수 및 청소가 쉬운 구조일 것

다. 창문, 출입구 등은 방서, 방충을 위한 금속망 설비구조 일것

라. 바닥과 바닥으로부터 10cm까지 내벽은 내수성 자재의 구조일것

39 해설
바닥과 바닥으로부터 1m까지의 내벽은 내수성 자재를 사용해야 한다.

40 구이에 의한 식품의 변화 중 틀린 것은?

가. 살이 단단해 진다.

나. 기름이 녹아 나온다.

다. 수용성 성분의 유출이 매우크다.

라. 식욕을 돋구는 맛있는 냄새가 난다.

41 오징어 12kg을 25000원에 구입 하였다. 모두 손질한 후의 폐기율이 35%였다면 실사용량의 kg당 단가는 약 얼마인가?

가. 5556원   나. 3205원

다. 2083원   라. 714원

42 어패류의 동결·냉장에 대한 설명으로 옳은 것은?

가. 원료 상태의 신선도가 떨어져도 저장성에 영향을 주지 않는다.

나. 지방 함량이 높은 어패류도 성분변화 없이 저장된다.

다. 조개류는 내용물만 모아 찬물로 씻은 뒤 냉동 시키기도 한다.

라. 어묵, 어육소시지의 경우 −20℃로 저장하는 것이 가장 적당하다.

42 해설
어패류 중 조개류는 내용물만 모아 찬물로 씻은 뒤 냉동시키기도 한다.

43 달걀의 조리 중 상호관계로 가장 거리가 먼 것은?

　가. 응고성–계란찜

　나. 유화성–마요네즈

　다. 기포성–스펀지케이크

　라. 가소성–수란

44 식수가 1000명인 단체급식소에서 1인당 20g의 풋고추조림 을 주려고 한다. 발주할 촛고추의 양은?(단,풋고추의 폐기율은 6%이다.)

　가. 18.868kg　　　　　나. 20kg

　다. 21.277kg　　　　　라. 25kg

45 우리 음식의 갈비찜을 하는 조리법과 비슷하여 오랫동안 은근한 불에 끓이는 서양식 조리법은?

　가. 브로일링

　나. 로스팅

　다. 팬브로일링

　라. 스튜잉

46 제빵 시 베이킹파우더의 주 사용목적은?

　가. 팽창제　　　　　나. 윤택제

　다. 향미제　　　　　라. 유화제

46 해설 팽창제(B.P,이스트,계란흰자

47 조리에서 후추가루의 작용과 가장 거리가 먼 것은?

　가. 생선 비린내 제거

　나. 식욕증진

　다. 생선의 근육형태 변화방지

　라. 육류의 누린내 제거

47 해설 음식을 조리할 때 향신료는 맨나중에 넣는다.

04

48 전분의 호정화는 일반적으로 언제 일어나는가?

가. 전분에 물을 넣고 100℃로 끓일 때

나. 전분에 물을 넣지 않고 160℃이상으로 가열할 때

다. 전분에 액화효소를 가할 때

라. 전분에 염분류를 가할 때

49 조리대를 배치할 때 동선을 줄일 수 있는 효율적인 방법중 잘못된 것은?

가. 조리대의 배치는 오른손잡이를 기준으로 생각할 때 일의 순서에 따라 우에서 좌로 배치한다.

나. 조리대에는 조리에 필요한 용구나 기기 등의 설비를 가까이 배치한다.

다. 각 작업공간이 다른 작업의 통로로 이용되지 않도록 한다.

라. 식기와 조리용구의 세정장소와 보관장소를 가까이 두어 동선을 절약시킨다.

50 체온유지 등을 위한 에너지 형성에 관계하는 영양소는?

가. 탄수화물, 지방, 단백질

나. 무기질, 탄수화물, 물

다. 무기질, 탄수화물, 물

라. 비타민, 지방, 단백질

51 무색, 무취, 무자극성 기체로써 불안전연소시 잘 발생하며 연탄가스 중공의 원인물질인 것은?

가. CO   나. CO_2

다. SO   라. NO

48 해설 전분의 호정화는 일반적으로 전분에 물을 넣지 않고 160℃이상으로 가열할 때 일어난다.

51 해설 일산화탄소는 헤모글로빈과의 친화력이 O_2에 비해 250~300배 강하다.

52
해설 식품오염은 공해
로 분류되지 않
는다.

52 다음 중 공해로 분류되지 않는 것은?

가. 대기오염　　　　　　나. 수질오염

다. 식품오염　　　　　　라. 진동,소음

53 세계보건기구(WHO)의 주요 기능이 아닌 것은?

가. 국제적인 보건사업의 지휘 및 조정

나. 회원국에 대한 기술지원 및 자료공급

다. 개인의 정신보건 향상

라. 전문가 파견에 의한 기술자문 활동]

54 집단감염이 잘 되며 항문주위에서 산란하는 기생충은?

가. 요충　　　　　　나. 회충

다. 구충　　　　　　라. 편충

55
해설 유구조충은 돼지
고기, 무구조충
은 쇠고기이다.

55 주로 동물성 식품에서 기인하는 기생충은?

가. 구충

나. 회충

다. 동양모양선충

라. 유구조충

56 자외선 살균의 특징으로 틀린 것은?

가. 피조사물에 조사하고 있는 동안만 살균효과가 있다.

나. 비열(非熱) 살균이다.

다. 단백질이 공존하는 경우에도 살균효과에는 차이가
　　없다.

라. 가장 유효한 살균대산은 물과 공기이다.

57 호흡기계 전염병의 예방대책과 가장 관계 깊은것은?

　가. 파리, 바퀴의 구제

　나. 음료수의 소독

　다. 환자의 격리

　라. 식사전 손의 세척

58 잠복기가 하루에서 이틀 정도로 짧으며 쌀뜨물 같은 설사를 동반한 1군 전염병이며 검역 전염병인 것은?

　가. 콜레라　　　　나. 파라티푸스

　다. 장티푸스　　　라. 세균성 이질

59 위생해충과 이들이 전화하는 질병과의 관계가 잘못 연결된 것은?

　가. 바퀴-사상충　　나. 모기-말라리아

　다. 쥐-유행성 출혈열　라. 파리-장티푸스

60 상수를 여과함으로서 얻는 효과는?

　가. 온도조절　　　나. 세균감소

　다. 수량조절　　　라. 탁도증가

58 해설

1군법정 전염병은 콜레라, 페스트, 파라티푸스, 이질, 장티푸스이다.

59 해설

바퀴는 아질, 콜레라, 장티푸스, 플리오를 유발시킨다.

출제문제 정답

01	나	02	가	03	가	04	나	05	가	06	다	07	다	08	다	09	라	10	라
11	다	12	가	13	다	14	라	15	다	16	가	17	다	18	다	19	가	20	라
21	다	22	라	23	라	24	가	25	가	26	나	27	나	28	다	29	라	30	다
31	가	32	가	33	라	34	다	35	다	36	라	37	다	38	나	39	라	40	라
41	나	42	다	43	라	44	다	45	라	46	다	47	다	48	나	49	가	50	가
51	가	52	다	53	다	54	가	55	라	56	다	57	다	58	가	59	가	60	나

과년도 기출문제  05

01
해설 생산과 품질관리 일지작성 및 비치는 식품위생 감시원의 직무가 아니다.

01 식품위생법령상에 명시된 식품위생감시원의 직무가 아닌 것은?

가. 과대광고 금지의 위반 여부에 관한 단속

나. 조리사 영양사의 법령준수사항 이행여부 확인지도

다. 생산 및 품질관리일지의 작성 및 비치

라. 시설기준의 적합 여부의 확인검사

02 식품 등의 표기기준에 명시된 표시사항이 아닌 것은?

가. 업소명

나. 판매자 성명

다. 성분명 및 함량

라. 유통기한

03 허위표시 과대광고의 범위에 해당되지 않는 것은?

가. 제조방법에 관하여 연구 또는 발견한 사실로서 식품학 영양학 등의 분야에서 공인된 사항의 표시광고

나. 외국어의 사용 등으로 외국제품으로 혼동할 우려가 있는 표시광고

다. 질병의 치료에 효능이 있다는 내용 또는 의약품으로 혼동할 우려가 있는 내용의 표시광고

라. 다른 업소의 제품을 비방하거나 비방하는 것으로 의심되는 광고

04 식품위생법규상 수입식품 검사결과 부적합한 식품 등에 대하여 취하여지는 조치가 아닌 것은?

　가. 수출국으로의 반송

　나. 식용외의 다른 용도로의 전환

　다. 관할 보건소에서 재검사 실시

　라. 다른 나라로의 반출

05 식품위생법령상 집단급식소는 상시 1회 몇인 이상에게 식사를 제공하는 급식소를 의미하는가?

　가. 20인

　나. 30인

　다. 40인

　라. 50인

05 해설
집단급식 이라함은 상시 1회 50인 이상에게 식사를 제공하는 곳을 말한다.

06 세균성 식중독 중에서 독소형은?

　가. 포도상구균식중독

　나. 장염비브리오균 식중독

　다. 살모넬라 식중독

　라. 리스테리아 식중독

07 식품 속에 분변이 오염되었는지의 여부를 판별할 때 이용하는 지표균은?

　가. 장티푸스균

　나. 살모넬라균

　다. 이질균

　라. 대장균

07 해설
식품속의 분변이 오염여부는 대장균을 지표 균으로 한다.

08 장마가 지난 후 저장되었던 쌀이 적홍색 또는 황색으로 착색되어 있었다. 이러한 현상의 설명으로 틀린 것은?

　가. 수분 함량이 15%이상 되는 조건에서 저장할 때 특히 문제가 된다.

　나. 기후 조건 때문에 동남아시아 지역에서 곡류 저장 시 특히 문제가 된다.

　다. 저장된 쌀에 곰팡이류가 오염되어 그 대사산물에 의해 쌀이 황색으로 변한 것이다.

　라. 황변미는 일시적인 현상이므로 위생적으로 무해하다.

09 용어에 대한 설명 중 틀린 것은?

　가. 소독: 병원성 세균을 제거하거나 감염력을 없애는 것

　나. 멸균: 모든 세균을 제거하는 것

　다. 방부: 모든 세균을 완전히 제거하여 부패를 방지하는 것

　라. 자외선 살균: 살균력이 가장 큰 250~260nm의 파장을 써서 미생물을 제거하는 것

10 식중독을 일으키는 버섯의 독성분은?

　가. 아마니타톡식

　나. 엔테로톡식

　다. 솔라닌

　라. 아트로핀

10 해설 아마니타톡신은 식중독을 일으키는 버섯의 독성분이다.

11 살모넬라(salmonella)에 대한 설명으로 틀린 것은?

　가. 그람음성 간균으로 동식물계에 널리 분포하고 있다.

　나. 내열성이 강한 독소를 생성한다.

　다. 발육 적온은 37℃이며 10℃이하에서는 거의 발육하
　　　지 않는다.

　라. 살모넬라균에는 장티푸스를 일으키는 것도 있다.

12 다음 중 유해성 표백제는?

　가. 롱가릿(rongalite)

　나. 아우라민(auramine)

　다. 포름알데히드(formaldehyde)

　라. 사이클라메이트(cyclamate)

12 해설
롱가릿 표백제는 유해성 표백제이다.

13 화학물질에 의한 식중독의 원인물질과 거리가 먼 것은?

　가. 제조과정 중에 혼합되는 유해 중금속

　나. 기구, 용기, 포장 재료에서 용출 이행하는 유해물질

　다. 식품자체에 함유되어 있는 동식물성 유해물질

　라. 제조, 가공 및 저장 중에 혼입된 유해 약품류

14 식품에서 흔히 볼 수 있는 푸른곰팡이는?

　가. 누룩곰팡이속(Aspergillus)

　나. 페니실린움속(Penicllium)

　다. 거미줄곰팡이속(Rhizopus)

　라. 푸사리움속(Fusarium)

14 해설
페니실리움속은 식품에서 볼수있는 푸른곰팡이이다.

15 우리나라에서 허가되어 있는 발색제가 아닌 것은?

　가. 질산칼륨　　　　　나. 질산나트륨

　다. 아질산나트륨　　　라. 삼염화질소

16 다음 중 황 함유 아미노산은?

　가. 메티오닌　　　　　　　나. 프로린
　다. 글리신　　　　　　　　라. 트레오닌

17 해설 염분(소금)은 연제품 제조시 제품의 탄력을 주기위해 첨가하여야 한다.

17 연제품 제조에서 어육단백질을 용해하며 탄력성을 주기 위해 꼭 첨가해야 하는 물질은?

　가. 소금　　　　　　　　　나. 설탕
　다. 전분　　　　　　　　　라. 글루타민산소다.

18 효소적 갈변 반응을 방지하기 이한 방법이 아닌 것은?

　가. 가열하여 효소를 불활성화 시킨다.
　나. 효소의 최적조건을 변화시키기 위해 pH를 낮춘다.
　다. 아황산가스 처리를 한다.
　라. 산화제를 첨가한다.

19 해설 구성 무기질은 식품의 산성 및 알칼리성을 결정하는 기준 성분이다.

19 식품의 산성 및 알칼리성을 결정하는 기준 성분은?

　가. 필수지방산 존재 여부
　나. 필수아미노산 존재 유무
　다. 구성 탄수화물
　라. 구성 무기질

20 녹색 채소 조리시 중조($NaHCO_3$)를 가할 때 나타나는 결과에 대 한 설명으로 틀린 것은?

　가. 진한 녹색으로 변한다.
　나. 비타민C가 파괴된다.
　다. 페오피틴이 생성된다.
　라. 조직이 연화된다.

21 유지의 산패를 차단하기 위해 상승제와 함께 사용하는 물질은?

가. 보존제 나. 발색제

다. 항상화제 라. 표백제

21 해설
항산화제는 유지의 산패를 차단하기 위해 상승제와 같이 사용한다.

22 다음 냄새 성분 중 어류와 관계가 먼 것은?

가. 트리메틸아민(trimethylamine)

나. 암모니아(ammonia)

다. 피페리딘(piperidine)

라. 디아세틸(diacetyl)

23 불포화지방산을 포화지방산으로 변화시키는 경화유에는 어떤 물질이 첨가되는가?

가. 산소 나. 수소

다. 질소 라. 칼슘

23 해설
불포화 지방산을 포화지방산으로 변화시키는 경화유에는 수소의 물질이 첨가 된다.

24 카로틴(carotene)은 동물 체내에서 어떤 비타민으로 변하는가?

가. 비타민D

나. 비타민B

다. 비타민A

라. 비타민C

25 효소에 대한 일반적인 설명으로 틀린 것은?

가. 기질 특이성이 있다.

나. 퇴적온도는 30~40℃정도이다.

다. 100℃에서도 활성은 그래도 유지된다.

라. 최적 ph는 효소마다 다르다.

26
해설 헤모글로빈은 동
물성 색소이다.

26 다음 색소 중 동물성 색소는?

가. 헤모글로빈(hemoglobin)

나. 클로로필(chlorophyll)

다. 안토시안 (anthocyan)

라. 플라보노이드(flavonoid)

27 일반적으로 비스킷 및 튀김의 제품적정에 가장 적합한 밀가루는?

가. 박력분

나. 중력분

다. 강력분

라. 반강력분

28
해설 홍차는 효소적
갈변반응에 의해
서 색을 나타낸
다.

28 효소적 갈변반응에 의해 색을 나타내는 식품은?

가. 분말 오렌지 나. 간장

다. 캐러멜 라. 홍차

29 어떤 식품의 수분활성도(Aw)가 0.960이고 수증기압이 1.39일 때 상대습도는 몇%인가?

가 .0.69% 나. 1.45%

다. 139% 라. 96%

30
해설 붉은살 어류는
흰살 어류에 비
해서 수분함량이
적다.

30 붉은살 어류에 대한 일반적인 설명으로 맞는 것은?

가. 흰살 어류에 비해 지질 함량이 적다.

나. 흰살 어류에 비해 수분함량이 적다.

다. 해저 깊은 곳에 살면서 운동량이 적은 것이 특징이다.

라. 조기. 광어, 가자미 등이 해당된다.

31 다음 중 향신료와 그 성분이 잘못 연결된 것은?

가. 후추-차비신(chavicine)

나. 생강-진저롤(gingerol)

다. 참기름-세사몰(sesamol)

라. 겨자-캡사이신(capsaicin)

32 다음의 식단 구성 중 편중되어 있는 영양가의 식품군은?

- 완두콩밥
- 된장국
- 장조림
- 명란알 찜
- 두부조림
- 생선구이

가. 탄수화물군   나. 단백질군

다. 비타민/무기질군   라. 지방군

33 다음 중 어떤 무기질이 결핍되면 갑상선종이 발생 될 수 있는가?

가. 칼슘(Ca)

나. 요오드(I)

다. 인(P)

라. 마그네슘(Mg)

> **33 해설**
> 요오도의 무기질이 결핍되면 감상선종이 발샐 할수 있다.

34 다음 중 조리기기와 그 용도의 연결이 옳은 것은?

가. 그라인더(grinder)-고기를 다질 때

나. 필러(peeler)-난백 거품을 낼 때

다. 슬라이서(slicer)-당근의 껍질을 벗길 때

라. 초퍼(chopper)-고기를 일정한 두께로 저밀 때

35 밀가루 반죽에 달걀을 넣었을 때의 달걀의 작용으로 틀린 것은?

가. 반죽에 공기를 주입하는 역할을 한다.

나. 팽창제의 역할을 해서 용적을 증가시킨다.

다. 단백질 연화 작용으로 반죽을 연하게 한다.

라. 영양, 조직 등에 도움을 준다.

36 밥짓기 과정의 설명으로 옳은 것은?

가. 쌀을 씻어서 2~3시간 푹 불리면 맛이 좋다.

나. 햅쌀은 묵은 쌀보다 물을 약간 적게 붓는다.

다. 쌀은 80~90℃에서 호화가 시작된다.

라. 묵은 쌀인 경우 쌀 중량의 약 2.5배 정도의 물을 붓는다.

> **36**
> **해설** 햅쌀로 바을 지을때는 묵은 쌀보다 물을 조금 적게 붓는다.

37 생선을 조릴 때 어취를 제거하기 위하여 생강을 넣는다. 이 때 생선을 미리 가열하여 열변성 시킨 후에 생강을 넣는 주된 이유는?

가. 생강을 미리 넣으면 다른 조미료가 침투되는 것을 방해하기 때문에

나. 열변성 되지 않은 어육단백질이 생강의 탈취작용을 방해하기 때문에

다. 생선의 비린내 성분이 지용성이기 때문에

라. 생강이 어육단백질이 응고를 방해하기 때문에

38 영양소와 해당 소화효소의 연결이 잘못된 것은?

가. 단백질-트립신(trypsin)

나. 탄수화물-아밀라제(amylase)

다. 지방-리파아제(lipase)

라. 설탕-말타아제(maltase)

05

39 다음 중 유지의 산패에 영향을 미치는 인자에 대한 설명으로 맞는 것은?

가. 저장 온도가 0℃이하가 되면 산패가 방지된다.

나. 광선은 산패를 촉진하나 그 중 자외선은 산패에 영향을 미치지 않는다.

다. 구리, 철은 산패를 촉진하나 납, 알루미늄은 산패에 영향을 미치지 않는다.

라. 유지의 불포화도가 높을수록 산패가 활발하게 일어난다.

39 해설
유지의 불포화가 높을수록 산패가 활발하게 일어난다.

40 우유의 살균처리방법 중 다음과 같은 살균처리는?

71.1~75℃로 15~30초간 가열처리하는 방법

가. 저온살균법

나. 초저온살균법

다. 고온단시간살균법

라. 초고온살균법

41 어떤 음식의 직접원가는 500원, 제조원가는800원 총원가는 1000원이다 . 이 음식의 판매관리비는?

가. 200원　　　　나. 300원

다. 400원　　　　라. 500원

42 위탁급식(전문급식업체)으로 운영되는 단체급식의 장점이 아닌 것은?

가. 과학적인 운영으로 운영비가 절약된다.

나. 영양관리, 위생관리가 철저하다.

다. 복잡한 노무관리의 직접적인 책임을 탈피할 수 있다.

라. 인건비와 대량 구입으로 식품원가를 절감 할 수 있다.

43
43
해설 천일염은 오이지, 김장 배추를 절이는 용도로 사용된다.

굵은 소금이라고도 하며, 오이지를 담글 때나 김장 배추를 절이는 용도로 사용하는 소금은?

가. 천일염   나. 재제염

다. 정제염   라. 꽃소금

44   전분의 호정화에 대한 설명으로 옳지 않은 것은?

가. 호정화란 화학적 변화가 일어난 것이다.

나. 호화된 전분보다 물에 녹기 쉽다.

다. 전분을 150~190℃에서 물을 붓고 가열 할 때 나타나는 변화이다.

라. 호정화 되면 덱스트린이 생성된다.

45
45
해설 복숭아, 사과, 오렌지등의 과일은 껍질을 벗겨두면 색이 변하게 된다.

달걀의 열응고성에 대한 설명 중 옳은 것은?

가. 식초는 응고를 지연시킨다.

나. 소금은 응고 온도를 낮추어 준다.

다. 설탕은 응고온도를 내려주어 응고물을 연하게 한다.

라. 온도가 높을수록 가열시간이 단축되어 응고물은 연해진다.

46   다음 원가요소에 따라 산출한 총원가로 옳은 것은?

직접재료비:250000	제조간접비:120000
직접노무비:100000	판매관리비:60000
직접경비:40000	이익:100000

가. 390000원   나. 510000원

다. 570000원   라. 610000원

47 다음 중 신선하지 않은 식품은?

　가. 생선: 윤기가 있고 눈알이 약간 튀어나온 듯한 것

　나. 고기: 육색이 선명하고 윤기 있는 것

　다. 계란: 껍질이 반들반들하고 매끄러운 것

　라. 오이: 가시가 있고 곧은 것

48 달걀의 열응고성에 대한 설명 중 옳은 것은?

　가. 식초는 응고를 지연시킨다.

　나. 소금은 응고온도를 낮추어 준다.

　다. 설탕은 응고온도를 내려주어 응고물을 연하게 한다.

　라. 온도가 높을수록 가열시간이 단축되어 응고물은 연해진다.

> **48 해설**
> 소금의 염분은 응고온도를 낮추어 준다.

49 냉동어의 해동법으로 가장 좋은 방법은?

　가. 저온에서 서서히 해동시킨다.

　나. 얼린 상태로 조리한다.

　다. 실온에서 해동시킨다.

　라. 뜨거운 물속에 담가 빨리 해동시킨다.

50 1일 2500kcal를 섭취하는 성인 남자 100명이 있다. 총 열량의 60%를 쌀로 섭취한다면 하루에 쌀 약 몇 kg정도가 필요한가? (단, 쌀100g은 340kcal이다)

　가. 12.70kg　　　　나. 44.12kg

　다. 127.02kg　　　라. 441.18kg

51 감각온도(체감온도)의 3요소에 속하지 않는 것은?

　가. 기온　　　　나. 기습

　다. 기압　　　　라. 기류

> **51 해설**
> 기압은 체감온도에 속하지 않는다.

52 WTO가 규정한 건강의 정의는?

    가. 질병이 없고, 육체적으로 완전한 상태

    나. 육체적, 정신적으로 완전한 상태

    다. 육체적 완전과 사회적 안녕이 유지되는 상태

    라. 육체적, 정신적, 사회적 안녕의 완전한 상태

53 해설 선모충은 돼지고기에 의해 감염될수 있는 기생충이다.

53 다음 중 돼지고기에 의해 감염될 수 있는 기생충은?

    가. 선모충   나. 간흡충

    다. 편충   라. 아니사키스충

54 하천수에 용존산소가 적다는 것은 무엇을 의미하는가?

    가. 유기물 등이 잔류하여 오염도가 높다.

    나. 물이 비교적 깨끗하다.

    다. 오염과 무관하다.

    라. 호기성 미생물과 어패류의 생존에 좋은 환경이다.

55 일반적으로 사용되는 소독약의 희석농도로 가장 부적합한 것은?

    가. 알코올 : 75%에탄올

    나. 승홍수 : 0.01%의 수용액

    다. 크레졸 : 3~5%의 비누액

    라. 석탄산 : 3~5%의 수용액

56 해설 한센(나병)병은 다른 전염병에 비해 균의 잠복기가 길다.

56 다음 중 잠복기가 가장 긴 전염병은?

    가. 한센병   나. 파라티푸스

    다. 콜레라   라. 디프테리아

57 전염병과 전염경로의 연결이 틀린 것은?

　　가. 성병–직접접촉　　　나. 폴리오–공기전염

　　다. 결핵–개달물 전염　　라. 파상풍–토양전염

58 디피티(D.P.T)접종과 관계없는 질병은?

　　가. 디프테리아　　　　　나. 콜레라

　　다. 백일해　　　　　　　라. 파상풍

58 해설

콜레라는 디피티 접종과는 관계가 없다.

59 폐흡충 증의 제 1,2 중간숙주가 순서대로 옳게 나열된 것은?

　　가. 왜우렁이, 붕어　　　나. 다슬기. 참게

　　다. 물벼룩, 가물치　　　라. 왜우렁이, 송어

60 소독제이 살균력을 비교하기 위해서 이용되는 소독약은?

　　가. 석탄산　　　　　　　나. 크레졸

　　다. 과산화수소　　　　　라. 알코올

60 해설

석탄산은 소독제의 살균력을 비교하기 위해 이용되는 약품이다.

출제문제 정답

01	다	02	나	03	가	04	다	05	라	06	가	07	라	08	라	09	다	10	가
11	나	12	가	13	다	14	나	15	라	16	가	17	가	18	라	19	라	20	다
21	다	22	라	23	나	24	다	25	다	26	가	27	다	28	라	29	라	30	나
31	라	32	나	33	나	34	다	35	다	36	나	37	다	38	라	39	다	40	다
41	가	42	나	43	가	44	다	45	라	46	다	47	다	48	나	49	나	50	나
51	다	52	라	53	가	54	다	55	나	56	가	57	나	58	나	59	나	60	가

 과년도 기출문제 **06**

01 식품공전에 규정되어 있는 표준온도는?

가. 10℃ 나. 15℃
다. 20℃ 라. 25℃

01 해설 식품공전에 표준온도는 20℃이다.

02 식품위생법규상 판매 등이 금지되고 가축 전체를 이용하지 못하는 질병은?

가. 선모충증 나. 회충증
다. 폐기종 라. 방선균증

03 다음 중 식품위생법에서 다루고 있는 내용은?

가. 먹는물 수질관리
나. 전염병예방시설의 설치
다. 식육의 원산지 표시
라. 공중위생감시원의 자격

03 해설 식품위생법의 정의는 식품의 식품첨가물, 기구, 용기, 포장을 대상으로 하는 음식에 관한 위생을 말한다.

04 식품위생법령상 영업신고 대상 업종이 아닌 것은?

가. 위탁급식영업
나. 식품냉동·냉장업
다. 즉석판매제조·가공업
라. 양곡가공업 중 도정업

04 해설 양곡가공업 중 도정업은 신고대상이 아닌 허가 대상이다.

05 식품위생법령상 주류를 판매할 수 없는 업종은?

가. 휴게음식점영업 나. 일반음식점영업
다. 유흥주점영업 라. 단란주점영업

05 해설 휴게음식점은 주류를 판매할 수 없는 업종이다.

06 다음 중 건조식품, 곡류 등에 가장 잘 번식하는 미생물은?

가. 효모(Yeast)

나. 세균(Bacteria)

다. 곰팡이(Mold)

라. 바이러스(Virus)

07 황색포도상구균 식중독의 일반적인 특성으로 옳은 것은?

가. 설사변이 혈변의 형태이다

나. 급성위장염 증세가 나타난다.

다. 잠복기가 길다

라. 치사율이 높은 편이다.

07 해설
포도상구균식중독의 원인균은 황색포도상구균이며 급성위장염 증세가 나타난다.

08 다음 중 화학성 식중독의 원인이 아닌 것은?

가. 설사성 패류 중독

나. 환경오염에 기인하는 식품 유독성분 중독

다. 중금속에 의한 중독

라. 유해성 식품첨가물에 의한 중독

09 식품첨가물에 대한 설명으로 틀린 것은?

가. 보존료는 식품의 미생물에 의한 부패를 방지할 목적으로 사용된다.

나. 규소수지는 주로 산화방지제로 사용된다.

다. 산화형 표백제로서 식품에 사용이 허가된 것은 과산화벤조일이다.

라. 과황산암모늄은 소맥분 이외의 식품에 사용하여서는 안된다.

09 해설
규소수지(실리콘수지)는 소포제로 사용된다.

부록

10
해설 석탄산은 변소·하수도·진개 등의 오물 소독에 적당하다.

10 식품이 세균에 오염되는 것을 막기 위한 방법으로 바람직하지 않은 것은?

가. 식품취급 장소의 위생동물관리

나. 식품취급자의 마스크 착용

다. 식품취급자의 손을 역성비누로 소독

라. 식품의 철제용기를 석탄산으로 소독

11
해설 클로스트리디움속은 혐기성 세균이다.

11 다음 미생물 중 곰팡이가 아닌 것은?

가. 아스퍼질러스(Aspergillus)속

나. 페니실리움(Penicillium)속

다. 클로스트리디움(Clostridium)속

라. 리조푸스(Rhizopus)속

12 복어독에 관한 설명으로 잘못된 것은?

가. 복어독은 햇볕에 약하다.

나. 난소, 간, 내장 등에 독이 많다.

다. 복어독은 테트로도톡신(tetrodotoxin)이다

라. 복어독에 중독되었을 때에는 신속하게 위장 내의 독소를 제거하여야 한다.

13 식품의 무패 정도를 알아보는 시험 방법이 아닌것 은?

가. 유산균수 검사

나. 관능 검사

다. 생균수 검사

라. 산도 검사

14 세균성 식중독의 전염 예방 대책이 아닌 것은?

　가. 원인균의 식품오염을 방지한다.

　나. 위염환자의 식품조리를 금한다.

　다. 냉장·냉동 보관하여 오염균의 발육·증식을 방지
　　　한다.

　라. 세균성 식중독에 관한 보건교육을 철저히 실시한다.

15 식물과 그 유독성분이 잘못 연결된 것은?

　가. 감자−솔라닌(solanine)

　나. 청매−프시로신(psilocine)

　다. 피마자−리신(ricin)

　라. 독미나리−시큐톡신(cicutoxin)

16 동물에서 추출되는 천연 검질 물질로만 찍지어진 것은?

　가. 펙틴, 구아검

　나. 한천, 알긴산 염

　다. 젤라틴, 키틴

　라. 가티검, 전분

17 다음 중 비타민D₂의 전구물질로 프로비타민 D로 불리는
것은?

　가. 프로게스테론(progesterone)

　나. 에르고스테롤(ergosterol)

　다. 시토스테롤(sitosterol)

　라. 스티그마스테롤(stigmasterol)

14 해설
세균성 식중독 예
방대책은 식중독
균의 오염방지하
고 오염된균의 증
식억제 하며 식품
중의 균이나 독소
를 파괴 한다.

17 해설
에르고스테롤은
비타민D2의 전
구물질로 프로비
타민 D로 불린
다.

18 마이야르(Mallard) 반응에 대한 설명으로 틀린 것은?

　가. 식품은 갈색화가 되고 독특한 풍미가 형성된다.

　나. 효소에 의해 일어난다.

　다. 당류와 아미노산이 함께 공존할 때 일어난다.

　라. 멜라노이딘 색소가 형성된다.

19
해설 동물성 색소〈아
스타산틴〉-새우,
게, 가재등에 포
함되어 있는 색
소이다.

19 새우나 게 등의 갑각류에 함유되어 있으며 사후 가열되면 적색을 띠는 색소는?

　가. 안토시아닌(anthocyanin)

　나. 아스타산틴(astaxanthin)

　다. 클로로필(chlorophyll)

　라. 멜라닌(melanine)

20 육류의 사후경직 후 숙성 과정에서 나타나는 현상이 아닌 것은?

　가. 근육의 경직상태 해제

　나. 효소에 의한 단백질 분해

　다. 아미노태질소 증가

　라. 액토미오신의 합성

21
해설 단백질은 뷰렛에
의한 정색반응을
나타낸다.

21 단백질의 특성에 대한 설명으로 틀린 것은?

　가. C, H, O, N, S, P 등의 원소로 이루어져 있다.

　나. 단백질은 뷰렛에 의한 정색반응을 나타내지 않는다.

　다. 조단백질은 일반적으로 질소의 양에 6.25를 곱한 값이다.

　라. 아미노산은 분자 중에 아미노기와 카르복실기를 갖는다.

22 박력분에 대한 설명으로 맞는 것은?

가. 경질의 밀로 만든다.

나. 다목적으로 사용된다.

다. 탄력성과 점성이 약하다.

라. 마카로니, 식빵 제조에 알맞다.

23 다음 유지 중 건성유는?

가. 참기름　　　　　나. 면실유

다. 아마인유　　　　라. 올리브유

24 전통적인 식혜 제조방법에서 엿기름에 대한 설명이 잘못된 것은?

가. 엿기름의 효소는 수용성이므로 물에 담그면 용출된다.

나. 엿기름을 가루로 만들면 효소가 더 쉽게 용출된다.

다. 엿기름 가루를 물에 담가 두면서 주물러 주면 효소가 더 빠르게 용출된다.

라. 식혜 제조에 사용되는 엿기름의 농도가 낮을수록 당화 속도가 빨라진다.

25 식품의 신맛에 대한 설명으로 옳은 것은?

가. 신맛은 식욕을 증진시켜 주는 작용을한다.

나. 식품의 신맛의 정도는 수소이온농도와 반비례한다.

다. 엿기름 가루를 물에 담가 두면서 주물러 주면 효소가 더 빠르게 용출된다.

라. 식혜제조에 사용되는 엿기름의 농도가 낮을수록 당화속도가 빨라진다.

26
해설 색 ,향, 맛, 효소, 유독 성분은 특수성분에 속한다.

26 다음 중 식품의 일반성분이 아닌 것은?

가. 수분   나. 효소

다. 탄수화물   라. 무기질

27 튀김 중 기름으로부터 생성되는 주요 화합물이 아닌 것은?

가. 중성지방(triglyceride)

나. 유리지방산(free fatty acid)

다. 하이드로과산화물(hydroperoxide)

라. 알코올(alcohol)

28
해설 결합조직의 연화는 콜라겐–)젤라틴(75~80℃이상)이기 때문이다.

28 생선 육질이 쇠고기 육질보다 연한 것은 주로 어떤 성분의 차이에 의한 것인가?

가. 미오신(myosin)

나. 헤모글로빈(hemoglobin)

다. 포도당(glucose)

라. 콜라겐(collagen)

29 다음중 레토르트식품의 가공과 관계가 없는 것은?

가. 통조림   나. 파우치

다. 플라스틱 필름   라. 고압솥

30 아밀로펙틴에 대한 설명으로 틀린 것은?

가. 찹쌀은 아밀로펙틴으로만 구성되어 있다.

나. 기본단위는 포도당이다.

다. α-1,4 결합과 α-1,6 결합으로 되어있다.

라. 요오드와 반응하면 갈색을 띤다.

31 튀김옷에 대한 설명 중 잘못된 것은?

가. 중력분에 10～30％의 전분을 혼합하면 박력분과 비
   슷한 효과를 얻을 수 있다.

나. 계란을 넣으면 글루텐 형성을 돕고 수분 방출을 막
   아 주므로 장시간 두고 먹을 수 있다.

다. 튀김옷에 0.2％ 정도의 중조를 혼입하면 오랫동안
   바삭한 상태를유지할 수 있다.

라. 튀김옷을 반죽할 때 적게 저으면 글루텐 형성을 방
   지할 수 있다.

32 다음 당류 중 단맛이 가장 강한 것은?

가. 맥아당   나. 포도당
다. 과당   라. 유당

32 해설
과당은 당류 중 단맛이 가장 강하다.

33 식단의 형태 중 자유선택식단(카페테리아 식단)의 특징이
아닌것은?

가. 피급식자가 기호에 따라 음식을 선택한다.

나. 적온급식설비와 개별식기의 사용은 필요하지 않다.

다. 셀프서비스가 전제되어야 한다.

라. 조리 생산성은 고정 메뉴식보다 낮다.

34 조개류의 조리시 독특한 국물 맛을 내는 주요 물질은?

가. 탄닌

나. 알코올

다. 구연산

라. 호박산

34 해설
조개류의 맛난 맛은 호박산 때문이다.

35
해설 생선의 비늘은 고르게 밀착되어 있어야 하고 광택이 나는 것이 좋다.

35 **신선한 생선의 특징이 아닌 것은?**

가. 눈알이 밖으로 돌출된 것

나. 아가미의 빛깔이 선홍색인 것

다. 비늘이 잘 떨어지며 광택이 있는 것

라. 손가락으로 눌렀을 때 탄력성이 있는것

36 **다음 중 두부의 응고제가 아닌 것은?**

가. 염화마그네슘($MgCl_2$)

나. 황산칼슘($CaSO_4$)

다. 염화칼슘($CaCl_2$)

라. 탄산칼륨(K_2CO_3)

37
해설 푸른 색 채소는 소금을 약간 넣어 삶거나 녹색야채에 중조를 넣어 삶으면 선명해 진다.

37 **푸른 색 채소의 색과 질감을 고려할 때 데치기의 가장 좋은 방법은?**

가. 식소다를 넣어 오랫동안 데친 후 얼음물에 식힌다.

나. 공기와의 접촉으로 산화되어 색이 변하는 것을 막기 위해 뚜껑을 닫고 데친다.

다. 물을 적게 하여 데치는 시간을 단축시킨 후 얼음물에 식힌다.

라. 많은 양의 물에 소금을 약간 넣고 데친 후 얼음 물에 식힌다.

38 **입고가 먼저 된 것부터 순차적으로 출고하여 출고단가를 결정하는 방법은?**

가. 선입선출법

나. 후입선출법

다. 이동평균법

라. 총평균법

39 한국인 영양 섭취기준(KDRLs)의 구성요소가 아닌 것은?
가. 평균 필요량
나. 권장 섭취량
다. 하한 섭취량
라. 충분 섭취량

40 전자레인지를 이용한 조리에 대한 설명으로 틀린 것은?
가. 음식의 크기와 개수에 따라 조리시간이 결정된다.
나. 조리시간이 짧아 갈변현상이 거의 일어나지 않는다.
다. 법랑제, 금속제 용기 등을 사용할 수 있다.
라. 열전달이 신속하므로 조리시간이 단축된법랑제,금속제 용기는 전자레인지에 사용할 수 없다.

41 다음 중 버터의 특성이 아닌 것은?
가. 독특한 맛과 향기를 가져 음식에 풍미를 준다.
나. 냄새를 빨리 흡수 하므로 밀폐하여 저장하여야 한다.
다. 호퐈지방산과 불포화지방산을 모두 함유하고 있다.
라. 상분은 단백질이 80% 이상이다.

42 튀김유의 보관 방법으로 바람직하지 않은 것은?
가. 공기와의 접촉을 막는다.
나. 튀김찌꺼기를 여과해서 제거한 후 보관한다.
다. 광선의 접촉을 막는다.
라. 사용한 철제팬의 뚜껑을 덮어 보관한다.

해설 40: 법랑제와 금속제 등의 용기는 전자레인지에 사용할 수 없다.

해설 42: 철제 팬의 철 성분은 기름의 산패를 촉진시킨다.

43
해설 단체급식은 편식 교정, 영양에 대한 올바른 교육 국민 식생활 개선에 이바지하며 환경위생 개선사업을 한다.

43　단체급식에 대한 설명으로 틀린 것은?

　　가. 싼값에 제공되는 식사이므로 영양적 요구는 충족시키기 어렵다.

　　나. 식비의 경비 절감은 대체식품 등으로 가능하다.

　　다. 피급식자에게 식(食)에 대한 인식을 고양하고 영양지도를 한다.

　　라. 급식을 통해 연대감이나 정신적 안정을 갖는다.

44　식초의 기능에 대한 설명으로 틀린 것은?

　　가. 생선에 사용하면 생선살이 단단해 진다.

　　나. 붉은 비츠(beets)에 사용하면 선명한 적색이된다.

　　다. 양파에 사용하면 황색이 된다.

　　라. 마요네즈 만들 때 사용하면 유화액을 안정시켜 준다.

45　젤라틴과 한천에 관한 설명으로 틀린 것은?

　　가. 젤라틴은 동물성 급원이다.

　　나. 한천은 식물성 급원이다.

　　다. 젤라틴은 젤리, 양과자 등에서 응고제로 쓰인다.

　　라. 한천용액에 과즙을 첨가하면 단단하게 응고한다.

46
해설 장기간 냉동보관은 위생상 바람직하지 않다.

46　식품의 냉동에 대한 설명으로 틀린 것은?

　　가. 육류나 생선은 원형 그대로 혹은 부분으로 나누어 냉동한다.

　　나. 채소류는 블렌칭(blanching)한 후 냉동한다.

　　다. 식품을 냉동 보관하면 영양적인 손실이 적다.

　　라. −10℃ 이하에서 보존하면 장기간 보존해도 위생상 안전하다.

47 고등어 150g을 돼지고기로 대체하려고 한다. 고등어의 단
백질 함량을 고려했을 때 돼지고기는 약 몇g 필요한가?
(단, 고등어 100g 당 단백질함량:20.2g, 지질:10.4g, 돼지
고기 100g당 단백질 함량:18.5g, 지질:13.9g)

가. 137g   나. 152g
다. 164g   라. 178g

47
해설
대치식품량=원
래식품성분/대
치식품성분×원
래식품량 순으로
계산한다.
(20.2/18.5×150
=164.21)

48 미역국을 끓이는데 1인당 사용되는 재료와 필요량,가격은
다음과 같다. 미역국 10인분을 끓이는데 필요한 재료비
는?(단,홍 조미료의 가격70원은 1인분 기준임)[재료:미역,
필요량(g):20, 가격 (원/100g당):150] [재료:쇠고기, 필요
량(g):60, 가격 (원/100g당):850] [재료:총 조미료, 필요량
(g):-, 가격 (원/100g당):70]

가. 610원   나. 6100원
다. 870원   라. 8700원

49 작업장에서 발생하는 작업의 흐름에 따라 시설과 기기를
배치할 때 작업의 흐름이 순서대로 연결된 것은?

(ㄱ) 전처리   (ㄴ) 장식·배식
(ㄷ) 식기세척·수납   (ㄹ) 조리
(ㅁ) 식재료의 구매·검수

가. (ㅁ)-(ㄱ)-(ㄹ)-(ㄴ)-(ㄷ)
나. (ㄱ)-(ㄴ)-(ㄷ)-(ㄹ)-(ㅁ)
다. (ㅁ)-(ㄹ)-(ㄴ)-(ㄱ)-(ㄷ)
라. (ㄷ)-(ㄱ)-(ㄹ)-(ㅁ)-(ㄴ)

49
해설
식재료의 구매,
검수는 전처리
→ 조리→ 장식
·배식→ 식기
세척·수납 순이
다.

50
해설 난달걀을 삶으면 황의 철과 난백의 황화수소가 결합하여 생성된다.

50 달걀을 삶았을 때 난황 주위에 일어나는 암녹색의 변색에 대한 설명으로 옳은 것은?

가. 100℃의 물에서 5분 이상 가열시 나타난다.

나. 신선한 달걀일수록 색이 진해진다.

다. 난황의 철과 난백의 황화수소가 결합하여 생성된다.

라. 낮은 온도에서 가열할 때 색이 더욱진해진다.

51
해설 공중보건 사업의 3대요건은 보건행정, 보건법, 보건교육 이다.

51 다음중 공중보건사업과거리가 먼 것은?

가. 보건교육   나. 인구보건

다. 전염병치료   라. 보건행정

52 이산화탄소(CO_2)를 실내 공기의 오탁지표로 사용하는 가장 주된 이유는?

가. 유독성이 강하므로

나. 실내 공기조성의 전반적인 상태를 알 수 있으므로

다. 일산화탄소로 변화되므로

라. 항상 산소량과 반비례하므로

53
해설 병원체가 세균인 질병은 콜레라, 이질, 파라티푸스, 성홍열, 디프테리아, 백일해, 페스트, 장티푸스, 유행성뇌척수막염, 파상풍, 결핵, 폐렴, 한센병, 수막구균성 수막염 등이다.

53 다음 중 병원체가 세균인 질병은?

가. 폴리오   나. 백일해

다. 발진티푸스   라. 홍역

54 인수공통전염병으로 그 병원체가 바이러스(virus)인 것은?

가. 발진열   나. 탄저

다. 광견병   라. 결핵

06

55 백신 등의 예방접종으로 형성되는 면역은?

　가. 자연능동면역

　나. 자연수동면역

　다. 인공능동면역

　라. 인공수동면역

55 해설

인공능동면역은 예방접종으로 획득된 면역이다.

56 돼지고기를 불충분하게 가열하여 섭취할 경우 감염되기 쉬운 기생충은?

　가. 간흡충　　　　나. 무구조충

　다. 폐흡충　　　　라. 유구조충

56 해설

돼지고기 기생충은 유구조충, 선모충 이다.

57 식품의 제조·가공·조리용으로 부적당한 것과 거리가 먼 것은?

　가. 신개발 원료로서 안전성에 대한 입증이나 또는 확인이 되지 아니한 것

　나. 식용을 목적으로 채취, 취급, 가공, 제조 또는 관리 되지 아니한 것

　다. 식품원료로서 안전성 및 건전성이 입증된 것

　라. 일반인들의 전래적인 식생활이나 통념상 식용으로 하지 아니하는 것

58 어패류 매개 기생충 질환의 가장 확실한 예방법은?

　가. 환경위생

　나. 생식금지

　다. 보건교육

　라. 개인위생

58 해설

기생충 예방법은 중간숙주 생식주의, 충분한 가열 조리, 오염지역에서 회먹지 않도록 주의, 오염된 조리기구를 통한 다른 식품의 오염에 주의한다.

59
해설 방부는 미생물의 증식을 억제하여 부패의 진행을 억제 시키는 것이다.

59 병원성 미생물의 발육과 그 작용을 지지 또는 정지시켜 부패나 발효를 방지하는 조작은?

　가. 산화　　　　　　　　나. 멸균

　다. 방부　　　　　　　　라. 응고

60 생물화학적 산소요구량(BOD)과 용존산소량(DO) 의 일반적인 관계는?

　가. BOD가 높으면 DO도 높다.

　나. BOD가 높으면 DO는 낮다.

　다. BOD 와 DO는 상관이 없다.

　라. BOD와 DO는 항상 같다.

출제문제 정답

01	다	02	가	03	다	04	라	05	가	06	다	07	나	08	가	09	나	10	라
11	다	12	가	13	나	14	나	15	나	16	다	17	나	18	나	19	나	20	라
21	나	22	다	23	다	24	라	25	다	26	나	27	가	28	라	29	가	30	라
31	나	32	다	33	나	34	라	35	다	36	라	37	라	38	가	39	다	40	다
41	라	42	라	43	가	44	다	45	라	46	라	47	다	48	나	49	가	50	다
51	다	52	나	53	나	54	다	55	다	56	라	57	다	58	나	59	다	60	나

과년도 기출문제

07

01 다음 중 식품위생법상 식품위생의 대상은?

가. 식품, 약품, 기구, 용기, 포장

나. 조리법, 조리시설, 기구, 용기, 포장

다. 식품, 식품첨가물, 기구, 용기, 포장

라. 식품, 식품첨가물, 기구, 용기, 포장

02 조리사가 타인에게 면허를 대여하여 사용하게 한 때 1차
위반시 행정처분 기준은?

가. 업무정지 1월   나. 업무정리 2월

다. 업무정지 3월   라. 면허취소

03 판매를 목적으로 하는 식품에 사용하는 기구, 용기포장의
기준과 규격을 정하는 기관은?

가. 농림수산식품부   나. 지식경제부

다. 보건소   라. 식품의약품안전청

04 다음 중 식품위생감시원의 직무가 아닌 것은?

가. 식품 제조방법에 대한 기준 설정

나. 시설기준의 적합 여부의 확인/검사

다. 식품 등의 압류, 폐기 등

라. 영업소의 폐쇄를 위한 간판제거 등의 조치

05 식품위생수준 및 자질의 향상을 위하여 조리사 및 영양사
에게 교육을 받을 것을 명할 수 있는 자는?

가. 보건복지부장관   나. 식품의약품안전청장

다. 보건소장   라. 시장 군수 구청장

해설 보건복지가족부 산하 식품의약품 안전청이다.

06 식품위생 행정을 과학적으로 뒷받침하는 중앙 기구로 시험, 연구업무를 수행하는 기관은?

가. 시/도 위생과 　　　　나. 국립의료원

다. 식품의약품안전청 　　라. 경찰청

07 다음 중 식품의 부패와 가장 거리가 먼 것은?

가. 토코페롤 　　　　　　나. 단백질

다. 미생물 　　　　　　　라. 유기물

해설 포도상구균(화농균)–화농성 질환자는 음식을 조리하여서는 안된다.

08 손에 상처가 있는 사람이 만든 크림빵을 먹은 후 식중독 증상이 타났을 경우, 가장 의심되는 식중독 균은?

가. 포다상구균 　　　　　나. 클로스트리디움 보툴리늄

다. 병원성 대장균 　　　　라. 살모넬라균

해설 [세균성 식중독] 감염형 : 살모넬라균, 장염비브리오균, 방원성 대장균 등이다.

09 다음 중 세균성 식중독에 해당하는 것은?

가. 감염형 식중독 　　　　나. 자연산 식중독

다. 화학적 식중독 　　　　라. 곰팡이독 식중독

해설 아스퍼질러스 플라버스 곰팡이가 곡류와 콩류에 번식하여 아플라톡신 독소를 생성시켜 간장독을 일으킨다.

10 간장독을 일으키는 곰팡이독은?

가. 파툴린(patulin)

나. 시트리닌(citrinin)

다. 말토리진(maltoryzine)

라. 아플라톡신(aflatoxin)

11 다음 식품첨가물 중 유해한 착색료는?

가. 아우라민 　　　　　　나. 둘신

다. 롱가릿 　　　　　　　라. 붕산

12 식중독 예방과 가장 관련이 적은 것은?

가. 식재료 및 기구의 청결

나. 기생충 구제

다. 식품의 적절한 온도관리

라. 조리자의 위생관리

13 육류의 발색제로 사용되는 아질산염이 산성조건에서 식품 성분과 반응하여 생성되는 발암성 물질은?

가. 지질 과산화물(aldehyde)

나. 벤조피렌(benzopyrene)

다. 니트로사민(nitrosamine)

라. 포름알데히드(formaldehyde)

13 해설

니트로사민(nitro-samine)은 육류의 발색제로 사용되는 아지란염이 산성조건에서 식품 성분과 반응하여 생성되는 발암성 물질이다.

14 세균성 식중독의 일반적인 특성으로 틀린 것은?

가. 주요 증상은 두통, 구역질, 구토, 복통 설사이다

나. 살모넬라균, 장염 비브리오균, 포도상구균 등이 원인이다.

다. 감염 후 면역성이 획득된다.

라. 발병하는 식중독의 대부분은 세균에 의한 세균성 식중독이다.

15 다음 중 독버섯의 유독 성분은?

가. 솔라닌

나. 무스카린

다. 아미그달린

라. 테트로도톡신

15 해설

독버섯-무스카린, 무스카리딘, 팔린, 아마니타톡신, 필지오린, 자극성 유지류가 독성물질이다.

16 다음 중 결합수의 특성이 아닌 것은?

가. 수증기압이 유리수보다 낮다.

나. 압력을 가해도 제거하기 어렵다.

다. 0℃에서 매우 잘 언다.

라. 용질에 대해서 용매로서 작용하지 않는다.

17 곡류에 관한 설명으로 옳은 것은?

가. 강력분은 글루텐의 함량이 13% 이상으로 케익 제조에 알맞다.

나. 박력분은 글루텐의 함량이 10% 이하로 과자, 비스킷 제조에 알맞다.

다. 보리의 고유한 단백질은 오리제닌 이다.

라. 압맥, 할맥은 소화율을 저하시킨다.

18 전분을 구성하는 주요 원소가 아닌 것은?

가. 탄소(C)   나. 수소(H)

다. 질소(N)   라. 산소(O)

19 마멀레이드(marmalade)에 대하여 바르게 설명한 것은?

가. 과일즙에 설탕을 넣고 가열/농축한 후 냉각시킨 것이다

나. 과일의 과육을 전부 이용하여 점성을 띠게 농축한 것이다.

다. 과일즙에 설탕, 과일의 껍질, 과육의 얇은 조각을 섞어 가열, 농축한 것이다.

라. 과일을 설탕시럽과 같이 가열하여 과일이 연하고 투명한 상태로 된 것이다.

20 인체에 필요한 직접 영양소는 아니지만, 식품에 색, 냄새, 맛 등을 부여하여 식욕을 증진시킨 것은?

　가. 단백질 식품　　　　나. 인스턴트 식품
　다. 기호 식품　　　　　라. 건강 식품

20 해설
기호식품이란 영양소는 거의 함유되어 있지 않으나 식품에 맛과 색깔, 냄새 등을 부여하여 식욕을 증진시키는 식품이며 주로 차, 커피, 청량음료 등이 있다.

21 전분 가루를 물에 풀어두면 금방 가라앉는데, 주된 이유는?

　가. 전분이 물에 완전히 녹으므로
　나. 전분의 비중이 물보다 무거우므로
　다. 전분의 호화현상 때문에
　라. 전분의 유화현상 때문에

22 두류 가공품 중 발효과정을 거치는 것은?

　가. 두유　　　　　　　나. 피넛 버터
　다. 유부　　　　　　　라. 된장

23 강화미에서 가장 우선적으로 강화해야 할 영양소로 짝지어진 것은?

　가. 비타민 A, 비타민 B_1　나. 비타민 D, 칼슘
　다. 비타민 B_1, 비타민 B_2　라. 비타민 D, 나이아신

24 다음 중 식품의 손질방법이 잘못된 것은?

　가. 해파리를 끓는 물에 오래 삶으면 부드럽게 되고 짠맛이 잘 제거된다.
　나. 청포묵의 겉면이 굳었을 때는 끓는 물에 담갔다 건져 부드럽게 한다.
　다. 양장피는 끓는 물에 삶은 후 찬물에 헹구어 조리한다.
　라. 도토리묵에서 떫은 맛이 심하게 나면 따뜻한 물에 담가두었다가 사용한다.

24 해설
해파리는 오래 삶으면 삶을수록 질겨진다.

25 우유의 저온장시간살균법에서의 처리 온도와 시간은?

가. 50∼55℃에서 50분간

나. 63∼65℃에서 30분간

다. 76∼78℃에서 15초간

라. 130℃에서 1초간

26 생선묵의 점탄성을 부여하기 위해 첨가하는 물질은?

가. 소금　　　　　　　　나. 전분

다. 설탕　　　　　　　　라. 술

27 식품의 단백질이 변성되었을 때 나타나는 현상이 아닌 것은?

가. 소화효소의 작용을 받기 어려워진다.

나. 용해도가 감소한다.

다. 점도가 증가한다.

라. 폴리펩티드(polypeptide) 사슬이 풀어진다.

28 20%의 수분(분자량:18)과 20%의 포도당(분자량:180)을 함유하는 식품의 이론적인 수분활성도는 약 얼마인가?

가. 0.82　　　　　　　　나. 0.88

다. 0.91　　　　　　　　라. 1

29 펜토산(pentosan)으로 구성된 석세포가 들어 있으며, 즙을 갈아 넣으면 고기가 연해지는 식품은?

가. 배　　　　　　　　　나. 유지

다. 귤　　　　　　　　　라. 레몬

29
해설　전분은 생선묵의 점탄성을 부여하기 위해 첨가하는 물질이다.

30 영양소와 급원식품의 연결이 옳은 것은?

가. 동물성 단백질 – 두부, 쇠고기

나. 비타민 A – 당근, 미역

다. 필수지방산 – 대두유, 버터

라. 칼슘 – 우유, 뱅어포

31 각 조리법의 유의사항으로 옳은 것은?

가. 떡이나 빵을 찔 때 너무 오래 찌면 물이 생겨 형태
와 맛이 저하된다.

나. 멸치국물을 낼 때 끓는 물에 멸치를 넣고 끓여야 수
용성 단백질과 지미성분이 빨리 용출되어 맛이 좋
아진다.

다. 튀김 시 기름의 온도를 측정하기 위하여 소금을 떨
어뜨리는 것은 튀김기름에 영향을 주지 않으므로
온도계를 사용하는 것보다 더 합리적이다.

라. 물오징어 등을 삶을 때 둥글게 말리는 것은 가열에
의해 무기질이 용출되기 때문이므로 내장이 있는
안쪽 면에 칼집을 넣어준다.

32 노화가 잘 일어나는 전분은 다음 중 어느 성분의 함량이
높은가?

가. 아밀로오스(amylose)

나. 아밀로 펙틴(amylopectin)

다. 글리코겐(glycogen)

라. 한천(agar)

32 해설
아밀로오즈
(amylose)의 함
량 비율이 높을
수록 노화가 빠
르다.

부록

33 녹색 채소를 데칠 때 소다를 넣을 경우 나타나는 현상이 아닌 것은?

가. 채소의 질감이 유지된다.

나. 채소의 색을 푸르게 고정시킨다.

다. 비타민 C가 파괴된다.

라. 채소의 섬유질을 연화시킨다.

34 어패류의 조리법에 대한 설명으로 옳은 것은?

가. 조개류는 높은 온도에서 조리하여 단백질을 급격히 응고시킨다.

나. 바닷가재는 껍질이 두꺼우므로 찬물에 넣어 오래 끓여야 한다.

다. 작은 생새우는 강한 불에서 연한 갈색이 될 때 까지 삶은 후 배 쪽에 위치한 모래정맥을 제거한다.

라. 생선숙회는 신선한 생선편을 끓는 물에 살짝 데치거나 끓는 물을 생선에 끼얹어 회로 이용한다.

35 위의 소화작용에 의해 반액체 상태로 된 유미즙의 소화가 본격적으로 진행되는 곳은?

가. 맹장 　　　　　　나. 소장

다. 대장 　　　　　　라. 간장

36 다음 중 성인의 필수아미노산이 아닌 것은?

가. 트립토판(tryptophan)

나. 리신(lysine)

다. 메티오닌(methionine)

라. 티로신(tyrosine)

34 해설 생선숙회는 신선한 생선 편을 끓는 물에 살짝 데치거나 끓는 물을 생선에 끼얹어 회로 이용한다.

36 해설 [필수 아미노산] 이소루신·루신·리신·메티오닌·페닐알라닌·트레오닌·트립토판 등이 성인의 필수아미노산이다.

별책부록

98

37 신선도가 저하된 생선의 설명으로 옳은 것은?

　가. 히스타민(histamine) 함량이 많다.

　나. 꼬리가 약간 치켜 올라갔다.

　다. 살이 탄력적이다.

　라. 비늘이 고르게 밀착되어 있다.

38 학교급식의 목적과 가장 거리가 먼 것은?

　가. 편식 습관의 교정

　나. 국민 체력 향상의 기초 확립

　다. 질병치료

　라. 국민 식생활의 개선

38 해설
학교 급식의 목적은 편식교정, 영양에 대한 올바른 교육, 국민 식생활 개선에 이바지 하고 환경위생개선 사업을 목적으로 하고 있다.

39 원가에 대한 설명으로 틀린 것은?

　가. 원가의 3요소는 재료비, 노무비, 경비이다.

　나. 간접비는 여러 제품의 생산에 대하여 공통으로 사용되는 원가이다.

　다. 직접비에 제조 시 소요된 간접비를 포함한 것은 제조원가 이다.

　라. 제조원가에 관리 비용만 더한 것은 총원가이다.

40 집단급식소의 설치, 운영자의 준수사항으로 틀린 것은?

　가. 유통기한이 경과된 원료 또는 완제품을 조리할 목적으로 보관하거나 이를 음식물의 조리에 사용하여서는 아니 된다.

　나. 깨끗한 지하수를 식기 세척의 용도로만 사용할 경우 별도의 검사를 받지 않아도 된다.

　다. 동물의 내장을 조리한 경우에는 이에 사용한 기계, 기구류 등을 세척하고 살균하여야 한다.

　라. 물수건, 숟가락, 젓가락, 식기 등은 살균/소독제 또는 열탕의 방법으로 소독한 것을 사용하여야 한다.

41 튀김 조리시 흡유량에 대한 설명으로 틀린 것은?

가. 흡유량이 많으면 입안에서의 느낌이 나빠진다.

나. 흡유량이 많으면 소화속도가 느려진다.

다. 튀김시간이 길어질수록 흡유량이 많아진다.

라. 물수건, 숟가락, 젓가락, 식기 등은 살균소독제 또는 열탕의 방법으로 소독한 것을 사용하여야 한다.

42 단체급식소에서 식수인원 500명의 풋고추조림을 할 때 풋고추의 총발주량은 약 얼마인가? (단, 풋고추 1인분 30g, 풋고추의 폐기율 6%)

가. 15kg
나. 16kg
다. 20kg
라. 25kg

43 다음 중 간장의 지미 성분은?

가. 포도당(glucose)

나. 전분(starch)

다. 글루탐산(glutamic acid)

라. 아스코르빈산(ascorbic acid)

44 식품의 감별법으로 옳은 것은?

가. 돼지고기는 진한 분홍색으로 지방이 단단하지 않은 것

나. 고등어는 아가미가 붉고 눈이 들어가고 냄새가 없는 것

다. 계란은 껍질이 매끄럽고 광택이 있는 것

라. 쌀은 알갱이가 고르고 광택이 있으며 경도가 높은 것

45 동결 중 식품에 나타나는 변화가 아닌 것은?

가. 단백질 변성
나. 지방의 산화
다. 탄수화물 호화
라. 비타민 손실

42 해설 폐기물6%
30g×6.100 = 1.8g
(30g + 1.8g)× 500 = 1590g
약 16kg정도 이다.

44 해설 쌀은 알갱이가 고르고 광택이 있으며 경도가 높은 것일수록 좋은 쌀이다.

46 아래의 식단에서 부족한 영양소는?

> [−밥, −시금치국, −삼치조림, −김구이, −사과]

가. 단백질   나. 지질
다. 칼슘   라. 비타민

47 곰국이나 스톡을 조리하는 방법으로 은근하게 오랫동안 끓이는 조리법은?

가. 포우칭(poaching)

나. 스티밍(steaming)

다. 블랜칭(blanching)

라. 시머링(simmering)

47 해설

시머링(simmer-ing) 조리법은 곰국이나 스톡을 조리하는 방법으로 은근하게 오랫동안 끓이는 조리법이다.

48 다음과 같은 자료에서 계산한 제조원가는?

> − 직접재료비 : 32000원   − 직접노무비 : 68000원
> − 직접경비 : 10500원   − 제조간접비 : 20000원
> − 판매경비 : 10000원   − 일반관리비 : 5000원

가. 130500원   나. 140500원
다. 145500원   라. 155500원

49 감자를 썰어 공기 중에 놓아두면 갈변되는데 이 현상과 가장 관계가 깊은 효소는?

가. 아밀라이제(amylase)

나. 티로시나아제(tyrosinase)

다. 얄라핀(jalapin)

라. 미로시나제(myrosinase)

50
해설 캅사이신(capsai-cin)은 마늘에 함유된 황화합 물로 특유의 냄새를 가지는 성분이다.

50 마늘에 함유된 황화합물로 특유의 냄새를 가지는 성분은?

가. 알리신(allicin)

나. 디메틸설파이드(dimethyl sulfide)

다. 머스타드 오일(mustard oil)

라. 캅사이신(capsaicin)

51 공중보건의 사업단위로 가장 알맞은 것은?

가. 개인　　　　　　나. 직장

다. 가족　　　　　　라. 지역사회

52
해설 아황산가스(이산화황 SO_2)는 실외공기오염지표, 도시공해원인물질, 자극성냄새와 금속부식, 인간의 호흡기 질환과 농작물 피해를 준다.

52 대기 오염 물질로 산성비의 원인이 되며 달걀이 썩는 자극성 냄새가 나는 기체는?

가. 일산화 탄소(CO)

나. 이산화황(SO_2)

다. 이산화질소(NO_2)

라. 이산화탄소(CO_2)

53
해설 위생곤충의 구제는 서식처를 제거하는 것이 가장 근본적인 방법이다.

53 파리 구제의 가장 효과적인 방법은?

가. 성충을 구제하기 위하여 살충제를 분무한다.

나. 방충망을 설치한다.

다. 천적을 이용한다.

라. 환경위생의 개선으로 발생원을 제거한다.

54
해설 건강보균자는 병원체가 있지만 건강한 자와 다름이 없어 자기 자신도 모르는 것이 특징이다.

54 다음 중 전염병을 관리하는데 있어 가장 어려운 대상은?

가. 급성전염병환자

나. 만성전염병환자

다. 건강보균자

라. 식중독환자

55 다음 중 국가필수예방접종 질병으로 생후 가장 먼저 실시하는 것은?

가. 홍역 나. 디프테리아

다. 결핵 라. 파상풍

55 해설
결핵은 생후 4주 이내에 예방접종을 실시한다.

56 회충 알은 인체로부터 무엇과 함께 배출되는가?

가. 분변 나. 소변

다. 콧물 라. 혈액

57 전염병과 발생원인의 연결이 틀린 것은?

가. 장티푸스–파리

나. 일본뇌염–큐렉스속 모기

다. 임질–직접 감염

라. 유행성 출혈열–중국얼룩날개 모기

57 해설
유행성 출혈열은 쥐로부터 감염된다.

58 수질오염 중 부영양화 현상에 대한 설명으로 틀린 것은?

가. 혐기성 분해로 인한 냄새가 난다.

나. 물의 색이 변한다.

다. 수면에 엷은 피막이 생긴다.

라. 용존산소가 증가된다.

59 다음 중 강한 산화력에 이한 소독효과를 가지는 것은?

가. 크레졸 나. 석탄산

다. 과망간산칼륨 라. 알코올

59 해설
과망간산칼륨은 강한 산화력에 의한 소독효과를 가지고 있다.

60 기생충과 중간숙주와의 연결이 잘못된 것은?

가. 간흡충 – 쇠우렁, 참붕어

나. 요꼬가와흡충 – 다슬기, 은어

다. 폐흡충 –다슬기, 게

라. 광절열두조충 – 돼지고기, 소고기

 **과년도 기출문제** 08

01 집단급식소는 상시 1회 몇 인에게 식사를 제공하는 급식소인가?

가. 5인 이상　　　　나. 10인 이상

다. 20인 이상　　　라. 50인 이상

02 식품위생법규상 영업에 종사하지 못하는 질병의 종류에 해당하지 않는 것은?

가. [전염병예방법]에 의한 제1군 전염병 중 장출혈성 대장균 감염증

나. [전염병예방법]에 의한 제3군 전염병 중 결핵(비전염 성인 경우를 제외한다.)

다. 피부병 기타 화농성 질환

라. [전염병예방법]에 의한 제2군 전염병 중 홍역

03 식품 등의 표시기준을 수록한 식품 등의 공전을 작성 보급하여야 하는 자는?

가. 식품의약품안전청장　　나. 보건소장

다. 시·도지사　　　　　　라. 식품위생감시원

04 다음 중 조리사 면허 취소 사유에 해당하지 않는 것은?

가. 조리사가 식중독 기타 위생상 중대한 사고를 발생하게 하여 3차 위반을 한 경우

나. 조리사가 타인에게 면허를 대여하여 이를 사용하게 하여 3차 위반을 한 경우

다. 조리사가 업무 정지 기간 중에 조리사의 업무를 한때

라. 조리사가 식품위생법에 의한 교육을 받지 아니하여 3차 위반을 한 경우

01 해설
집단급식이란 산업체, 학교, 병원 등과 같은 곳에서 단체로 생활하는 사람들을 대상으로 1회 50인 이상에게 계속적으로 식사를 제공하는 것을 말한다.

03 해설
식품의약품 안정청장은 영업상 사용하는 기구 및 용기 포장의 제조방법에관한 기준과 기구, 용기 포장 및 그 원재료에 관한 규격을 정하여 고시한다.

록

05 식품 등의 위생적 취급에 관한 기준이 아닌 것은?

　가. 식품 등을 취급하는 원료보관실, 제조가공실, 포장
　　　실등의 내부는 항상 청결하게 관리한다.

　나. 식품 등의 원료 및 제품 중 부패, 변질되기 쉬운 것
　　　은 냉동, 냉장시설에 보관 관리한다.

　다. 유통기한이 경과된 식품 등을 판매하거나 판매의 목
　　　적으로 진열, 보관하여서는 아니 된다.

　라. 모든 식품 및 원료는 냉장,냉동시설에 보관 관리한
　　　다.

해설 복어의 독성은
산란기 직전인
5~6월이 가장
독성이 강하다.

06 일반적으로 복어의 독성이 가장 강한 시기는?

　가. 2~3월　　　　　　나. 5~6월
　다. 8~9월　　　　　　라. 10~11월

07 다음 중 독소형 식중독은?

　가. 장염 비브리오균 식중독　나. 아리조나균 식중독
　다. 포도상구균 식중독　　　라. 살모넬라균 식중독

해설 청매(아미그달
린),독미나리(시
큐톡신),곰팡이
(마이코톡신)균
등이 있다.

08 주로 부패한 감자에 생성되어 중독을 일으키는 물질은?

　가. 셉신(sepsone)　　　나. 아미그달린(amygdalin)
　다. 시큐톡신(cicutoxin)　라. 마이코톡신(mycotoxin)

09 살모넬라(Salmonella)균으로 인한 식중독에 대한 설명으
로 틀린 것은?

　가. 주요 증상으로 급성위장염을 일으킨다.
　나. 주로 통조림 등의 산소가 부족한 식품에서 유발된다.
　다. 장내세균의 일종이다.
　라. 계란, 육류 및 어육가공품이 주요 원인 식품이다.

10 노로바이러스에 대한설명으로 틀린것은?

가. 발병 후 자연치유되지 않는다.

나. 크기가 매우 작고 구형이다.

다. 급성 위장관염을 일으키는 식중독 원인체이다.

라. 감염되면 설사, 복통, 구토 등의 증상이 나타난다.

11 HACCP의 의무적용 대상 식품에 해당하지 않는 것은?

가. 빙과류   나. 비가열음료

다. 껌류   라. 레토르트식품

12 빵을 비롯한 밀가루제품에서 적당한 형태를 갖추게 하기 위해서 첨가되는 첨가물은?

가. 팽창제   나. 유화제

다. 피막제   라. 산화방지제

13 다음 식품첨가물 중 보존료가 아닌 것은?

가. 데히드로초산(Dehydroacetic acid)

나. 소르빈산(Soribic acid)

다. 벤조산(Benzoic acid)

라. 부틸히드록시 아니솔(Butylhydroxy anisole)

14 식품과 관련 독소의 연결이 잘못된 것은?

가. 감자-솔라닌(solanine)

나. 목화씨-고시풀(gossypol)

다. 바지락-엔테로톡신(onterotoxin)

라. 모시조개-베네루핀(venerupin)

12 해설

팽창제는 빵이나 카스테라 등을 부풀게 하여 적당한 형체를 갖추게 하기 위하여 사용되는 첨가물이다.

15 식품의 신선도 또는 부패의 이화학적 판정에 이용되는 항목이 아닌 것은?

가. 히스타민 함량
나. 당 함량
다. 휘발성염기질소 함량
라. 트리메틸아민 함량

16 식품의 수분활성도를 올바르게 설명한 것은?

가. 임의의 온도에서 식품이 나타내는 수증기압에 대한 같은 온도에 있어서 순수한 물의 수증기압의 비율
나. 임의의 온도에서 식품이 나타내는 수증기압
다. 임의의 온도에서 식품의 수분함량
라. 임의의 온도에서 식품과 동량의 순수한 물의 최대수증기압

16 해설 수분활성도(AW)는 임의의 온도에서 식품이 갖는 수증기압을 그 온도에서 순수한 물이갖는 최대 수증기압으로 나눈 것이며, 식품의 수분활성도는 식품속의 수증기압, 순수한 물에 수증기압의 비율이다.

17 달걀에 대한 설명으로 틀린 것은?

가. 식품 중 단백가가 가장 높다.
나. 난황의 레시틴(lecithin)은 유화제이다.
다. 난백의 수분이 난황보다 많다.
라. 당질은 글리코겐(glycogen)형태로만 존재한다.

18 꽁치 160g의 단백질 양은?(단, 꽁치 100g당 단백질 양:24.9g)

가. 28.7g
나. 34.6g
다. 39.8g
라. 43.2g

19 조리와 가공 중 천역색소의 변색요인과 거리가 먼 것은?

가. 산소
나. 효소
다. 질소
라. 금속

19 해설 미생물의 증식, 화학적 물리적 작용, 식품중의 효소, 수분, 산소, 온도등 여러요인으로 작용 한다.

20 수분활성도(Aw)에 대한 설명으로 틀린 것은?

가. 말린 과일은 생과일보다 Aw가 낮다.

나. 세균은 생육최저 Aw가 미생물 중에서 가장 낮다.

다. 효소활성은 Aw가 클수록 증가한다.

라. 소금이나 설탕은 가공식품의 Aw를 낮출 수 있다.

21 과일잼 가공시 펙틴은 주로 어떤 역할을 하는가?

가. 신맛 증가   나. 구조형성

다. 향 보존   라. 색소 보존

22 갈변반응으로 향기와 색이 좋아지는 식품이 아닌 것은?

가. 홍차   나. 간장

다. 된장   라. 녹차

23 변성된 단백질 분자가 집합하여 질서정연한 망상구조를 형성하는 단백질의 기능성과 관계가 먼 식품은?

가. 두부   나. 어묵

다. 빵 반죽   라. 북어

23 해설
단백질: 글리시닌-두부, 미오신-어묵, 글루텐-빵과 연결된다.

24 미역에 대한 설명 중 틀린 것은?

가. 탄수화물의 대부분은 난소화성이다.

나. 단백질의 질이 낮다

다. 칼슘의 함량이 많다.

라. 색소인 푸코잔틴이 다량 함유되어 있다.

25 오이나 배추의 녹색이 김치를 담그었을 때 점차 갈색을 띠
게 되는데, 이것은 어떤 색소의 변화 때문인가?

가. 카로티노이드(caritenoid)

나. 클로로필(chlorophyll)

다. 안토시아닌(anthocyanin)

라. 안토잔틴(anthoxanthin)

26 식품의 냉장효과를 가장 바르게 나타낸 것은?

가. 식품의 영구보존

나. 식품의 동결로 세균의 멸균

다. 오염 세균의 사멸

라. 식품의 보존효과 연장

27 칼슘과 단백질의 흡수를 돕고 성장 효과가 있는 당은?

가. 설탕 나. 과당

다. 유당 라. 맥아당

28 다음 중 견과류에 속하는 식품은?

가. 호두 나. 살구

다. 딸기 라. 자두

29 감자류(서류)에대한 설명으로 틀린 것은?

가. 열량 공급원이다.

나. 수분함량이 적어 저장성이 우수하다.

다. 탄수화물 급원식품이다.

라. 무기질 중 칼륨(k)함량이 비교적 높다.

30 플라보노이드계 색소로 채소와 과일 등에 널리 분포해 있으며 산화방지제로도 사용되는 것은?

가. 루테인(lutein)

나. 케르세틴(quercetin)

다. 아스타산틴(astaxanthin)

라. 크립토산틴(cryptoxanthin)

30 해설
케르세틴은 포도를 비롯한 과일 채소에 들어있는데 특히 양파껍질에 많이 들어있다.

31 튀김기름을 여러 번 사용하였을 때 일어나는 현상이 아닌 것은?

가. 불포화지방산의 함량이 감소한다.

나. 흡유량이 작아진다.

다. 튀김 시 거품이 생긴다.

라. 점도가증가한다.

32 식소다(중조)를 넣고 채소를 데치면 어떤 영양소의 손실이 가장 크게 발생하는가?

가. 비타민 A, E, K   나. 비타민 B_1, B_2, C

다. 비타민 A, C, E   라. 비타민 B_6, B_{12}, D

33 다음중 원가의 구성으로 틀린 것은?

가. 직접원가=직접재료비+직접노무비+직접경비

나. 제조원가=직접원가+제조간접비

다. 총원가=제조원가+판매경비+일반관리비

라. 판매가격=총원가+판매경비

34 밀가루 반죽에 첨가하는 재료 중 반죽의 점탄성을 약화 시키는 것은?

가. 우유   나. 설탕

다. 달걀   라. 소금

34 해설
설탕은 밀가루 반죽에 첨가하는 재료 중 반죽의 점탄성을 약화시킨다.

35 채소의 조리가공 중 비타민 C의 손실에 대한 설명으로 옳은 것은?

　가. 시금치를 데치는 시간이 길수록 비타민 C의 손실이 적다.

　나. 당근을 데칠때 크기를 작게 할수록 비타민 C의 손실이 적다.

　다. 무채를 곱게 썰어 공기 중에 장시간 방치하여도 비타민 C의 손실에는 영향이 없다.

　라. 동결처리한 시금치는 낮은 온도에 저장할수록 비타민 C의 손실이 적다.

36 각 식품에 대한 대치식품의 연결이 적합하지 않은 것은?

　가. 돼지고기 – 두부, 쇠고기, 닭고기

　나. 고등어 – 삼치, 꽁치, 동태

　다. 닭고기 – 우유 및 유제품

　라. 시금치 – 깻잎, 상추, 배추

37 달걀의 난황 속에 있는 단백질이 아닌 것은?

　가. 리포비텔린(lipovitellin)

　나. 리포비텔리닌(lipovitellenin)

　다. 리비틴(livetin)

　라. 레시틴(lecithin)

38 급식부문의 원가요서에서 직접원가의 급식재료비에 해당하지 않는 것은?

　가. 조미료비　　　　　　나. 급식용구비

　다. 보험료　　　　　　　라. 조리제 식품비

38 해설 보험료 간접경비는 직접원가의 급식재료비에 해당하지 않는다.

39 커피를 끓이는 방법에 대한 설명으로 옳은 것은?

가. 알칼리도가 높은 물로 끓이면커피 중의 산이 중화
　　되어 커피의 맛이 감퇴된다.

나. 탄닌은 쓴맛을 주는 성분으로 커피를 끓여도 유출
　　되지 않는다.

다. 원두커피는 냉수에 넣고 오래 끓이면모든 성분이
　　잘 우러나와 맛과 향이 증진된다.

라. 굵게 분쇄된원두 커피는 여과법으로 준비하는 경우
　　맛과 향이 최대,최적의 상태로 우러나온다.

40 밀가루 반죽에 사용되는 물의 기능이 아닌 것은?

가. 반죽의 경도에 영향을 준다.

나. 소금의 용해를 도와 반죽에 골고루 섞이게 한다.

다. 글루텐의 형성을 돕는다.

라. 전분의 호화를 방지한다.

41 다음 식단 작성의 순서를 바르게 나열한 것은?[a.영양기준
량의 산출 b.음식수 계획 c.식품섭취량 3식 영양배분 결정
d.주부식 구성의 결정 e.식단표 작성]

가. a-c-d-b-e　　　　　나. a-b-c-d-e

다. a-c-b-d-e　　　　　라. a-b-c-e-d

42 식품첨가물에 대한 설명으로 틀린 것은?

가. 바베큐소스와 우스터소스는 가공조미료이다.

나. 맥주의 쓴맛을 내는 호프는 고미료 에 속한다.

다. HVP,HAP는 화학적 조미료이다.

라. 설탕은 감미료이다.

42
해설
HVP는 식물성가
수분해 단백질
(조미료원료)이
다.

43 영리를목적으로 계속적으로 특정다수인에게 음식물을 공급하는 기숙사는 식품위생법규상 집단급식소에 해당하지 않는다. 그 이유는?

가. 집단급식소는 계속적으로 음식물을 공급하지 않는다.

나. 기숙사 식당은 급식시설에 해당하지 않는다.

다. 집단급식소는 특정다수인에게 음식물을 공급하지 않는다.

라. 집단급식소는 영리를 목적으로 하지 않는다.

44 두부를 부드러운 상태로 조리하려고 할 때의 조치 사항으로 적합하지 않은 것은?

가. 찌개를 끓일 때에는 두부를 나중에 넣는다.

나. 소금을 가하여 두부를 조리한다.

다. 칼슘이온을 첨가하여 콩단백질과의 결합을 촉진시킨다.

라. 식염수에 담가두었다가 조리한다.

45 생선의 조리 방법에 관한 설명으로 옳은것은?

가. 선도가 낮은 생선은 양념을 담백하게 하고 뚜껑을닫고 잠깐 끓인다.

나. 지방한량이 높은 생선보다는 늦은 생선으로 구이를 하는 것이 풍미가 더 좋다.

다. 생선조림은 오래 가열해야 단백질이 단단하게 응고되어 맛이 좋아진다.

라. 양념간장이 끓을 때 생선을 넣어야 맛 성분의 유출을 막을 수 있다.

46 다음 중 비결정형 캔디가 아닌 것은?

가. 캐러멜　　　　　　나. 퐁당

다. 마시멜로우　　　　라. 태피

47 생선의 신선도를 판별하는 방법으로 잘못된 것은?

가. 생선의 육질이 단단하고 탄력서이 있는 것이 신선하다.

나. 눈의 수정체가 투명하지 않고 아가미색이 어두운것
　　은 신선하지 않다.

다. 어체의 특유의 빛을 띄는 것이 신선하다.

라. 트리메틸아민(TMA)이 많이 생선된 것이 신선하다.

48 소화효소의 주요 구성 성분은?

가. 알칼로이드　　　　나. 단백질

다. 복합지방　　　　　라. 당질

48
해설
소화효소의 주성분은 단백질이고 30~40℃의 온도에서 가장 활발히 움직인다.

49 직영급식과 비교하여 위탁급식의 단점에 해당하지 않는것
은?

가. 인건비가증가하고 서비스가 잘 되지 않는다.

나. 기업이나 단체의 권한이 축소된다.

다. 급식경영을 지나치게 영리화하여 운영할 수 있다.

라. 영양관리에 문제가 발생할 수 있다.

50 영양소와 소화효소가 바르게 연결된 것은?

가. 단백질-리파아제　　나. 탄수화물-아밀라아제

다. 지방-펩신　　　　　라. 유당-트립신

51
해설 카드뮴중독은 이
타이 이타이병
(골연화증)의 유
발 물질이다.

51 다음중 이타이이타이병의 유발물질은?

가. 수은(Hg)   나. 납(Pb)

다. 칼슘(Ca)   라. 카드뮴(Cd)

52 장티푸스,디프테리아 등이 수십 년을 한 주기로 대유행 되는 현상은?

가. 추세변화   나. 계절적 변화

다. 순환 변화   라. 불규칙 변화

53 다음 중 자외선을 이용한 살균 시 가장 유효한 파장은?

가. 250~260nm   나. 350~360nm

다. 450~460nm   라. 550~560nm

54
해설 쇠고기를 날로 먹
으면 민촌충의 기
생충이 생길 수
있다.

54 쇠고기를 가열하지 않고 회로 먹을때 생길 수 있는 가능성이 가장 큰 기생충은?

가. 민촌충   나. 선모충

다. 유구조충   라. 회충

55 WHO에 의한 건강의 정의를 가장 잘 나타낸 것은?

가. 질병이 없으며 허약하지 않은 상태

나. 육체적, 정신적 및 사회적 안녕의 완전상태

다. 식욕이 좋으며 심신이 안락한상태

라. 육체적 고통이 없고 정신적으로 편안한 상태

56 일산화탄소(co)에 대한 설명으로 틀린 것은?

가. 헤모글로빈과의 친화성이 매우 강하다

나. 일반공기 중 0.1%정도 함유되어 있다.

다. 탄소를 함유한 유기물이 불완전연소 할때 발생한다

라. 제철,도시가스 제조 과정에서 발생한다.

57 중금속과 중독 증상의 연결이 잘못된 것은?

　　가. 카드뮴-신장기능 장애　　나. 크롬-비중격천공

　　다. 수은-홍독성 흥분　　　　라. 납-섬유화 현상

58 다음 중 먹는 물 소독에 가장 적합한 것은?

　　가. 염소제　　　　　　　　나. 알코올

　　다. 과산화수소　　　　　　라. 생석회

58
해설
염소제는 먹는 물소독에 강적합한 소독제이다.

59 간디스토마는 제2중간숙주인 민물고기 내에서 어떤 형태로 존재하다가 인체에 감염을 일으키는가?

　　가. 피낭유충　　　　　　　나. 레디아

　　다. 유모유충　　　　　　　라. 포자유충

60 전염병의 예방대책 중 특히 전염경로에 대한 대책은?

　　가. 환자를 치료한다.

　　나. 예방 주사를 접종한다.

　　다. 면역 혈청을 주사한다.

　　라. 손을 소독한다.

출제문제 정답

01 라	02 라	03 가	04 라	05 라	06 나	07 다	08 가	09 나	10 가
11 다	12 가	13 라	14 라	15 나	16 가	17 다	18 다	19 다	20 가
21 나	22 라	23 라	24 나	25 나	26 라	27 다	28 가	29 나	30 나
31 나	32 나	33 라	34 나	35 라	36 다	37 다	38 가	39 가	40 라
41 다	42 다	43 라	44 다	45 라	46 나	47 라	48 나	49 가	50 나
51 라	52 가	53 가	54 가	55 나	56 나	57 라	58 가	59 가	60 라

  과년도 기출문제 **09**

01 해설 집단급식이란 산업체, 학교, 병원 등과 같은 곳에서 단체로 생활하는 사람들을 대상으로 1회 50인 이상에게 계속적으로 식사를 제공하는 것을 말한다.

01 식품등의 표시기준에 의한 성분명 및 함량의 표시대상 성분이 아닌 영양성분은?(단, 강조표시를 하고자 하는 영양성분은 제외)

가. 트랜스지방

나. 나트륨

다. 콜레스테롤

라. 불포화지방

02 해설 식품 취급시 어류와 육류를 취급하는 칼과 도마는 구분해야 된다.

02 식품등의 위생적 취급에 관한 기준으로 틀린 것은?

가. 어류와 육류를 취급하는 칼 도마는 구분하지 않아도 된다.

나. 유통기한이 경과된 식품 등을 판매하거나 판매의 목적으로 진열 보관 하여서는 아니된다.

다. 식품원료 중 부패 변질되기 쉬운 것은 냉동 냉장 시설에 보관 관리하여야 한다.

라. 식품의 조리에 직접 사용되는 기구는 사용 후에 세척 살균 하는 등 항상 청결하게 유지 관리하여야한다.

03 해설 일반음식점은 시장 군수 구청장에게 영업신고하면 된다.

03 일반음식점의 영업신고는 누구에게 하는가?

가. 동사무소장

나. 시장 군수 구청장

다. 식품의약품안전청장

라. 보건소장

04 식품등의 표시기준상 유통기한은?

　가. 해당식품의 품질이 유지될 수 있는 기한을 말한다.

　나. 해당식품의 섭취가 허용 되는 기한을 말한다.

　다. 제품의 출고일 부터 대리점으로의 유통이 허용 되
　　　는기한을 말한다.

　라. 제품의 제조일로 부터 소비자에게 판매가 허용되는
　　　기한을 말한다.

04 해설
유통기한은 제품의 제조일로부터 소비자에게 판매되는 날 까지를 말한다.

05 식품접객업소의 조리판매 등에 대한 기준 및 규격에 의한
조리용 칼. 도마, 식기류의 미생물 규격은?(단, 사용중의
것은 제외한다.)

　가. 살모넬라 음성, 대장균 양성

　나. 살모넬라 음성, 대장균 음성

　다. 황색포도상구균 양성, 대장균 음성

　라. 황색포도상구균 음성, 대장균 양성

06 식품과 자연독의 연결이 틀린 것은?

　가. 독버섯–무스카린(muscarine)

　나. 감자–솔라닌(solanine)

　다. 살구씨–파세오루나틴(phaseolunatin)

　라. 목화씨–고시폴(gossypol)

07 다음 중 위해요소 중점관리기준(HACCP)을 수행하는 단계
에 있어서 가장 먼저 실시하는 것은?

　가. 중점관리점 규명

　나. 관리기준의 설정

　다. 기록유지방법의 설정

　라. 식품의 위해요소를 분석

07 해설
식품의 위해분석 – 중요관리점 규명–관리 기준의 설정 –기록유지 방법의 설정 순 이다.

08 곰팡이 독으로서 간장에 장해를 일으키는 것은?

　가. 시트리닌(citrinin)　　　나. 파툴린(patulin)

　다. 아플라톡신(aflatoxin)　라. 솔라렌(psoralens)

09 어패류의 신선도 판정시 초기부패의 기준이 되는 물질은?

　가. 삭시톡신(saxitoxin)

　나. 베레루핀(venerupin)

　다. 트리메틸아민(trinmethylamine)

　라. 아플라톡신(aflatoxin)

09
해설 어패류의 신선도 판정시 초기부패의 기준이 되는 물질은 트릴메틸아민이다.

10 식중독에 관한 설명으로 틀린 것은?

　가. 자연독이나 유해물질이 함유된 음식물을 섭취함으로써 생긴다.

　나. 발열, 구역질, 구토, 설사, 복통 등의 증세가 나타난다.

　다. 세균, 곰팡이, 화학물질 등이 원인물질이다.

　라. 대표적인 식중독은 콜레라, 세균성이질, 장티푸스 등이 있다.

11 식품제조 공정 중 거품이 많이 날 때 거품제거의 목적으로 사용되는 식품첨가물은?

　가. 용제

　나. 소포제

　다. 피막제

　라. 보존제

11
해설 소포제는 식품제조 공정중에 많은 거품이 발생하여 지장을 주는 경우에 거품을 없애기 위하여 사용되는 첨가물이다.

12 황변미 중독은 14-15% 이상의 수분을 함유하는 저장미에서 발생하기 쉬운데 그 원인 미생물은?

　가. 곰팡이　　　　　나. 세균

　다. 효모　　　　　　라. 바이러스

13 장염비르리오 식중독 예방 방법으로 맞는 것은?

가. 어류의 내장을 제거하지 않는다.

나. 식품을 실온에서 보관한다.

다. 어패류를 바닷물로 씻는다.

라. 먹기 전에 가열한다.

13 해설
장염비브리오식중독을 예방하기 위해서는 반드시 익혀서 섭취한다.

14 경구전염병과 비교하여 세균성식중독이 가지는 일반적인 특성은?

가. 소량의 균으로도 발병한다.

나. 잠복기가 짧다.

다. 2차 발병률이 매우 높다.

라. 감염환(infection cycle)이 성립한다.

15 단성중독의 경우 반상치, 골경화증, 체중감소, 빈혈 등을 나타내는 물질은?

가. 붕산　　　　　　나. 불소

다. 승홍　　　　　　라. 포르마린

15 해설
불소는 어린이 충치 예방 및 치아의 강도를 증가시키며, 골격의 강도를 증가시킨다.

16 전분에 대한 설명으로 틀린 것은?

가. 찬물에 쉽게 녹지 않는다.

나. 달지는 않으나 온화한 맛을 준다.

다. 동물 체내에 저장되는 탄수화물로 열량을 공급한다.

라. 가열하면 팽윤되어 점성을 갖는다.

17 동, 식물체에 자외선을 쪼이면 활성화되는 비타민은?

가. 비타민A　　　　나. 비타민D

다. 비타민E　　　　라. 비타민K

17 해설
비타민D는 식품에서 취하지 않아도 일광(자외선)을 받으면 피하에서 바타민D가 만들어진다.

18 요오드값(iodine value)에 의한 식물성유의 분류로 맞는 것은?

　가. 건성유 - 올리브유, 우유유지, 땅콩기름

　나. 반건성유 - 참기름, 채종유, 면실유

　다. 불건성유 - 아마인유, 해바라기유, 동유

　라. 경화유 - 미강유, 야자유, 옥수수유

19 과일의 갈변현상을 억제하기 위한 방법으로 적합한 것은?

　가. 철로 된 칼로 껍질을 벗긴다.

　나. 설탕물에 담근다.

　다. 껍질은 벗긴 후 바람이 잘 통하게 둔다.

　라. 금속제 쟁반에 껍질 벗긴 과일을 담는다.

20 밀가루를 물로 반죽하여 면을 만들 때 반죽의 점성에 관계하는 주성분은?

　가. 글로불린(globulin)　　　나. 글루텐(gluten)

　다. 아밀로펙틴(amylopectin)　라. 덱스트린(dextrin)

21 브로멜린(bromelin)이 함유되어 있어 고기를 연화시키는 데 이용되는 과일은?

　가. 사과　　　　　　　　　나. 파인애플

　다. 귤　　　　　　　　　　라. 복숭아

22 육류 사후강직의 원인 물질은?

　가. 액토미오신(actomyosin)

　나. 젤라틴(gelatin)

　다. 엘라스틴(elastin)

　라. 콜라겐(collagen)

19
해설 과일의 갈변현상을 방지하는 방법는 레몬즙이나 설탕물 등에 담가둔다.

20
해설 밀가루를 물로 반죽하면 점성이 강한 글루테이 형성된다.

22
해설 액토미오신으로 인해 육류의 사후강직이 일어난다.

23 참깨 중에 주로 함유되어 있는 항산화 물질은?

가. 고시폴　　　　　　나. 세사몰

다. 토코페롤　　　　　라. 레시틴

24 식품이 나타내는 수증기압이 0.75기압이고, 그 온도에서 순수한 물의 수증기압이 1.5기압일 때 식품의 수분활성도(Aw)는?

가. 0.5　　　　　　　나. 0.6

다. 0.7　　　　　　　라. 0.8

25 다음 중 홍조류에 속하는 해조류는?

가. 김　　　　　　　　나. 청각

다. 미역　　　　　　　라. 다시마

26 마이야르(Maillard)반응에 영향을 주는 인자가 아닌 것은?

가. 수분　　　　　　　나. 온도

다. 당의종류　　　　　라. 효소

27 전분의 이화학적 처리 또는 효소 처리에 의해 생산되는 제품이 아닌 것은?

가. 가용성 전분

나. 고과당 옥수수시럽

다. 덱스트란

라. 사이클로덱스트린

28 올리고당의 특징이 아닌 것은?

가. 장내 균총의 개선효과

나. 변비의 개선

다. 저칼로리 당

라. 충치 촉진

29 사과를 깎아 방치했을 때 나타나는 갈변현상과 관계없는 것은?

　가. 산화효소

　나. 산소

　다. 페놀류

　라. 섬유소

30 열무김치가 시어졌을 때 클로로필이 변색되는 이유는 김치가 익어감에 따라 어떤 성분이 증가하기 때문인가?

　가. 단백질

　나. 탄수화물

　다. 칼슘

　라. 유기산

30
해설 열무김치가 시어졌을 때 클로로필이 변색되는 이유는 김치가 익어감에 따라 유기산 성분이 증가하기 때문이다.

31 우엉의 조리에 관련된 내용으로 틀린것은?

　가. 우엉을 삶을 때 청색을 띠는 것은 독성물질 때문이다.

　나. 껍질을 벗겨 공기 중에 노출하면 갈변된다.

　다. 갈변현상을 막기 위해서는 물이나 1%정도의 소금물에 담근다.

　라. 우엉의 떫은 맛은 탄닌, 클로로겐산 등의 페놀성분이 함유되어 있기 때문이다.

32 가열조리 시 얻을 수 있는 효과가 아닌 것은?

　가. 병원균 살균

　나. 소화흡수율 증가

　다. 효소의 활성화

　라. 풍미의 증가

33 한국인의 균형된 식생활을 위해 제시된 식품구성탑에 대한 설명으로 틀린것은?

가. 우리가 섭취해야 하는 각 식품군의 분량과 중요성을 알 수 있는도록 그림으로 표시한 것이다.

나. 탑 모양으로 5개 층을 구성하며, 각 층은 각각 표시된 식품군을 나타낸다.

다. 식품구성탑의 맨 위층은 식비 중 가장 많이 차지하는 식품군으로 고기, 생선, 달걀 및 콩류이다.

라. 식품구성탑의 맨 아래층은 식생활 중 가장 많이 섭취되는 주식으로 곡류 및 전분류 식품이다.

34 조리장 내에서 사용되는 기기의 주요 재질별 관리방법으로 부적합한 것은?

가. 알루미늄제 냄비는 거친 솥을 사용하여 알칼리성 세제로 닦는다.

나. 주철로 만든 국솥 등은 수세 후 습기를 건조시킨다.

다. 스테인리스 스틸제의 작업대는 스펀지를 사용하여 중성세제로 닦는다.

라. 철강제의 구이 기계류는 오물을 세제로 씻고 습기를 건조시킨다.

34 해설
알루미늄은 산과 알칼리에 약하다.

35 기존 위생관리방법과 비교하여 HACCP의 특징에 대한 설명으로 옳은 것은?

가. 주로 완제품 위주의 관리이다.

나. 위생상의 문제 발생 후 조치하는 사후적 관리이다.

다. 시험분석방법에 장시간이 소요된다.

라. 가능성 있는 모든 위해요소를 예측하고 대응할 수 있다.

36
해설 기초대사량은 단
위체표면적에 비
례한다.

36 기초대사량에 대한 설명으로 옳은 것은?

가. 단위체표면적에 비례한다.

나. 정상시보다 영양상태가 불량할 때 더 크다.

다. 근육조직의 비율이 낮을수록 더 크다.

라. 여자가 남자보다 대사량이 더 크다.

37 MSG(monosodium glutamate)의 설명으로 틀린 것은?

가. 아미노산계 조미료이다.

나. PH가 낮은 식품에는 정미력이 떨어진다.

다. 흡습력이 강하므로 장기간 방치하면 안된다.

라. 신맛과 쓴맛을 완화시키고 단맛에 감칠맛을 부여한다.

38
해설 블렌칭(blanching)
하는이유는 효소
의 불활성화, 부
피감소, 조직연
화 변색 및 변질
방지하기 위함이
다.

38 채소를 냉동하기 전 블렌칭(blanching)하는 이유로 틀린것은?

가. 효소의 불활성화   나. 미생물 번식의 억제

다. 산화반응 억제   라. 수분감소 방지

39 계란의 열응고성에 대한 설명으로 틀린 것은?

가. 높은 온도에서 계속 가열하면 질겨진다.

나. 산이나 식염을 첨가하면 응고가 촉진된다.

다. 노른자는 65'c정도에서 응고가 시작된다.

라. 설탕은 응고온도를 낮추어준다.

40 가식부율이 80% 식품의 출고계수는?

가. 1.25   나. 2.5

다. 4   라. 5

41 생선의 조리사 식초를 적당량 넣었을 때 장점이 아닌 것은?

가. 생선의 가시를 연하게 해준다.

나. 어취를 제거한다.

다. 살을 연하게 하여 맛을 좋게 한다.

라. 살균효과가 있다.

42 어류의 사후강직에 대한 설명으로 틀린것은?

가. 붉은살생선이 흰살생선보다 강직이 빨리 시작된다.

나. 자기소화가 일어나면 풍미가 저하된다.

다. 담수어는 자체 내 효소의 작용으로 해수어보다 부패 속도가 빠르다.

라. 보통 사후 12-14시간 동안 최고로 단단하게 된다.

43 급식부분의 원가원소 중 인건비는 어디에 해당하는가?

가. 제조간접비   나. 직접재료비

다. 직접원가   라. 간접원가

43
해설
인건비는 직접원가에 해당한다.

44 어떤 제품의 원가구성이 다음과 같을 때 제조원가는?(이익20000원   제조간접비15000원 / 판매관리비17000원 직접재료비10000원 /   직접노무비23000원   직접경비15000원)

가. 40000원   나. 63000원

다. 80000원   라. 100000원

45 트랜스지방은 식물성 기름에 어떤 원소를 첨가하는 과정에서 발생하는가?

가. 수소   나. 질소

다. 산소   라. 탄소

45
해설
트랜스지방은 액체기름인 불포화지방에 수소를 첨가해 인위적으로 고체상태로 만드는 과정에서 생성된다.

46 아래와 같은 조건일 때 2월의 재고 회전율은 약 얼마인가?

– 2월 초 초기 재고액	550000원
– 2월 말 마감 재고액	50000원
– 2월 한 달 동안의 소요 식품비	2300000원

가. 4.66   나. 5.66

다. 6.66   라. 7.66

47 전분을 160-170'c의 건열로 가열하여 가루로 볶으면 물에 잘 용해되고 점성이 약해지는 성질을 가지게 되는데 이는 어떤 현상 때문인가?

가. 가수분해   나. 호정화

다. 호화   라. 노화

48 호화와 노화에 대한 설명으로 옳은 것은?

가. 쌀과 보리는 물이 없어도 호화가 잘 된다.

나. 떡의 노화는 냉장고보다 냉동고에서 더 잘 일어난다.

다. 호화된 전분을 80'C이상에서 급속히 건조하면 노화가 촉진된다.

라. 설탕의 첨가는 노화를 지연시킨다.

48 해설 설탕을 첨가하므로서 노화를 지연시킬 수 있다.

49 멥쌀과 찹쌀에 있어 노화속도 차이의 원인 성분은?

가. 아밀라아제(anylase)   나. 글리코겐(glycogen)

다. 아밀로펙틴(amylopectin)   라. 클루텐(gluten)

50 일정 기간 내에 기업의 경영활동으로 발생한 경제가치의 소비액을 의미하는 것은?

가. 손익   나. 비용

다. 감가상각비   라. 이익

51 다음 중 감수성지수(접촉감염지수)가 가장 낮은 것은?

가. 폴리오　　　　　　　나. 디프테리아

다. 성홍열　　　　　　　라. 홍역

52 다수인이 밀집한 장소에서 발생하며 화학적 조성이나 물리적 조성의 큰 변화를 일으켜 불쾌감, 두통, 권태, 현기증 구토 등의 생리적 이상을 일으키는 현상은?

가. 빈혈　　　　　　　　나. 일산화탄소 중독

다. 분압 현상　　　　　　라. 군집독

53 역성비누를 보통비누와 함께 사용할 때 가장 올바른 방법은?

가. 보통비누로 먼저 때를 씻어낸 후 역성비누를 사용

나. 보통비누와 역성비누를 섞어서 거품을 내며 사용

다. 역성비누를 먼저 사용한 후 보통비누를 사용

라. 역성비누와 보통비누의 사용순서는 무관하게 사용

54 각 수질 판정기준과 지표간의 연결이 틀린 것은?

가. 일반세균수 : 무기물의 오염지표

나. 질산성질소 : 유기물의 오염지표

다. 대장균군수 : 분변의 오염지표

라. 과망간산칼륨소비량 : 유기물의 간접적 지표

55 승홍수에 대한 설명으로 틀린 것은?

가. 단백질을 응고시킨다.

나. 강력한 살균력이 있다.

다. 금속기구의 소독에 적합하다.

라. 승홍의 0.1% 수용액이다.

56
56
해설 페디스토마는 다슬기가 중간숙주인 기생충이다.

56 다슬기가 중간숙주인 기생충은?

가. 무구조충

나. 유구조충

다. 페디스토마

라. 간디스토마

57 수인성 전염병의 역학적 유행특성이 아닌것은?

가. 환자발생이 폭발적이다.

나. 잠복기가 짧고 치명률이 높다.

다. 성별과 나이에 거의 무관하게 발생한다.

라. 급수지역과 발병지역이 거의 일치한다.

58 공중보건에 대한 설명으로 틀린것은?

가. 목적은 질병예방, 수명연장, 정신적*신체적 효율의 증진이다.

나. 공중보건의 최소단의는 지역사회이다.

다. 환경위생 향상, 전염병 관리 등이 포함된다.

라. 주요 사업대상은 개인의 질병치료이다.

59
해설 인수공통전염병은 사람과 사람 이외의 동물 사이에서 동일한 병원체에 의해서 발생하는 질병이다.

59 사람과 동물이 같은 병원체에 의하여 발생하는 질병은?

가. 기생충성질병

나. 세균성식중독

다. 법정전염병

라. 인수공통전염병

09

60 집단감염이 잘 되며 항문주위에서 산란하는 기생충은?

　가. 요충　　　　　　나. 회충
　다. 구충　　　　　　라. 편충

60
해설
요충은 집단감염이 잘 되며 항문 주위에서 산란하는 기생충이다.

출제문제 정답

01 라	02 가	03 나	04 라	05 나	06 다	07 나	08 다	09 다	10 가
11 나	12 가	13 라	14 나	15 나	16 다	17 나	18 나	19 다	20 나
21 나	22 가	23 나	24 가	25 가	26 라	27 다	28 라	29 라	30 라
31 가	32 다	33 다	34 가	35 라	36 가	37 다	38 다	39 라	40 가
41 다	42 라	43 다	44 나	45 가	46 라	47 나	48 라	49 다	50 나
51 가	52 라	53 가	54 가	55 다	56 다	57 나	58 라	59 라	60 가

과년도 기출문제 10

01 식품위생법상 식품위생의 정의는?

가. 음식과 의약품에 관한 위생을 말한다.

나. 농산물, 기구 또는 용기. 포장의 위생을 말한다.

다. 식품 및 식품첨가물만을 대상으로 하는 위생을 말한다.

라. 식품, 식품첨가물, 기구 또는 용기. 포장을 대상으로 하는 음식에 관한 위생을 말한다.

02 아래는 식품 등의 표시기준상 통조림제품의 제조연월일표시 방법이다. ( )안에 알맞은 것을 순서대로 나열하면?

> 통조림제품에 있어서 연의 표시는 ( )만을, 10월, 11월, 12월의 월 표시는 각각 ( )로, 1일 내지 9일까지의 표시는 바로 앞에 0을 표시 할 수 있다.

가. 끝 숫자, O, N, D

나. 끝 숫자, M, N D

다. 앞 숫자, O, N, D

라. 앞 숫자, F, N, D

03 식품접객업 중 음주행위가 허용되지 않는 영업은?

가. 일반음식점영업

나. 단란주점영업

다. 휴게음식점영업

라. 유흥주점영업

04 다음 중 식품위생법상 판매가 금지된 식품이 아닌 것은?

가. 병원미생물에 의하여 오염되어 인체의 건강을 해할 우려가 있는 식품

나. 영업신고 또는 허가를 받지 않은 자가 제조한 식품

다. 안전성평가를 받아 식용으로 적합한유전자 재조합 식품

라. 썩었거나 상하였거나 설익은 것으로 인체의 건강을 해할 우려가 있는 식품

05 다음 중 무상 수거대상 식품에 해당하지 않는 것은?

가. 출입검사의 규정에 의하여 검사에 필요한 식품 등을 수거할 때

나. 유통 중인 부정. 불량식품 등을 수거할 때

다. 도소매 업소에서 판매하는 식품 등을 시험검사용으로 수거할 때

라. 수입식품 등을 검사할 목적으로 수거할 때

06 세균성식중독과 병원성소화기계전염병을 비교한 것으로 틀린 것은?

	세균성 식중독	병원성소화기계전염병
가.	식품은 원인물질 축적체	식품은 병원균 운반체
나.	2차 감염이 빈번함	2차 감염이 없음
다.	식품위생법으로 관리	전염병예방법으로 관리
라.	비교적 짧은 잠복기	비교적 긴 잠복기

07 엔테로톡신(enterotoxin)이 원인이 되는 식중독은?

가 살모넬라 식중독　　　　나. 장염비브리오 식중독

다. 병원성대장균 식중독　　라. 황색포도상구균 식중독

7 해설
엔테로톡신 (enterotoxin)이 원인이 되는 식 중독은 황색포도 상구균 식중독이다.

08 카드뮴(cd) 중독에 의해 발생되는 질병은?

    가. 미나마타(Minamata)병

    나. 이타이이타이(Itai-itai)병

    다. 스팔가눔병(Sparganosis)

    라. 브루셀라(Brucellosis)병

09 집단식중독이 발생하였을 때의 조치사항으로 부적합한 것은?

    가. 보건소 또는 해당관청에 신고한다.

    나. 의사 처방전이 없더라도 항생물질을 즉시 복용시킨다.

    다. 원인식을 조사한다.

    라. 원인을 조사하기 위해 환자의 가검물을 보관한다.

10 미생물의 발육을 억제하여 식품의 부패나 변질을 방지할 목적으로 사용되는 것은?

    가. 안식향산나트륨   나. 호박산나트륨

    다. 글루타민나트륨   라. 실리콘수지

11 저장 중에 생긴 감자의 녹색 부위에 많이 들어 있는 독소는?

    가. 리신(ricin)

    나. 솔라닌(solanine)

    다. 테물린(temuline)

    라. 아미그달린(amygdailn)

12
해설 이형제는 빵을 구울 때 기계에 달라붙지 않고 분할이 쉽게 한다.

12 빵을 구울 때 기계에 달라붙지 않고 분할이 쉽도록 하기 위하여 사용하는 첨가물은?

    가. 조미료   나. 유화제

    다. 피막제   라. 이형제

13 식품의 위생적 장해와 가장 거리가 먼 것은?

　가. 기생충 및 오염물질에 의한 장해

　나. 식품에 함유된 중금속 물질에 의한 장해

　다. 세균성식중독에 의한 장해

　라. 영양결핍으로 인한 장해

14 다음 중 곰팡이 독소가 아닌 것은?

　가. 아플라톡신(atlatoxin)　나. 시트리닌(citrinin)

　다. 삭시톡신(saxitoxin)　　라. 파툴린(patulin)

15 햄 등 육제품의 붉은색을 유지하기 위해 사용하는 첨가물은?

　가. 스테비오사이드　　　나. D-솔비톨

　다. 아질산나트륨　　　　라. 아우라민

15 해설
아질산나트륨은 햄 등 육제품의 붉은색을 유지하기 위해 사용하는 첨가물이다.

16 훈연시 발생하는 연기성분에 해당하지 않는 것은?

　가. 페놀(phenol)

　나. 포름알데히드(formaldehyde)

　다. 개미산(formaic acid)

　라. 사포닌(saponin)

17 감자 100g이 72kcal의 열량을 낼 때, 감자 450g은 얼마의 열량을 공합 하는가?

　가. 234kcal　　　　　　나. 284kcal

　다. 324kcal　　　　　　라. 384kcal

18 다음 중 칼슘 급원 식품으로 가장 적합한 것은?

　가. 우유　　　　　　　나. 감자

　다. 참기름　　　　　　라. 쇠고기

19
해설 지방산과 글리세롤은 중성지방의 구성 성분이다.

19 중성지방의 구성 성분은?

가. 탄소와 질소 　　　　나. 아미노산

다. 지방산과 글리세롤 　　라. 포도당과 지방산

20 카제인(casein)은 어떤 단백질에 속하는가?

가. 당단백질 　　　　　　나. 지단백질

다. 유도단백질 　　　　　라. 인단백질

21 전분의 노화 억제 방법이 아닌 것은?

가. 설탕 첨가

나. 유화제 첨가

다. 수분함량을 10% 이하로 유지

라. 0℃에서 보존

22 잼 또는 젤리를 만들 때 설탕의 양으로 가장 적합한 것은?

가. 20~25% 　　　　　　나. 40~45%

다. 60~65% 　　　　　　라. 80~85%

23
해설 짠맛에 소량의유기산이 첨가되면 짠맛이 강해진다.

23 짠맛에 소량의유기산이 첨가되면 나타나는 현상은?

가. 떫은맛이 강해진다.

나. 신맛이 강해진다.

다. 단맛이 강해진다.

라. 짠맛이 강해진다.

24 유지의 산패에 영향을 미치는 인자와 거리가 먼 것은?

가. 온도 　　　　　　　　나. 광선

다. 수분 　　　　　　　　라. 기압

25 다음 중 비타민 B$_{12}$가 많이 함유되어 있는 급원 식품은?

　가. 사과, 배, 귤　　　　나. 소간, 난황, 어육

　다. 미역, 김, 우뭇가사리　라. 당근, 오이, 양파

26 쇠고기 가공시 발색제를 넣었을 때 나타나는 선홍색 물질은?

　가. 옥시미오글로빈(oxymyoglobin)

　나. 니트로소미오글로빈(nitrosomyoglobin)

　다. 미오글로빈(myoglobin)

　라. 메트미오글로빈(metmyoglobin)

26 해설 쇠고기 가공시 발색제를 넣으면 니트로소미오글로빈의 선홍색 물질이 나타난다.

27 생선의 육질이 육류보다 연한 주 이유는?

　가. 콜라겐과 엘라스틴의 함량이 적으므로

　나. 미오신과 액틴의 함량이 많으므로

　다. 포화지방산의 함량이 많으므로

　라. 미오글로빈 함량이 적으므로

28 지방의 경화에 대한 설명으로 옳은 것은?

　가. 물과 지방이 서로 섞여 있는 상태이다.

　나. 불포화지방산에 수소를 첨가하는 것이다.

　다. 기름을 7.2℃까지 냉각시켜서 지방을 여과하는 것이다.

　라. 반죽 내에서 지방층을 형성하여 글루텐 형성을 막는 것이다.

29 육류의 결합조직을 장시간 물에 넣어 가열했을 때의 변화는?

　가. 콜라겐이 젤라틴으로 된다.

　나. 액틴이 젤라틴으로 된다.

　다. 미오신이 콜라겐으로 된다.

　라. 엘라스틴이 콜라겐으로 된다.

29 해설 육류의 결합조직을 장시간 물에 넣어 가열하면 콜라겐이 젤라틴으로 된다.

30 5대 영양소의 기능에 대한 설명으로 틀린 것은?

　가. 새로운 조직이나 효소, 호르몬 등을 구성한다.

　나. 노폐물을 운반한다.

　다. 신체 대사에 필요한 열량을 공급한다.

　라. 소화. 흡수 등의 대사를 조절한다.

31 밀가루를 반죽할 때 연화(쇼트닝)작용과 팽화작용의 효과를 얻기 위해 넣는 것은?

　가. 소금　　　　　　　　나. 지방

　다. 달걀　　　　　　　　라. 이스트

31 해설 밀가루를 반죽할 때 연화작용과 팽화작용의 효과를 얻기 위해 지방을 넣는다.

32 전분의 호화에 필요한 요소만으로 짝지어진 것은?

　가. 물, 열　　　　　　　나. 물, 기름

　다. 기름, 설탕　　　　　라. 열, 설탕

33 단백질과 탈취작용의 관계를 고려하여 돼지고기나 생선의 조리시 생강을 사용하는 가장 적합한 방법은?

　가. 처음부터 생강을 함께 넣는다.

　나. 생강을 먼저 끓여낸 후 고기를 넣는다.

　다. 고기나 생선이 거의 익은 후에 생강을 넣는다.

　라. 생강즙을 내어 물에 혼합한 후 고기를 넣고 끓인다.

34 침(타액)에 들어있는 소화효소의 작용은?

　가. 전분을 맥아당으로 변화시킨다.

　나. 단백질을 펩톤으로 분해시킨다.

　다. 설탕을 포도당과 과당으로 분해시킨다.

　라. 카제인을 응고시킨다.

34 해설 침(타액)에 들어있는 소화효소의 작용은 전분을 맥아당으로 변화시킨다.

35 신선한 달걀의 난화계수(yolk index)는 얼마 정도인가?

가. 0.14~0.17　　　　나. 0.25~0.30

다. 0.36~0.44　　　　라. 0.55~0.66

36 시금치나물을 조리할 때 1인당 80g이 필요하다면, 식수 인원 1500명에 적합한 시금치 발주량은? (단, 시금치 폐기율은 4%이다.)

가. 100kg　　　　나. 110kg

다. 125kg　　　　라. 132kg

37 재료소비량을 알아내는 방법과 거리가 먼 것은?

가. 계속기록법

나. 재고조사법

다. 선입선출법

라. 역계산법

38 각 식품의 보관요령으로 틀린 것은?

가. 냉동육은 해동, 동결을 반복하지 않도록 한다.

나. 건어물은 건조하고 서늘한 곳에 보관한다.

다. 달걀은 깨끗이 씻어 냉장 보관한다.

라. 두부는 찬물에 담갔다가 냉장시키거나 찬물에 담가 보관한다.

38 해설

달걀은 깨끗이 씻어 냉장 보관하는 옳지 못한 방법이다.

39 다음 중 버터의 특성이 아닌 것은?

가. 독특한 맛과 향기를 가져 음식에 풍미를 준다.

나. 냄새를 빨리 흡수하므로 밀폐하여 저장하여야한다.

다. 소화율이 높다.

라. 성분은 단백질이 80% 이상이다.

40 에너지 전달에 대한 설명으로 틀린 것은?

가. 물체가 열원에 직접적으로 접촉됨으로써 가열되는 것을 전도라고 한다.

나. 대류에 의한 열의 전달은 매개체를 통해서 일어난다.

다. 대부분의 음식은 복합적 방법에 의해 에너지가 전달되어 조리된다.

라. 열의 전달 속도는 대류가 가장 빨라 복사, 전도보다 효율적이다.

41 오징어에 대한 설명으로 틀린 것은?

가. 오징어는 가열하면 근육섬유와 콜라겐섬유 때문에 수축하거나 둥글게 말린다.

나. 오징어의 살이 붉은색을 띠는 것은 색소포에 의한 것으로 신선도와는 상관이 없다.

다. 신선한 오징어는 무색투명하며, 껍질에는 짙은 적갈색의 색소포가 있다.

라. 오징어의 근육은 평활근으로 색소를 가지지 않으므로 껍질을 벗긴 오징어는 가열하면 백색이 된다.

42 쓰거나 신 음식을 맛 본 후 금방 물을 마시면 물이 달게 느껴지는데 이는 어떤 원리에 의한 것인가?

가. 변조현상

나. 대비효과

다. 순응현상

라. 억제현상

42
해설 쓰거나 신 음식을 맛 본 후 금방 물을 마시면 물이 달게 느껴지는 것은 변조현상의 원리에 의한 것이다.

43 각 식품을 냉장고에서 보관할 때 나타나는 현상의 연결이 틀린 것은?

가. 바나나 – 껍질이 검게 변한다.

나. 고구마 – 전분이 변해서 맛이 없어진다.

다. 식빵 – 딱딱해 진다.

라. 감자 – 솔라닌이 생성된다.

44 미역국을 끓일 때 1인분에 사용되는 재료와 필요량, 가격이 아래와 같다면 미역국10인분에 필요한 재료비는? (단, 총 조미료의 가격 70원은 1인분 기준임)

재료	필요량(g)	가격(원/100g당)
미역	20	150
쇠고기	60	850
총 조미료	–	70(1인분)

가. 610원　　　　　　나. 6100원

다. 870원　　　　　　라. 8700원

45 유지의 발연점이 낮아지는 원인이 아닌 것은?

가. 유리지방산의 함량이 낮은 경우

나. 튀김하는 그릇의 표면적이 넓은 경우

다. 기름에 이물질이 많이 들어 있는 경우

라. 오래 사용하여 기름이 지나치게 산패된 경우

46 어류의 지방함량에 대한 설명으로 옳은 것은?

가. 흰살생선은 5% 이하의 지방을 함유한다.

나. 흰살생선이 붉은살 생선보다 함량이 많다

다. 산란기 이후 함량이 많다.

라. 등쪽이 배쪽보다 함량이 많다.

46 해설

수산물의 흰 살 생선은 5%이하 의 지방을 함유 한다.

47
해설 찹쌀떡이 멥쌀떡
보다 더 늦게 굳
는 이유는 아밀
로펙틴의 함량이
많기 때문이다.

47 찹쌀떡이 멥쌀떡보다 더 늦게 굳는 이유는?

가. ph가 낮기 때문이다.

나. 수분함량이 적기 때문에

다. 아밀로오스의 함량이 많기 때문에

라. 아밀로펙틴의 함량이 많기 때문에

48 건조된 갈조류 표면의 흰가루 성분으로 단맛을 나타내는
것은?

가. 만니톨   나. 알긴산

다. 클로로필   라. 피코시안

49 다음 중 조리실 바닥 재질의 조건으로 부적합한 것은?

가. 산, 알칼리, 열에 강해야 한다.

나. 습기와 기름이 스며들지 않아야 한다.

다. 공사비와 유지비가 저렴하여야 한다.

라. 요철(Ⅱ,ㄴ)이 많아 미끄러지지 않도록 해야 한다.

50 급식산업에 있어서 위해요소관리(HACCP)에 의한 중요 관
리점(CCP)에 해당하지 않는 것은?

가. 교차오염 방지

나. 권장된 온도에서의 냉각

다. 생물학적 위해요소 분석

라. 권장된 온도에서의 조리와 재가열

51
해설 WHO 보건헌장
에 의한 건강의
정의는 육체적,
정신적, 사회적
안녕의 완전한
상태를 말한다.

51 WHO 보건헌장에 의한 건강의 정의는?

가. 질병이 걸리지 않은 상태

나. 육체적으로 편안하며 쾌적한 상태

다. 육체적, 정신적, 사회적 안녕의 완전한 상태

라. 허약하지 않고 심신이 쾌적하며 식욕이왕성한 상태

52 다음 중 병원체가 세균인 질병은?

가. 폴리오　　　　　　나. 백일해

다. 발진티푸스　　　　라. 홍역

53 동맥경화증의 원인물질이 아닌 것은?

가. 트리글리세라이드　나. 유리지방산

다. 콜레스테롤　　　　라. 글리시닌

54 광절열두조충의 제1중간 숙주와 제2중간 숙주를 옳게 짝 지은 것은?

가. 연어-송어　　　　나. 붕어-연어

다. 물벼룩-송어　　　라. 참게-사람

55 다음 기생충 중 주로 채소를 통해 감염되는 것으로만 짝지 어 진 것은?

가. 회충, 민촌충　　　나. 회충, 편충

다. 촌충, 광절열두조충　라. 십이지장충, 간흡충

56 석탄산계수가 2이고, 석탄산의 희석배수가 40배인 경우 실제 소독약품의 희석배수는?

가. 20배　　　　　　나. 40배

다. 80배　　　　　　라. 160배

57 중독될 경우 소변에서 코프로포르피린(corproporphyrin) 이 검출될 수 있는 중금속은?

가. 철(Fe)

나. 크롬(Cr)

다. 납(Pb)

라. 시안화합물(Cn)

57
해설
중독될
경우 소변에서 코프로포르피린이 검출될 수 있는 중금속은 납 성분이다.

중금속에

58 다음 중 우리나라에서 발생하는 장티푸스의 가장 효과적인 관리 방법은?

가. 환경위생 철저

나. 공기정화

다. 순화독소(toxoid) 접종

라. 농약 사용 자제

59 살균소독제를 사용하여 조리 기구를 소독한 후 처리 방법으로 옳은 것은?

가. 마른 타월을 사용하여 닦아낸다.

나. 자연건조(air dry) 시킨다.

다. 표면의 수분을 완전히 마르지 않게 한다.

라. 최종 세척시 음용수로 헹구지 않고 세제를 탄 물로 헹군다.

60 해설 급수는 상수처리 과정에서 가장 마지막 단계이다.

60 다음의 상수처리 과정에서 가장 마지막 단계는?

가. 급수   나. 취수

다. 정수   라. 도수

출제문제 정답

01	라	02	가	03	다	04	다	05	다	06	나	07	라	08	나	09	나	10	가
11	나	12	라	13	라	14	다	15	다	16	라	17	다	18	가	19	다	20	라
21	라	22	다	23	라	24	라	25	라	26	다	27	가	28	나	29	가	30	나
31	나	32	가	33	다	34	가	35	다	36	다	37	다	38	다	39	라	40	라
41	나	42	다	43	라	44	가	45	다	46	다	47	라	48	다	49	라	50	다
51	다	52	나	53	라	54	다	55	나	56	다	57	다	58	가	59	나	60	가

조리기능사

펴 낸 이 곽지술
펴 낸 곳 크로바출판사
인쇄한곳 보성 L&C
등록번호 제315-2005-00044
문의메일 clv1982@naver.com
팩스번호 02) 6008-2699